U0240123

普通高等教育材料科学与工程专业规划教材

纳 米 材 料

主编　丁秉钧
参编　王亚平　宋小龙　唐远河
　　　陈光德　杨志懋
主审　魏炳波

机械工业出版社

本书是编者在多年讲授"纳米材料"研究生课程的基础上，结合国内外近年来公开发表的文献编写而成的。全书共九章，介绍了有关纳米材料的基本知识，结合一些具体材料介绍了纳米材料的力学、电、磁、光、热等基本性能，以及纳米材料的基本合成与制备方法。

　　本书是高等工科院校的材料、机械、动力等专业研究生学习纳米材料的入门教材，部分章节也可作为高年级本科生学习纳米材料的选修课教材，亦可供从事纳米材料科研及工程技术人员参考。

图书在版编目（CIP）数据

纳米材料/丁秉钧主编 . —北京：机械工业出版社，2004. 6（2023. 9 重印）
普通高等教育材料科学与工程专业规划教材
ISBN　978-7-111-14441-0

Ⅰ. 纳…　Ⅱ. 丁…　Ⅲ. 纳米材料—高等学校—教材　Ⅳ. TB383

中国版本图书馆 CIP 数据核字（2004）第 041852 号

机械工业出版社（北京市百万庄大街22号　邮政编码100037）
策划编辑：冯春生　张祖凤
责任编辑：董连仁　版式设计：冉晓华　责任校对：申春香
封面设计：张　静　责任印制：张　博
北京雁林吉兆印刷有限公司印刷
2023 年 9 月第 1 版·第 7 次印刷
169mm×239mm·16. 25 印张·314 千字
标准书号：ISBN 978-7-111-14441-0
定价：39. 80 元

电话服务　　　　　　　　　　网络服务
客服电话：010-88361066　　机　工　官　网：www. cmpbook. com
　　　　　010-88379833　　机　工　官　博：weibo. com/cmp1952
　　　　　010-68326294　　金　书　网：www. golden-book. com
封底无防伪标均为盗版　　机工教育服务网：www. cmpedu. com

前　言

20 世纪 90 年代以来，纳米科学和技术已成为全世界材料、物理、化学、生物、力学等多学科的研究热点及前沿之一。在 1996 ~ 1998 年，美国世界技术评估中心（WTEC）组织了八位专家对全世界纳米科技的研究现状及发展趋势进行了考察和研究后，于 1999 年、2000 年在 whitehouse. gov 网站上发表了 4 份研究报告：

1）Nanotechnology：Shaping the World Atom by Atom.

2）National Nanotechnology Initiative——Leading to the Next Industrial Revolution.

3）Nanostructured Science and Technology：A Worldwide Study.

4）IWGN Workshop Report：Nanotechnology Research Directions.

这 4 份报告的发表进一步推动了世界范围内的纳米科技研究的迅猛发展，许多国家包括我国在内都制订了相应的国家纳米技术创新计划。许多政界领导、科学家和公司都认识到纳米技术将引导(Leading)21 世纪技术的发展，纳米技术的创新将诱发下一次工业革命。

纳米（Nanometer, nm）是一个长度的单位。1nm 等于 1m 的十亿分之一（10^{-9}m）。在国内一些有关出版物中，将纳米科技理解为在纳米的尺寸范围内认识和改造世界，通过直接操纵和安排原子创造新的物质。而在美国关于纳米科技的报告中，将纳米技术定义为在纳米的尺度范围内创造有用的材料、器件和系统，以及开发和利用新的现象和性能的技术。显然，纳米材料是纳米科技领域的一个基本的、核心的组成部分。

纳米材料研究的范围非常宽广，内涵非常丰富。纳米材料的研究领域从原子团到大块体材料，包括无机材料、有机材料、金属材料及生物材料等。本书不可能全部涵盖上述研究内容，因此只对纳米材料的基本性能、制备以及当前纳米材料的几个研究热点进行简要的阐述。全书分为九章，第一章介绍有关纳米材料的基础知识；第二章介绍纳米材料的合成与制备；第三章介绍纳米材料的力学性能；第四章介绍介绍纳米材料的电学性能；第五章介绍纳米材料的磁学性能；第六章介绍纳米材料的光学性能；第七章介绍纳米材料的热学性能；第八章介绍几种重要的纳米功能材料；第九章介绍碳纳米材料。第一章、第二章的第一与第四节、第三章、第四章、第五章和第八章由丁秉钧编写；第六章由唐远河、陈光德编写；第七章及第二章的第二、三节由王亚平编写；第九章由宋小龙编写；由杨

Ⅳ

志懋翻译和整理了全书的图表。全书由丁秉钧主编；由魏炳波主审。

　　本书可作为高等工科院校材料、机械、动力等专业研究生学习纳米材料的入门教材，部分章节可作为本科生的选修教材，也可供从事纳米材料研究的人员参考。

　　编者衷心感谢西安交通大学研究生院给予的经费资助。郭聪慧在本书的编写过程中做了大量的文秘工作。编者对关心和支持过本书编写的有关人士表示最诚挚的谢意。

　　由于编者学识所限，书中不当之处在所难免，敬请读者批评指正。

编　者

2003 年 9 月于西安交通大学

目　　录

第一章 纳米材料的基本特征

第一节 纳米材料及其分类

一、纳米材料和纳米结构

任何至少有一个维度的尺寸小于100nm或由小于100nm的基本单元（Building Blocks）组成的材料称为纳米材料。纳米材料可由晶体、准晶、非晶组成。纳米材料的基本单元或组成单元可由原子团簇、纳米微粒、纳米线或纳米膜组成，它既可包括金属材料，也可包括无机非金属材料和高分子材料。近年来，纳米材料的基本单元的尺寸有大幅降低的趋势。例如在 Coch 主编的《纳米材料》中，基本单元的典型尺寸小于50nm，而 Gleiter 认为纳米材料基本单元的典型尺寸应在 1~10nm 之间。

纳米材料亦可定义为具有纳米结构的材料。纳米结构（Nanostructure）是一种显微组织结构，其尺寸介于原子、分子与小于0.1μm的显微组织结构之间。纳米结构也是某种形式的材料或物质，本身就是一种纳米材料。原子团簇、纳米微粒、纳米孔洞、纳米线、纳米薄膜均可组成纳米结构。在自然界中，存在着大量的纳米结构。图 1-1 所示的是蛋白质中的纳米管状结构，

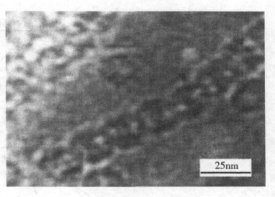

图1-1 蛋白质中的纳米结构

其直径为 12~15nm，长度为 12μm。图 1-2 为在磁性细菌中约 30nm 的磁性粒子组成的纳米线，每个纳米粒子内部为由宽 2nm、间距为 9nm 的纳米线组成纳米结构（图中箭头所示），这种天然的磁性纳米结构用作导航的"指南针"。在分子生物中，纳米结构是驱动组蛋白等细胞的"机器"，是线粒体、叶绿体、核糖体的组成部分。在沸石矿中板条围成的空洞也是一种天然的纳米结构。应用纳米结构，可将它们组装成各种包覆层和分散层、高表面材料、固体材料和功能纳米器件，如图 1-3 所示。当纳米结构由有限数量的原子组成时，可适用于原子尺度的精细工程，这是纳米技术的基础。纳米结构的基本特性，特别是电、磁、光等

特性是由量子效应所决定的，使纳米材料的性能具有尺寸效应，从而纳米结构具有许多大于 0.1μm 的显微组织所不具备的奇异特性。纳米结构与纳米材料在科学内涵上既有联系又有一定的差异。目前许多文献中已将纳米材料和纳米结构相提并论，甚至只提纳米结构而不提纳米材料；也有人将纳米结构体系归结为纳米材料的一个特殊分支。

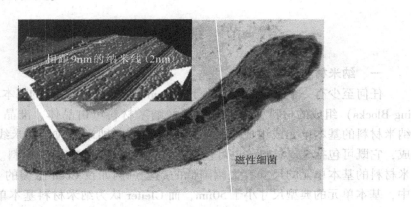

图 1-2 磁性细菌中用于导航的纳米结构

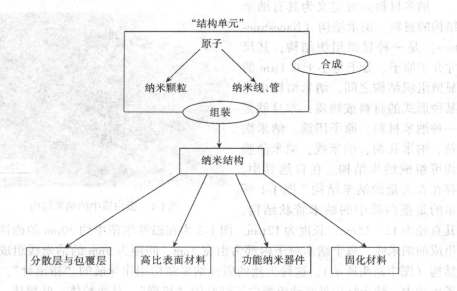

图 1-3 基本单元组装成纳米结构、纳米材料及器件的示意图

二、纳米材料的分类

纳米材料通常按照维度进行分类。原子团簇、纳米微粒等为 0 维纳米材料，纳米线为 1 维纳米材料。纳米薄膜为 2 维纳米材料。纳米块体为 3 维纳米材料。

0 维纳米材料通常又称为量子点，因其尺寸在 3 个维度上与电子的德布罗意波的波长或电子的平均自由程相当或更小，因而电子或载流子在三个方向上都受到约束，不能自由运动，即电子在 3 个维度上的能量都已量子化。1 维纳米材料称为量子线，电子在两个维度或方向上的运动受约束，仅能在一个方向上自由运动。2 维纳米材料称为量子面，电子在一个方向上的运动受约束，能在其余 2 个方向上自由运动。0 维、1 维和 2 维纳米材料又称为低维材料。对于 2 维和 3 维纳米材料，当其组成单元或组元的成分不相同时，即构成纳米复合材料。例如将纳米粒子和纳米线弥散分布到不同成分的 3 维纳米或非纳米材料中时，即构成 0-3、1-3 型的纳米复合材料。将 0 维纳米粒子弥散分布到 2 维纳米薄膜中时，即构成 0-2 型纳米复合材料。将两种纳米膜交替复合为 2-2 维复合纳米材料。此外，还有一类广义的 2 维纳米材料，即 2 维的纳米结构仅局限于 3 维固体材料的表面。例如采用等离子气相沉积（PCVD）、化学气相沉积（CVD）、离子注入、激光表面处理等方法在块体材料表面获得纳米结构，以增加硬度，改善抗腐蚀性能或其他性能等。又如在半导体材料表面采用电子束、X-射线平版印刷等技术实现图案转移（Pattern Transfer），在材料表面形成所需要的纳米结构或图案等。

　　Gleiter 对不包括聚合物的 2 维和 3 维纳米材料进行了较详细的分类。根据晶体形状的不同，纳米材料可分为 3 个类别。根据成分的不同，这 3 个类别可分为 4 个系列，如图 1-4 所示。第一系列为同成分的多层膜、杆状晶和等轴晶组成的 3 个类型的纳米材料。第 2 系列为不同成分的多层膜、杆状晶和等轴晶组成的纳

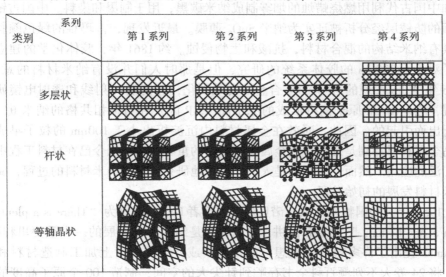

图 1-4　纳米材料的分类

（图中第 1 系列和第 2 系列较薄的层状和黑色部分表明晶界；第 3 系列的黑点表明晶界的不同成分；第 4 系列较黑线组成部分表明分散在基体中不同成分的晶体）

米材料，其中不同成分的多层膜为超晶格材料，具有人们熟知的量子阱结构。第3系列为不同成分的第二相分布于多层膜间和晶粒间的纳米材料。如 Ga 偏析在纳米 W 的等轴晶界，将 Al_2O_3 和 Ga 放在一起球磨，形成纳米尺寸的 Al_2O_3 被网状的非晶 Ga 膜分离的纳米材料均属此系列。第 4 系列为纳米尺寸的晶体（层状、杆状和等轴晶）弥散分布在不同成分基体中的复合纳米材料。例如纳米尺寸的 Ni_3Al 沉淀粒子分布在 Ni 基体中的 Ni_3Al/Ni 合金就属此系列，为 0-3 型复合。0-3 型复合已广泛用于高温合金和其他材料中。例如将某种纳米陶瓷粒子弥散到金属或高分子材料中，可显著提高金属及高分子材料的室温及高温强度；将某种纳米粒子复合到陶瓷中，可显著改善陶瓷的塑性和韧性。因此，这类复合纳米材料在结构材料中获得了广泛的应用，已成为复合纳米材料研究热点之一。

三、纳米材料的发展历史

纳米材料和纳米结构无论在自然界还是在工程界都不是新生事物。在自然界存在大量的天然纳米结构，只不过在透射电镜应用以前人们没有发现而已。例如在许多动物中就发现存在约由 30nm 的磁性粒子组成的用于导航的天然线状或管状纳米结构（图 1-2），在花棘石鳖类、座头鲸、候鸟等动物体内都发现了这种纳米磁性粒子。此外，还发现珍珠、贝壳是由无机 $CaCO_3$ 与有机纳米薄膜交替叠加形成的更为复杂的天然纳米结构，因而具有和釉瓷相似的强度，同时具有比釉瓷高得多的韧性。

在工程界，人类制备和应用纳米材料的历史至少可以追溯到 1000 多年以前。例如中国古代利用燃烧蜡烛的烟雾制成纳米碳黑，用于制墨和染料。中国古铜镜表面的防锈层经分析被证实为纳米 SnO_2 薄膜。最近发现，古玛雅的绿色颜料也是具有纳米结构的混合材料，抗酸和生物侵蚀。约 1861 年，胶体化学的建立开始了对小于 100nm 的胶体系统的研究，但是那时人们并没有纳米材料的意识。1906 年 Wilm 发现的 Al-4% Cu 合金的时效硬化，经精细 X-射线和透射电镜研究发现，它是由 Cu 原子偏析形成的原子团（GP 区）和与母相共格的纳米 θ' 沉淀析出而引起的。因此，时效在金属材料内沉淀析出小于 100nm 的粒子早成为提高金属材料特别是提高有色金属材料强度的重要技术，至今已在材料工程中得到广泛的应用。然而，这些都是人们非自觉地研究和应用纳米材料的过程，属于纳米材料发展的初始阶段。

1959 年，美国物理学家、诺贝尔奖获得者 Feynman 题为 "There is a plenty of room at the bottom." 的著名演讲，可以认为是纳米科技发展的一个重要里程碑。Feynman 提出了许多超前的设想，如在原子或分子的尺度上加工制造材料和器件，将 24 卷大不列颠百科全书存贮到针尖大的空间，制造 100 个原子高度的机器，计算机的微型化——几千 Å 的电路和 10 ~ 100 个原子直径的导线。更为重要的是，他提出要实现微型化应采用蒸发的方法和需要更好的电子显微镜。该讲话后来被许多关于纳米技术和纳米材料的重要文章所引用。

20 世纪 60 至 70 年代有关纳米材料的理论有了一定的进展。1962 年日本物理学家 Kubo（久保）及其合作者对金属超细微粒进行了研究，提出了著名的久保理论。由于超细粒子中原子个数的减少，费米面附近电子的能级既不同于大块金属的准连续能级，也不同于孤立原子的分立能级，变为不连续的离散能级而在能级之间出现间隙。当该能隙大于热起伏能 k_BT 时（k_B 为波尔兹曼常数，T 为热力学温度），金属的超细微粒将出现量子效应，从而显示出与块体金属显著不同的性能，这种效应称为久保效应。Halperin 对久保理论进行了较全面的归纳，并用量子效应成功地解释了超细粒子的某些特性。1969 年 Esaki（江崎）和 Tsu（朱肇祥）提出了超晶格的概念。所谓超晶格，是指两种或两种以上极薄的薄膜交替叠合在一起形成的多周期的结构。由固体物理可知，布里渊区的大小与材料的晶格周期密切相关。超晶格材料由于在两种交替生长的方向上引入了一个远大于原晶格常数 a 的周期 d，而 d 值又小于电子的德布罗意波的波长，这样，在原来周期性晶格势场上再加上这样一个人为引进的一维周期势场，使原来的能带结构分离为许多由能隙分开的狭窄的亚能带，使电子的共振隧穿发生了很大的变化。在生长方向上原来边界为 π/a 的布里渊区会分裂成边界为 $k=\pi/d$ 的许多微小布里渊区，如图 1-5 所示。图中虚线表示原来的抛物线型能带分裂成许多实线所示的子带，称之为布里渊区的折叠。子带中的电子在此周期势方向的外加电场作用下很容易通过 E-k 曲线上的 $\partial^2E/\partial k^2=0$ 的点从正加速区进入负加速区，从而在宏观上出现负阻效应。1972 年，张立刚等人利用分子束外延技术生长出 100 多个周期的 AlGaAs/GaAs 的超晶格材料，并在外加电场超过 2V 时观察到与理论计算基本一致的负阻效应，从而证实了理论上的预言，江崎因此获得 1973 年的诺贝尔物理奖。超晶格材料的出现，使人们可以像 Feynman 设想的那样能在原子的尺度上设计和制备材料。超晶格材料及其物理效应已成为当今凝聚态物理和纳

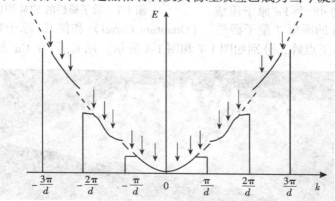

图 1-5　超晶格的微小布里渊区和子能带

米材料最主要的研究前沿领域之一。

20 世纪 80 至 90 年代是纳米材料和科技迅猛发展的时代，其标志有三点：①是纳米块体材料的出现；②是扫描隧道显微镜（STM）、原子力显微镜（AFM）的出现和应用；③是纳米材料学成为相对独立的学科。

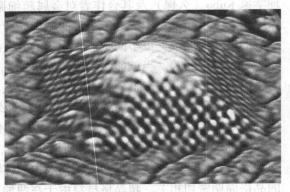

图 1-6　Ge 原子在 Si 基底上自组装形成的金字塔 STM 图像
（图中每个圆点是单个 Ge 原子）

1984 年，德国 Gleiter 教授等人首先采用惰性气体凝聚法制备了具有清洁表面的纳米粒子，然后在真空中原位加压制备了 Pd、Cu、Fe 等金属纳米块体材料。1987 年，美国 Siegel 等人用同样的方法制备了纳米陶瓷 TiO_2 多晶材料。这些研究成果促进了世界范围的 3 维纳米材料的制备和研究热潮。

1980 年以后 STM、AFM 的出现和应用，为纳米材料的发展提供了强有力的工具，使人们能观察、移动和重新排列原子。图 1-6 为在 Si 基底上 Ge 原子自组装堆积成的 10nm 见方、高 1.5nm 的"金字塔"的 STM 图像。用 STM 针尖搬动 48 个 Fe 原子组成

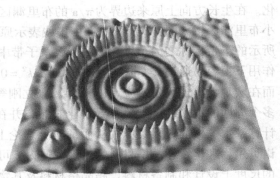

图 1-7　量子栅栏的 STM 图像

半径为 7.3nm 的圆形"量子栅栏"（Quantum Corral）和使 Co 原子在 Cu（111）面上组成的人工点阵，分别如图 1-7 和图 1-8 所示。用 C_{60} 可在 Cu 表面构成中国

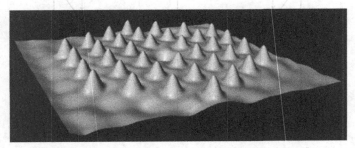

图 1-8　Co 原子在 Cu 的（111）面上形成的人工点阵

古老的、世界上最小的计算工具——布基球算盘，如图1-9所示。

1990年7月在美国巴尔的摩召开了世界上第一届纳米科技学术会议，会议正式提出了纳米材料学、纳米生物学、纳米电子学、纳米机械学等概念，并决定正式出版《纳米结构材料》、《纳米生物材料》和《纳米技术》等学术刊物。这是纳米材料和纳米科技发展的又一个重要的里程碑，从此纳米材料和科技正式登上科学技术的舞台，形成了全球性的"纳米热"。

图1-9　由 C_{60} 组成的世界上最小的算盘
（每个 C_{60} 珠子可由 STM 针尖移动代表 1～10）

关于1990年以后纳米材料和科技的发展，可参考美国国家科技委员会下属纳米科学、工程与技术分会主席M. C. Roco 在2002年美国NSF讨论会上发表的观点：

1）1990～2001为第一发展阶段（Generation），其标志是在镀层、纳米粒子和块体纳米结构材料中的被动的（Passive）纳米结构。

2）2001～2005年为第二发展阶段，其标志是主动的（Active）纳米结构，如晶体管、传动操作机构、自适应结构等。

3）2005～2010年为第三发展阶段，即3维纳米系统。这种3维纳米系统具有非均质的纳米构件，可用多种技术进行人工组装。

4）2010年后为第四阶段，即分子纳米系统阶段。

以上提法主要从工业和商业角度考虑。随着科学和技术的进步，上述各阶段的许多目标在实验室已提前实现。例如原预言2005年出现的单电子晶体管早已在许多实验室研制成功，其工作温度可接近室温，DNA的组装、生物芯片都已进入实用阶段。

四、纳米材料的发展趋势

纳米材料展现了异常的力学、电学、磁学、光学特性、敏感特性和催化以及光活性，为新材料的发展开辟了一个崭新的研究和应用领域。纳米材料向国民经济和高技术各个领域的渗透以及对人类社会进步的影响是难以估计的。然而，纳米材料毕竟是一种新兴的材料，要使纳米材料得到广泛的应用，还必须进行深入的理论研究和攻克相应的技术难关。这就要求人们采用新的和改进的方法来控制纳米材料的组成单元及其尺寸，以新的和改善的纳米尺度评价材料的方法，以及从新的角度更深入地理解纳米结构与性能之间的关系。

纳米材料的发展趋势至少包括以下三个方面：

1. 探索和发现纳米材料的新现象、新性质

这是纳米材料研究的长期任务和方向，也是纳米材料研究领域的生命力所在。

2. 根据需要设计纳米材料，研究新的合成和制备方法以及可行的工业化生产技术

根据指定的性能设计所需的材料，不仅是纳米材料的发展趋势，也是所有材料设计的目标。纳米材料的性能取决于其组成单元的尺寸，是由尺寸决定的性能（Size-dependent Properties），具有尺寸效应。因此纳米材料的许多性能都具有临界尺寸。当组成单元的尺寸小于或相当于这一临界尺寸时，决定材料性能的物理基础发生变化，从而引起材料性能的改变或突变。因此，根据指定的性能设计纳米材料的关键之一是确定对应于该性能的临界尺寸。纳米材料的合成与制备是保证材料高性能的基础。因此，纳米材料的发展与进步在很大程度上取决于合成与制备方法的发展与进步，其中工业化的生产方法和技术的发展和进步尤为重要。可以认为，纳米材料、结构和器件只有实现了工业化生产，才能真正造福于人类。

3. 深入研究有关纳米材料的基本理论

目前，人们还不能很好地理解许多在纳米材料中出现的新现象。例如人们不能很好地理解或解释纳米材料的宏观变形与断裂机制。因此，需要大量的理论工作以指导关键性的实验和优化材料的性能，此外还需要计算机模拟。随着计算机科学的进步，人们能通过计算机模拟，利用分子动力学模拟指导进行纳米结构的合成与研究。可以认为，只有在有关纳米材料的基本理论取得长足的进步后，纳米材料的研究和开发才能迈上新的台阶和实现新的突破。

第二节　纳米材料的基本效应

纳米材料具有强烈的尺寸效应，其性能是由尺寸所决定的。纳米材料具有尺寸效应的基础是量子效应和表面（或界面）效应。

一、尺寸效应

所谓尺寸效应，就是当纳米材料的组成相的尺寸如晶粒的尺寸、第二相粒子的尺寸减小时，纳米材料的性能会发生变化，当组成相的尺寸小到与某一临界尺寸相当时，材料的性能将发生明显的变化或突变。图 1-10 表明 Ni_3Al 纳米复合材料的流变应力随 Ni_3Al 粒子的减小而发生变化。当 Ni_3Al 粒子的尺寸大于 10nm 的临界尺寸时，流变应力随 Ni_3Al 粒子尺寸的

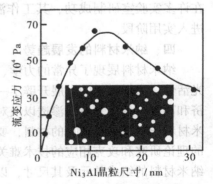

图 1-10　Ni_3Al 合金的流变应力与沉淀粒子 Ni_3Al 尺寸的关系

减小而升高；当 Ni$_3$Al 的尺寸小于临界尺寸时，流变应力随 Ni$_3$Al 尺寸的减小而急剧降低。图 1-11 为纳米 ZnO 的光致发光谱。由图可以看出，随着 ZnO 尺寸的减小光致发光强度随激发光的波长减小而增加。

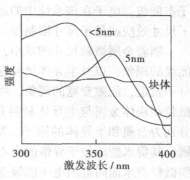

又如 α-Fe、Fe$_3$O$_4$、α-Fe$_2$O$_3$ 的矫顽力随着粒径的减小而增加，但当粒径小于临界尺寸时它们将由铁磁体变为超顺磁体，矫顽力变为零。此外，当 BaTiO$_3$、PbTiO$_3$ 等典型的铁电体在尺寸小于临界尺寸时就会变成顺电体。

库仑阻塞效应是纳米材料具有尺寸效应的又一实例。将一个电子注入一个纳米粒子或纳米线等称之为库仑岛的小体系时，该库仑岛的静电能将发生变化，变化量与一个电子的库仑

图 1-11　纳米 ZnO 光致发光谱

能大体相当，即 $E_c = e^2/(2C)$，其中 e 为电子的电量，C 为库仑岛的电容。当 C 足够小时（如为 aF 数量级），只要注入一个电子，它给库仑岛附加的充电能 $E_c > k_B T$，从而阻止第二个电子进入该岛，这就是库仑阻塞效应，E_c 称作库仑阻塞能。库仑阻塞效应造成了电子的单个传输，是单电子晶体管、共振隧穿二极管和晶体管的基础。

纳米材料的尺寸效应还涉及纳米结构的稳定性。通过对纳米晶体材料和与其相应的非晶态的自由能进行的计算机模拟计算结果表明，当纳米结构的尺寸小于某一临界尺寸时就要发生纳米晶向非晶态转变的相变。图 1-12 表明在不同的温度范围内 Cu 的纳米晶自由能随 Cu 晶粒尺寸的变化，图中虚线和实线分别代表完整晶体和非晶态的自由能变化。由图可知，随着 Cu 晶粒尺寸 D 的减小，Cu 的自由能增大，当尺寸 D 小于大约 14.4Å$^\ominus$ (1.4nm) 时，纳米晶的自由能大于

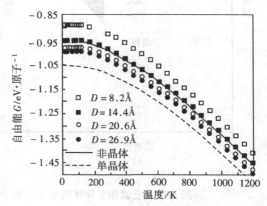

图 1-12　纳米晶 Cu 的自由能随晶粒
尺寸 D 和温度的变化

非晶态 Cu 的自由能而不能维持晶态。类似的还有用硅烷分解形成的纳米 Si 晶体材料。由 Raman 光谱分析表明，当 Si 晶体小于某一临界尺寸（约几 nm）时，多晶 Si 就会相变成非晶 Si。

$\ominus$　1Å = 0.1nm。

二、量子效应

小尺寸（nm）系统的量子效应，是指电子的能量被量子化，形成分立的电子态能级，电子在该系统中的运动受到约束。类似的提法还有量子限域效应、量子尺寸效应或量子尺寸限制等。

随着金属微粒尺寸的减小，金属费米能级附近的电子能级由准连续变为离散能级的现象，以及半导体微粒存在不连续的最高被占据分子轨道和最低未被占据分子轨道，能隙变宽的现象，均称为量子效应。由固体物理可知，孤立的原子、微粒和块体金属与半导体材料具有不同的电子能带结构和态密度。图 1-13a、b 分别为金属和半导体的原子、微粒和块体的能带结构。由图可知，对于块体金属，其费米能级位于导带的中心，导带的一半被占据（图中黑色部分）。金属超细微粒费米面附近的电子能级变为分立的能级，出现能隙。

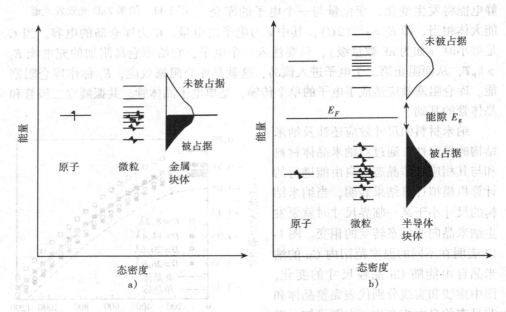

图 1-13　金属和半导体的原子、单个粒子及块体的电子能级示意图
a）金属　b）半导体

久保（Kubo）等人研究了金属超细微粒费米面附近电子能级状态的分布，提出了两个著名的公式。久保假设超细微粒呈电中性，认为从一个超细粒子中取走或放入一个电子都是十分困难的。从一个超细粒子中取走或放入一个电子克服库仑力所作的功 W 为：

$$W \approx e^2/d \gg k_B T \tag{1-1}$$

式中，e 为电子的电量；d 为超细粒子的直径；k_B 为波尔兹曼常数；T 为热力学温度。这表明随着 d 值的下降，W 值增加，所以低温下热涨落很难改变超微粒子的电中性。

久保提出的另一个著名公式表达了相邻电子能级间隙 E_g 和微粒直径 d 之间的关系：

$$E_g = \frac{4}{3}\frac{E_F}{N} \propto V^{-1} \tag{1-2}$$

式中，N 为一个超细粒子的总导电电子数；V 为粒子的体积；E_F 为费米能级。若假设粒子为球形，则式（1-2）可表达为：

$$E_g \propto \frac{1}{d^3} \tag{1-3}$$

比较式（1-1）和式（1-3）可知，随着粒子直径的减小，E_g 的增大比 W 的增大要大两个数量级。因此，当粒子直径减小到某一临界值时，E_g 要大于 W，也即：

$$E_g > k_B T \tag{1-4}$$

式（1-4）是产生量子效应的判据，其中 $k_B T$ 为热能。在温度 T 下电子的平均动能约为 $k_B T$ 数量级。当微粒的能隙大于电子的 k_B 时，热运动不能使电子跃过能隙，电子的状态受到限制，表现出量子效应。对于金属纳米材料，由于费米面附近的能隙很小，只有当其颗粒非常小时才会产生明显的量子效应。

在大块体半导体材料中，价带和导带被宽度为 E_g 的能隙或禁带分离。在价带的顶部或最高被占据分子轨道和导带的底部或最低未被占据的分子轨道之间的能隙称为带隙（Band Gap）。在光和热的作用下，价带中的电子可被激发跃迁至导带使半导体材料具有导电性，同时在价带形成相对应的空穴。纳米半导体微粒的导带与价带间的带隙变宽且出现能级分离的量子效应，如图 1-13b 所示。对于半导体材料，出现量子效应的尺寸要比金属粒子的尺寸大得多。纳米半导体粒子中的有效带隙可表达为：

$$E_{g \cdot eff}(R) = E_g(\infty) + \frac{\hbar\pi^2}{2R^2}\left(\frac{1}{m_e} + \frac{1}{m_h}\right) - \frac{1.8e^2}{\varepsilon_r R} \tag{1-5}$$

式中，第一项 $E_g(\infty)$ 为块体材料的带隙；第二项中 R 为颗粒的半径，m_e 和 m_h 分别为电子和空穴的有效质量，表明带隙的增加与 $1/R^2$ 成正比；第三项中 ε_r 为光频相对介电常数，e 为电子的电量，表明由于电子和空穴的库仑作用而使带隙减小，与 $1/R$ 成比例，当 R 足够小时，$1/R^2$ 项起决定的作用，使带隙随 R 的减小而增加。量子效应反映了激子能量（Exciton Energy）的变化。在大块半导体中，激子结合能在几个至几十个 meV 的数量级，而在一些典型的半导体纳米粒子中，能级的间隙在 $0.15 \sim 0.3\text{eV}$ 数量级。当 R 小于激子半径时，量子效应非常显著。激子可理解为被束缚的电子空穴对，其半径可表达为：

$$\alpha_B = \varepsilon_0 \varepsilon_r h^2 / (\pi m_{eh} e^2) \tag{1-6}$$

式中，ε_0、ε_r 分别为真空和光频的相对介电常数；m_{eh} 为归一化的电子和空穴的质量；e 为电子的电量。当 $R > 3\alpha_B$ 时，量子效应就很微弱。

具有超晶格结构的半导体材料，当超晶格的周期厚度或势阱的宽度小于相相干长度或德布罗意波波长时，整个电子系统将进入低维的介观量子范围。1 维势垒干扰了基体材料的能带结构，使之产生一系列狭窄的亚能带和能隙，电子在势阱中的能量量子化，形成分立的量子态。图 1-14 为由 GaAs-Al$_{0.3}$Ga$_{0.7}$As 超晶格材料势阱中产生尺寸效应的示意图。当层厚小于在费米能级边缘的电子平均自由程时，在量子阱内就会形成电子和空穴的分立能级（图中用势阱中的横线表示）。这种尺寸效应将改变该材料的光学吸收、受激发射以及隧穿等性能。

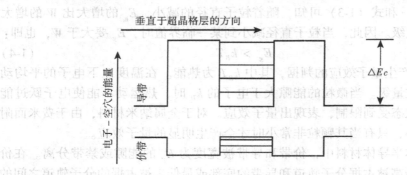

图 1-14　GaAs-Al$_{0.3}$Ga$_{0.7}$As 超晶格结构中的分立能级

三、界面效应

界面效应是纳米材料的另一基本效应。由于纳米晶体材料中含有大量的晶界，因而晶界上的原子占有相当高的比例。例如对于尺寸为 5nm 的晶粒，大约有 50% 的原子处于晶粒最表面的一层平面（原子平面）和第二层平面；对于晶粒为 10nm、晶界宽为 1.0nm 的材料，大约有 25% 原子位于晶界。由于大量的原子存在于晶界和局部的原子结构不同于大块晶体材料，必将使纳米材料的自由能增加，使纳米材料处于不稳定的状态，如晶粒容易长大，同时使材料的宏观性能如机械变形发生变化。

界面效应使纳米材料具有很高的扩散速率。通过多种方法，已观察到 Al、Cu、Bi 在纳米晶 Pd 中具有很高的扩散系数。对于多晶物质，扩散可沿自由表面、晶界和晶格三种形式进行，其中沿表面的扩散系数最大，沿晶格的扩散系数最小。一般金属的界面体积分数值很小，所以晶界扩散不易表现出来。而在纳米晶体中，由于晶界所占的比例很大，晶界扩散可能占绝对优势。有人测量出纳米晶沿晶界扩散的激活能与沿自由表面的相当。表 1-1 为纳米晶、多晶和单晶 Cu 的自扩散系数。当晶界宽为 1nm 时，由表可知，在 293～353K 范围内，纳米晶 Cu 的扩散系数比多晶的高出几个数量级。

表 1-1　纳米晶、普通多晶和单晶 Cu 的自扩散系数　　　（m²/s）

T/K	纳米 Cu	普通多晶 Cu	单晶 Cu
393	1.7×10^{-17}	2.2×10^{-19}	2×10^{-31}
353	2.0×10^{-18}	6.2×10^{-21}	2×10^{-34}
293	2.6×10^{-20}	4.8×10^{-24}	4×10^{-40}

　　界面效应能使异质原子在晶界的偏析大幅度提高。例如室温下 Bi 在 Cu 中的溶解度小于 10^{-4}，而在 8nm Cu 多晶中溶解度为 4%，其中部分或大部分 Bi 原子位于晶界，构成图 1-4 中第 3 系列中的第 3 类组织。此外，有意识的选择和控制某些原子在晶界的偏析，可有效地阻止纳米晶的长大，这在技术上是非常重要的。例如，少量 Cu 的加入，可有效地阻止 Fe-Si-B 非晶晶化时纳米相的长大，在 Fe-Cu 合金中 Cu 偏析到晶界能抑制纳米相的长大等。

　　纳米材料的晶界是空位、空位团、微孔洞等缺陷的集中地点，因此造成了纳米材料密度的降低。这种负面影响在纳米块体材料的前期研究中更为突出，造成了纳米块体材料的许多性能，如弹性模量、比热容等严重失真。随着材料合成技术的进步，晶界所包含的各类缺陷已大大减少。例如，现在已很容易合成出达到理论密度 98% 以上甚至全致密的纳米块体材料，使所测性能的失真度大为减小，也纠正了早期研究的许多试验结果。

第三节　纳米材料的晶界组元

一、纳米材料晶界结构及特点

　　纳米材料中晶界占有很大的体积分数，这是评定纳米材料的一个重要参数。纳米材料中晶界的体积分数 $\varphi_界$ 可用下式来估计：

$$\varphi_界 = 3\Delta/(d + \Delta) \tag{1-7}$$

式中，Δ 为晶界的厚度，通常包括 2～3 个原子间距；d 为晶粒的直径。假设晶粒的平均直径为 5nm，晶界的厚度为 1nm，则由式（1-7）可计算出晶界所占的体积分数为 50%。表 1-2 给出了当晶界厚度为 0.6nm 时晶界所占的体积分数，其中晶粒直径为 2μm 的普通细晶材料中，晶界的体积分数小于 0.09%。因此，晶界在常规粗晶材料中仅仅是一种面缺陷；当晶粒小于 10nm 时，晶界所占的体积分数大于 18%。因此，对纳米材料来说，晶界不仅仅是一种缺陷，更重要的是构成纳米材料的一个组元，即晶界组元（Grain Boundary Component）。

　　晶界组元的体积分数不仅与晶粒的直径相关，而且与晶界的厚度相关。图 1-15 为几种 fcc 合金和 bcc 合金的晶界体积分数与晶粒直径的关系，图中上面一条实曲线代表具有 bcc 结构合金的蒙特卡罗模拟计算值，下面一条为具有 fcc 结构合金的模拟线。由图可知，Cr-Fe、Mo-Fe、Fe-Ti 等 bcc 合金的晶界体积分数与 Ni-Fe、Fe-Mn 等 fcc 合金的晶界体积分数有明显的差别。图中实心符号为高能球磨粉体的实测值，空心符号为高能球磨 96h 后 300℃退火不同时间粉体的实测值。

表 1-2　晶界的体积分数与晶粒直径的关系

晶粒/nm	2000	20	10	4	2
晶界厚度/nm	0.6	0.6	0.6	0.6	0.6
晶粒个数/（$2 \times 2 \times 2\mu m^3$）	1	10^6	0.8×10^7	1.3×10^8	10^9
晶界体积分数（%）	0.09	9.0	18.0	42.6	80.5

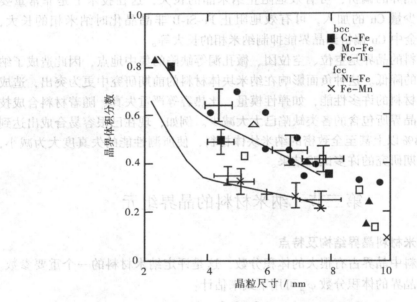

图 1-15　bcc 和 fcc 合金的晶界体积分数与晶粒直径的关系

　　用穆斯堡尔谱仪、X-射线衍射仪和高分辨率透射电镜等仪器均可测定纳米晶材料晶界的宽度。对于图 1-15 中的 bcc 合金，其晶界厚度略大于 1nm，而对于 fcc 合金，其晶界厚度约为 0.5nm。这些结果与用高分辨透射电镜测量出的 Al、Au、Pd、Pb 和 Cu 等纳米金属的晶界厚度相符合。因此，可以认为对于金属和合金纳米材料，当其结构为 bcc 时，晶界厚度略大于 1.0nm，而当其结构为 fcc 结构时，晶界厚度为 0.5nm。对于氧化物等纳米复合陶瓷材料，由于合成方法不同，其晶界厚度变化较大。如用磁控溅射形成的 NiO 薄膜，当晶粒直径为 3 ~ 8nm 时，其晶界厚度为 0.5 ~ 1.0nm；而用 SnCl$_4$ 水解法合成的 SnO$_2$ 粉末，当晶粒直径为 3 ~ 5nm 时，其晶界厚度有时甚至可达到 2nm，这可能与形成了非晶界面有关。

关于纳米材料晶界的原子结构一直有争论。早期的研究认为，纳米材料的晶界是一种高度无序的类气态结构，但没有被其他的衍射结果所证实而被否定。由高分辨率透射电子显微镜的观察 Pd 试样表明，纳米晶界原子的排列是有序的，与粗晶材料的晶界原子排列无本质上的区别。但也有人在同一个 Pd 试样中用高分辨率透射电镜既观察到有序的界面（图 1-16 中 A、B 晶粒之间的晶界），也观察到原子排列十分混乱的界面（图 1-16 中 D、E 晶粒之间的晶界）。因此，要用一种模型统

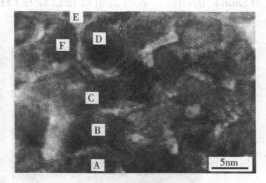

图 1-16　纳米 Pd 薄膜的高分辨透射电镜图像

一纳米材料晶界的原子结构是十分困难的。尽管如此，还是可以认为纳米材料的晶界与普通粗晶的晶界结构无本质上的区别。纳米材料晶界的原子结构平面示意图可用图 1-17 来表示，图中实心图表示晶粒内的原子，空心图表明晶界处的原子。

不同的合成方法能使成分相同的纳米材料具有不同的晶界结构，从而具有不同的晶界能。不同的晶界结构及在晶界区域贮存的自由能对材料的性能有重要的影响。例如用粉末冶金法制备成的纳米晶 Ni（10nm 晶粒相对密度为 0.94）的塑性很低，$\delta < 3\%$。而用电解沉积方法制备出的同成分、相同晶粒的多晶 Ni 却表现出 $\delta > 100\%$ 的变形塑性。这两者之间的性能差别，主要表现在合成时贮存于晶界的能量不同，也表现出晶界原子结

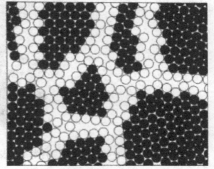

图 1-17　纳米材料晶界平面示意图

构的差别。因此，对于纳米材料，只有在试样的化学成分、晶粒大小、合成方法和时间—温度过程相类似时，其观察及实验结果的对比才具有意义。采用退火的办法可以在使晶粒不长大的情况下大幅度降低晶界能和改变界面的结构。例如对纳米多晶 Pd 进行退火，可在晶粒不长大的情况下使晶界能降低 50%。这种晶界能的降低是由于在退火过程中界面附近原子的重组而造成的。

晶界面附近原子的重组过程可用 STM 等现代仪器进行观测。图 1-18 显示了纳米多晶 Pd 表面的原子在 STM 扫描过程中发生重组的过程，图中扫描面积为 $400 \times 400 nm^2$，扫描速度为 2.5min 一幅。表面平均粗糙度为 R_a 65nm，最大高度差 400nm。图 1-18a 为第一次扫描后的图像；图 b 为第 5 次扫描后（用 10min）

的图像，表明随意分布的晶粒开始围绕孔洞运动；图 c 为第 7 次扫描后（用时 15min）的图像，表明重组过程已经在扫描过程中完成，形成具有沟状的晶界，如图中黑色部分所示。

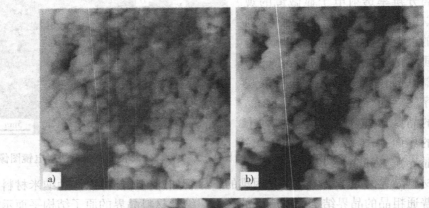

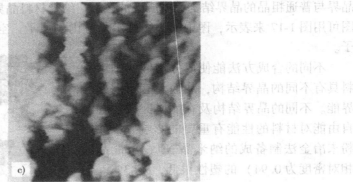

图 1-18　纳米 Pd 表面原子在 STM 扫描过程中的重组

尽管纳米晶的晶界原子结构与粗晶的无本质区别，然而它们还具有以下不同于粗晶晶界结构的特点：

1）晶界具有大量未被原子占据的位置或空间。

2）低的配位数和密度。

3）大的原子均方间距。

4）存在三叉晶界。

在纳米晶材料的晶界上有大量的未被原子占据的位置或空间，这就造成纳米晶晶界上的原子具有大的原子均方间距和低的配位数。图 1-19 为由 12nm Pd 晶粒组成的纳米晶晶间原子间距与相对配位数的关系，其中相对配位数为晶界原子配位数 N_{NSM} 与 Pd 单晶原子配位数 N_{SC} 之比。由图可知，晶间原子间距越大，相对配位数越低。EXAFS 研究结果表明，纳米 Cu 在晶界的配位数是 10，而粗晶

Cu 的配位数为 12。此外，纳米晶材料晶间原子的热振动要大于粗晶的晶间原子的热振动，例如由直径 8.3nm 晶粒组成的 Pd 块体在室温时晶间原子热振动偏离点阵位置平均为 3.1 ± 0.1%，而粗晶材料为 2.3% ~ 2.7%。因此，纳米晶晶界处的密度较普通粗晶晶界的密度有较明显的降低。

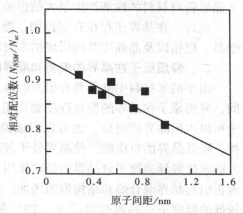

图 1-19　纳米 Pd（12nm）晶界相对配位数与原子间距的关系

在纳米晶晶界中还存在一种特殊的晶界——三叉晶界或三叉线（Triple Line）。三叉晶界也称旋错（Disclination）。在多晶体内，两个晶粒相遇形成晶界面，这样的界面可用位错网来表示；也可能三个晶粒相遇形成一条线，即三个界面组成的三叉线，如图 1-16 中 D、E、F 这 3 个晶粒之间的晶界即为三叉晶界。三个以上晶粒相遇形成一条线在能量上是不稳的，在自然界很少见。三叉线或旋错不同于位错。位错仅具有一阶张量，只需要一个平移矢量即柏氏矢量就可使柏氏回路返回原起点。而旋错具有一个二阶张量，需要一个旋转才能使回路返回原起点。在粗晶材料中，旋错的体积分数很小，可忽略不计。然而，随着晶粒的细化，晶界的体积分数增加，而三叉晶界的体积分数增加更快，计算表明，当晶粒直径由 100nm 减到 2nm 时，三叉晶界增值速率比界面的增值高两个数量级。图 1-20 表明晶粒直径对晶界、三叉晶界体积分数的影响。图中晶界厚度为 1nm，晶间区为晶界和三叉晶界区之和。图 1-20 表明，当晶粒小于 2nm 时，三叉晶界的体积分数已超过晶界的体积分数。

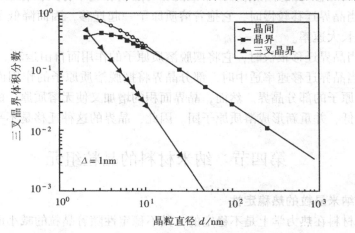

图 1-20　晶粒直径对晶间、晶界和三叉晶界体积分数的影响

由于三叉晶界处的原子扩散更快，运动性更好，因此，纳米材料中大量存在的三叉晶界将对材料的性能产生很大的影响。

此外，在晶界还存在有空位团、微孔等缺陷，它们与旋错、晶粒内的位错、孪晶、层错以及晶面等共同形成纳米材料的缺陷。

二、异质原子在晶界的偏析和晶界的迁移

由于纳米材料中晶界具有很大的体积分数，同时晶界有大量的未被占据的空间，异质原子在晶界的偏析程度要比粗晶材料大 1000 倍以上。偏析于晶界的原子可以占据晶界的空位，也可以形成原子团（Solute Cloud）从而改变晶界的结构，降低晶界的自由能，使晶界处于较稳定的状态。这可以从热力学和动力学两方面来理解异质原子对晶界的稳定作用。从热力学角度分析，异质原子在晶界的偏析引起晶界混合熵和结构熵的增加，从而降低晶界的自由能。当然，在 5000K 较低的温度下，晶界熵增项（$-TS$）的作用很小，不足以影响晶界的自由能。然而，当溶质原子与基体原子的半径比相差很大时，由原子的错配所产生的结构熵是不可忽视的。例如，当原子的半径差大于 12% 时，结构熵的增加可使晶界的自由能接近于晶粒的自由能。从动力学角度分析，扩散系数低的原子能稳定晶界，同时异质原子在晶界形成的原子团、沉淀粒子对晶界运动产生钉扎、拖曳等作用，从而稳定晶界。Zener 给出了一个公式来描述稳定的晶粒半径 R：

$$\frac{R}{r} \approx \frac{3}{4\varphi} \tag{1-8}$$

式中，r 和 φ 分别为晶界形成的异质原子的原子团或粒子的半径和体积分数。式（1-8）表明在晶界形成很小、分散的原子团或粒子能稳定纳米晶组织，φ 越大，纳米晶的尺寸越不易长大。异质原子的这种作用称为 Zener 拖曳作用，阻止晶界的运动。

晶界的迁移与晶界和溶质原子团的相对运动和速率有关，有以下三种方式：

1）当晶界迁移较慢时，它拖着溶质原子一起迁移，因而降低了晶界运动速率和晶粒长大速率。

2）当晶界迁移很快时，它将摆脱溶质原子的作用而自由运动。

3）当晶界迁移速率适中时，部分晶界将摆脱溶质原子的作用而突出出来形成无溶质原子的部分晶界。然而，晶界面积的增加又使无溶质原子的凸出晶面运动速率降低，并重新形成溶质原子团。因此，晶界的这种迁移是不平稳的。

第四节　纳米材料的晶粒组元

一、纳米晶粒的热稳定性

纳米材料在热力学上是不稳定的，其不稳定性随着晶粒的减小而增加。一种极端的情况是当晶粒小于某一临界尺寸时，自由能大于相应的非晶态的自由能，

则纳米晶转为非晶态。如图 1-12 所示的自由能模拟计算表明，当 Cu 的晶粒小于 1.4nm（14.4Å）时其自由能大于相应的非晶态的自由能而不能维持晶态。然而，纳米材料热力学上的不稳定性主要表现在纳米晶粒容易长大方面。

晶粒长大的驱动力来源于贮存于晶界和晶粒内部的内能。前期的理论认为在理想的条件下晶粒的长大服从以下的关系：

$$D^2 - D_0^2 = kt \tag{1-9}$$

式中，D_0、D 为长大前后的晶粒尺寸；t 为时间；k 为与温度有关的速率常数。实际中更为广泛应用的关系式为：

$$D^{\frac{1}{n}} - D_0^{\frac{1}{n}} = kt \tag{1-10}$$

式（1-10）包括了等温长大试验时晶粒长大时间指数 $n \leqslant 0.5$ 的情况，在等温长大的条件下，晶粒长大不符合式（1-9）。速率常数 k 是一种 Arihenius 型常数：

$$k = k_0 \exp\left(-\frac{Q}{RT}\right) \tag{1-11}$$

式中，Q 为晶粒等温长大时的激活热焓；R 为气体常数；k_0 为与热力学温度 T 无关的常数。其中激活热焓或激活自由能的大小决定了控制晶粒长大的微观机制。晶粒的长大包括原子穿过晶界和沿晶界输送，其激活能常常相当于晶界的扩散激活能。至今的许多研究都表明，纳米晶粒长大的激活能与晶界扩散的激活能符合较好。对纳米晶 Fe 的计算证明，晶粒长大激活能低温下为 125kJ/mol，而在高温下为 248kJ/mol，相当于粗晶 Fe 的体扩散激活能。但也有一些研究表明纳米晶粒长大的热焓是很低的，仅为几个 kJ/mol，这在适中的温度下相当于热能 $k_B T$。

在包括纳米材料在内的大多数研究中，由式（1-9）和式（1-10）的抛物线关系可推导出 $n \neq 0.5$。通常，在高杂质的材料中和在较高的退火温度下 n 的值在变化，并趋向于理想值 $n = 0.5$，图 1-21 给出了 n 值的这种变化。此外，还有研

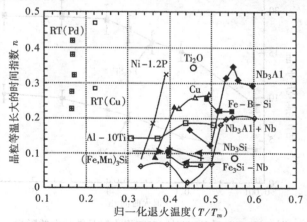

图 1-21　n 在等温退火时与退火温度的关系

究发现 Cu、Al、Pd 等纳米晶粒在室温或略高于室温的条件下发生异常的长大，其 n 值亦列于图 1-21 中，数据点用 RT（Pd）等表示。造成这种非正常晶粒长大的原因可能有：①刚制成的试样中存在一定程度的尺寸不均匀，因此大的晶粒成为晶粒异常长大的晶核；②杂质偏析不均匀，因而在低杂质偏析区形成晶粒的异常长大。

防止纳米晶粒长大的策略有两种：

1）降低晶粒长大的驱动力，即降低晶界的自由能或降低晶界的迁移速率。

2）获得真正亚稳的组织。

异质原子如杂质原子在晶界的偏析能有效地改变晶界的原子结构，降低晶界的自由能，从而使晶粒稳定。同时，杂质原子或原子团还能钉扎晶界或在晶界处起到"拖拽"作用，因而阻止晶粒长大。但是，杂质原子往往有损伤材料的性能，因此理想的办法是使原子扩散系数低、原子半径差别大的合金元素的原子偏析到晶界阻止晶粒长大。例如 Nb 在室温下在 Fe 中的溶解度（摩尔分数）$x_{Nb} <$ 1%，由于原子半径差别大（Nb：1.43Å，Fe：1.24Å，Si：1.17Å），故 Nb 在 Fe_3Si 中的固溶度亦不大，因此，在 Fe_3Si 中加入 x_{Nb} 为 5% 的 Nb，在退火时能有效地阻止 Fe_3Si 的长大。图 1-22 给出了在 450℃ 退火时 Nb 对 Fe_3Si 晶粒长大的影响，经过 24h 退火后，$(Fe_3Si)_{0.95}Nb_{0.05}$ 合金的晶粒仍小于 10nm。当晶界迁移时，需要偏析在晶界的 Nb 原子扩散以跟上晶界的运动，由于 Nb 的原子半径大，扩散系数低，因而有效地阻止了晶粒的长大。此外，Si 原子偏聚到 Ni-Si 固溶体的晶界也能阻止纳米晶粒的长大。在纳米组织中的沉淀粒子或原子团能钉扎住晶界，从而使组织稳定，抑制晶粒的长大，直至沉淀被重新溶解。例如在 Ni-P 非晶中存在的 Ni 纳米晶界被 Ni_3P 沉淀粒子钉扎不易长大。

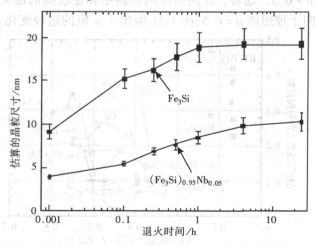

图 1-22　Nb 对 Fe_3Si 在 450℃ 退火时晶粒长大的影响

从理论上讲，可以制备出晶界自由能趋近于零的纳米晶，因为晶界熵的增加使自由能减小（$-TS$）；当熵大到一定值时，就能使晶界自由能趋近于零。虽然现在还没有确切的实验证明这点，但许多实验结果都支持这种倾向。例如 Y-Fe 合金的原子直径相差很大，Fe 原子偏聚到晶界需要很大的能量（热焓）。在用惰性气体冷凝法制备的 Y-Fe 合金中，Fe 原子偏析到晶界，Fe 成分越高，晶粒越细，甚至可达到 2nm。当 Fe 的含量较高时，在达到平衡相 YFe_2 生成的退火温度下，纳米晶几乎没有长大的倾向。这也说明在控制纳米晶长大的过程中，热力学的作用要比动力学作用大。

二、纳米晶粒的缺陷

纳米晶粒内存在有以下三类缺陷：

（1）点缺陷　如空位、溶质原子和杂质原子等，这是一种 0 维缺陷。

（2）线缺陷　如位错，这是一种 1 维缺陷，位错的线长度及位错运动的平均自由程均小于晶粒的尺寸。20 世纪 90 年代许多人用高分辨率透射电镜观察到位错、位错网络，在实验上证实在纳米晶粒内存在有位错缺陷。图 1-23 为纳米 BN 晶粒中存在的位错的高分辨率像，图中黑三角尖指的是刃位错，其伯氏矢量为（c/2）[0001]，面密度为 $2 \times 10^{12}/cm^2$。

（3）面缺陷　如孪晶、层错等，这是一种 2 维缺陷。高分辨

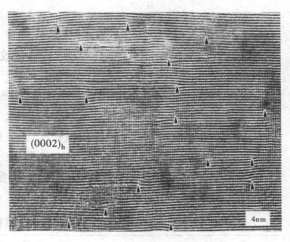

$(0002)_h$　　4nm

图 1-23　纳米 BN 晶粒内的刃位错

率电镜观察也证实在纳米晶粒内存在有层错缺陷，图 1-24 为纳米立方 BN 晶粒内的孪晶及对应的电子衍射花样。

在纳米材料的研究历史上，曾有过在纳米晶粒内有无位错的争议。其中一种意见认为，既然晶界是纳米材料的组元之一而不是缺陷，那么纳米材料的点缺陷就可能是主要的缺陷。因为在纳米材料中很可能不存在 Frank-Read 位错源，即使存在 Frank-Read 位错源，也因为其在纳米晶粒内的尺寸太小，需要大于常规材料几个数量级的临界切应力才能使 Frank-Read 位错源开动。这样大的切应力一般很难达到，因此在纳米晶内位错源不能开动，位错不能增殖而无位错。另一种意见则认为，在纳米晶粒内存在位错，但位错的组态和运动行为与常规晶体不同，位错运动的自由程很短。

Gryaznov 等人首先从理论上分析了纳米材料的尺寸效应对晶粒内位错组态的

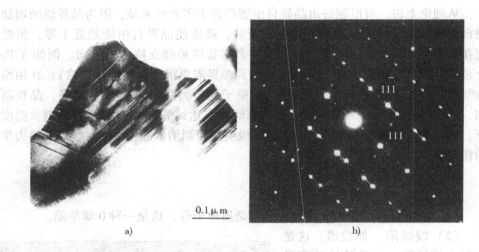

图 1-24　纳米立方 BN 晶粒内的孪晶 a）及对应的电子衍射花样 b）

影响。他们认为纳米晶粒内的位错具有尺寸效应。当晶粒小于某一临界尺寸时，位错不稳定，趋向于离开晶粒；而当粒径大于该临界尺寸时，位错便稳定地存在于晶粒内。他们把位错稳定的临界尺寸称为特征长度 l_c，可通过下式求得：

$$l_c \approx Gb/\sigma_p \tag{1-12}$$

式中，G 为切变模量；b 为柏氏矢量；σ_p 为位错运动的点阵摩擦应力。当晶粒尺寸小于 l_c 时，晶粒内位错密度减小，对于 fcc 金属最大 l_c 约为 100nm；bcc 金属的 l_c 远小于 fcc 金属的 l_c。表 1-3 列出了一些金属的纳米晶粒内位错稳定的特征长度。由表可知，当金属晶粒的形态不同时，l_c 也有所不同。

表 1-3　金属纳米晶粒内位错稳定的特征长度

	Cu	Al	Ni	α-Fe
G/GPa	33	28	95	85
b/nm	0.256	0.286	0.249	0.245
$\sigma_p/10^{-2}$GPa	1.67	6.56	8.7	45.5
球形粒子 l_c/nm	38	18	16	3
圆柱粒子 l_c/nm	24	11	10	2

Gryaznov 等人还给出了多数柏氏矢量在 0.2 ~ 0.3nm 之间的金属形成稳定位错塞积的临界尺寸：

$$l \gg \left(\frac{Gb}{2K}\right)^2 \approx 15\text{nm} \tag{1-13}$$

式中，K 为强度因子，约等于 $Gb^{1/2}/15$。

由于位错在材料科学研究中占有极其重要的地位，金属材料的强度、塑性、断裂等理论都是建立在位错等缺陷的基础上，因此，弄清纳米材料的位错与晶粒大小的关系是十分重要的。Coch 总结了在纳米材料中位错与晶粒大小之间的关系，认为：

1）当晶粒尺寸在 50～100nm 之间，温度 <0.5T_m（熔点）时，位错的行为决定了材料的力学性能。随着晶粒尺寸的减小，位错的作用开始减小。

2）当晶粒尺寸小于 50nm 时，可认为基本上没有位错行为。

3）当晶粒尺寸小于 10nm 时，产生新的位错很困难。

4）当晶粒对小于 2nm 时，开动位错源的应力达到无位错晶粒的理论切应力。

对于位错在纳米材料中的行为，需要从理论上和实验上进行更深入的研究。

三、纳米晶粒的固溶度

纳米晶粒对异质原子具有很大的固溶度。一些在固态甚至在液态下完全不互溶的元素的原子在纳米晶条件具有很高的互溶性。在多晶情况下互不相溶的 Fe-Ag、Fe-Cu 系在纳米状态下可以形成固溶体。例如室温下 Cu 在 Fe 中的溶解度很小，但在纳米晶粒的条件下 Fe 晶粒中可固溶多达 x_{Cu} 为 30% 的 Cu。又如在室温下 Cr 在 Cu 中的固溶度很小，但在纳米晶 Cu 中可固溶高达 x_{Cr} 为 25% 的 Cr，用 X-射线衍射探测到 Cu 的特征峰明显宽化。

溶质原子可以随意、均匀地分布在纳米晶粒中，形成置换式固溶体，Cu 原子在纳米 Fe 晶粒内的固溶就属这种模式。图 1-25 为 Fe-Cu 合金粉的穆斯堡尔谱六线谱的第一峰，随着 Cu 含量的增加，峰向低速区漂移并变宽，图中实线是在假设 Cu 原子随意、均匀地分布在 Fe 中的计算值。由图可知，对含 x_{Cu} 为 10% 和

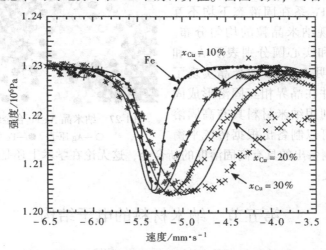

图 1-25　Fe-Cu 合金粉穆斯堡尔谱六线谱
第一峰随 Cu 含量的变化

x_{Cu} 为 20% 的 Fe-Cu 合金，实验值与理论计算值符合较好，这表明 Cu 原子确实是随意、均匀地分布在 Fe 晶体中。将上述合金在 200℃ 和 260℃ 退火 45min，Cu 含量的变化示于图 1-26 中。图中结果表示，对含 10% 和 20% Cu 的合金，退火使Cu 在晶粒中的固溶度下降，Cu 原子偏析到晶界，但没有晶体结构的变化。对 30% Cu-Fe 合金来讲，退火除了使固溶的 Cu 量急剧降低外，还用 X-射线衍射探测到合金是由 bcc 与 fcc（Cu）两相组成，而退火前只有单相fcc 结构。这些实验结果都是建立在高能球磨粉体纳米晶的基础上。要制备成块体纳米晶材料，这些粉体还要经过热压、烧结或热挤压等过程。在此过程中，Cu 原子将大量偏析到 Fe 晶体的晶界而使 Fe 晶体内的 Cu 固溶量大幅度降低。而大量偏析在 Fe 晶界的Cu 原子，在超过晶界的固溶度后将形成纳米 Cu 晶粒，实现纳米 Cu 晶粒和Fe 晶粒的均匀混合。这种组织应是更合理的亚稳组织，类似于如图 1-27 所示的纳米晶 Ag 和纳米晶 Fe 的均匀混合组织。Ag-Fe 系在固液态下均不互溶，但可实现纳米晶粒的均匀分布。图中空心圆和实心圆分别表示 Ag 和Fe 原子，表明 Ag、Fe 纳米晶实现了均匀的混合并在晶界相互固溶形成固溶体。因此利用纳米材料具有高固溶度的特性，可以制备出根据传统平衡

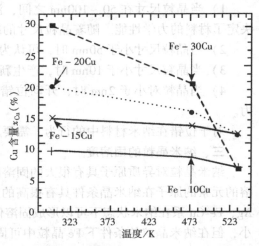

图 1-26 Fe-Cu 合金中的 Cu 含量随
退火温度的变化

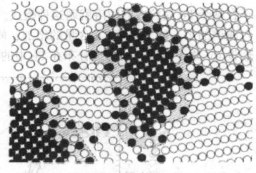

图 1-27 纳米晶 Ag-Fe 合金组织示意图
○—Ag 原子 ●—Fe 原子

相图不可能制备出的具有高固溶度的新合金，这无论在学术上还是在应用上都具有很大的意义。

第五节 纳米材料的电子结构

人们对纳米材料的原子结构进行了大量的研究，然而，对纳米材料的电子结构的研究却非常缺乏。近年来，Gleiter 等人指出，通过外加电场和控制纳米结构

及成分，可改变纳米固体的电子结构（即载流子的密度）及相关的性能。当两种具有不同成分和结构的纳米晶粒组成复合纳米材料时，由于各组元具有不同的化学位，可在晶界引发空间电荷（Space Charge），或在外加电场作用下引发空间电荷，在晶界形成空间电荷区。由于晶界的空间电荷区局部偏离电中性，因此，当晶界占据相当大的体积分数时，将导致局部物理性能发生变化，从而影响材料的整体性能。特别是当晶粒尺寸在几个 nm 的数量级时，这种性能变化将更加明显。因此，纳米材料为人们提供了可调控其电子结构和相关性能的途径。

一、外加电场引发的空间电荷区

假设两个半无限大的、成分相同的晶体相距间隙为 d，间隙中充满相对介电常数为 ε_r 的电介质。当在两晶体间施加电压 U 时，外加电场将在两晶体与电介质相接触的平面上产生空间电荷，空间电荷的面密度 $q = \varepsilon_0 \varepsilon_r U/d$，其中 ε_0、ε_r 分别为真空和相对的介电常数。空间电荷位于厚度为 δ 的表面区域，空间电荷在此区域的分布体密度如图 1-28 所示。对于金属材料，δ 为一个点阵常数的厚度；对于半导体材料，δ 取决于载流子的密度，在 $10 \sim 1000$ 个点阵常数的范围内变化，可近似地估计为：

$$\delta = \sqrt{\frac{2\varepsilon_r \varepsilon_0 U}{ne}} \qquad (1\text{-}14)$$

式中，n 为单位体积内的载流子密度；e 为电子的电量。

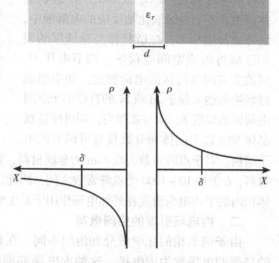

图 1-28　被电介质隔离的两相邻晶体中空间电荷体密度 ρ 的分布

单位面积空间电荷面密度 q 取决于击穿场强和介电常数 ε_r。现代商用电子器件中 SiO_2 绝缘层（$d = 10\text{nm}$，$\varepsilon_r = 3.8$）的击穿场强 $U/d = 5\text{MV/cm}$，空间电荷的面密度 $q = 0.02\text{C/m}^2$。铁电材料的介电常数通常为数千，因而具有更高的 q 值，例如（Ba、Sr）TiO_3 的 $q \approx 0.3\text{C/m}^2$。如果空间电荷区由 N 层原子层组成，原子层的间距为 r_0，则在空间电荷区每个原子所具有的平均电荷为：

$$\overline{q} = \frac{q r_0^2}{Ne} \qquad (1\text{-}15)$$

当 $r_0 = 0.3nm$，$N = 1$（金属），$N = 300$（半导体），$e = 1.6 \times 10^{-19}C$，$q = 0.3C/m^2$ 时，可计算出对金属原子 $\bar{q} = 0.18$（电子数/原子数），对半导体原子 $\bar{q} = 6 \times 10^{-4}$。这表明，在原子厚度为 δ 的空间电荷区，纳米固体的状态已偏离了电中性平衡。通过调节电压，可在单质的 Cu、Ag、Au 等金属的界面电荷区注入和移走 18% 的导电电子。对于半导体材料，当 $N = 300$，$q = 0.3C/m^2$ 时，在 δ 厚度的空间电荷区载流子的密度在 $10^{22} \sim 10^{25}$ 范围内变化，变化范围为 3 个数量级。因此，利用外加电场的变化可调节纳米材料的电子结构。

图 1-29 可示意地说明利用外加电场使纳米材料具有可调节的电子结构。图中的链状物由纳米粒子如 Al 或 n 型 Si 粒子互相连接而形成，链状物周围包覆一层厚度为 1nm 的绝缘体如 Al_2O_3 或 SiO_2。将链状晶体浸泡在不与绝缘氧化物反应的电解液中，并外施加电压 U，在链状体与绝缘层的表面区域将形成空间电荷区。调节电压 U，可改变空间电荷区的电荷密度。如果组成链状物的纳米粒子 Al 或 Si 的直径小于空间电荷区的厚度 δ，或与 δ 相当，则可使链状晶体 50% 以上的体积分数具有可调节的电

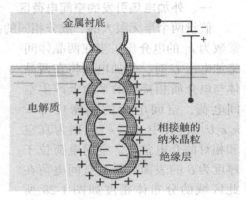

图 1-29　具有可调节电子结构的纳米材料示意图

子结构。对于点阵常数为 0.4nm 的金属材料，粒子的临界直径约为 4nm，对于半导体材料，δ 值在 10 ~ 1000 个点阵常数之间，因此，晶粒尺寸约在 10nm 时就足以使整个体积内的平均电荷密度在外加电场作用下发生变化。

二、内电场引发的空间电荷

由于纳米相的化学成分和组织不同，在相界存在的因化学位或电位差而形成的局部的电场称为内电场。这种内电场亦能引发空间电荷。图 1-30 表明在半导体 p/n 结处由内电场 E 引发的厚度为 δ 的空间电荷区及其电荷体密度 ρ 的分布。如果半导体的晶粒尺寸或厚度 $\lambda < 0.5\delta$，则每个 n 型半导体层将带正电荷，而每个 p 型半导体层将带负电荷，如图 1-31 所示。

根据纳米相的成分和结构的不同，可总结出三种由内电场引发的具有空间电荷的纳米复合材料。

（1）由 n 型和 p 型半导体组成的纳米复合材料　当晶粒直径小于 0.5δ 时，n 型半导体纳米相整体带正电荷，而 p 型半导体带负电荷，如图 1-32a 所示。

（2）由两种不同的金属复合而成的复合材料　费米能级高的金属纳米相在相界形成带正电荷的空间电荷区，而费米能级低的金属粒子在界面形成负的空间电荷区，如图 1-32b 所示。

（3）由金属和半导体粒子复合而成的复合材料　半导体相带正电荷而金属相在相界形成负的空间电荷区，如图1-32c所示。由于金属的功函数（φ_m）通常高于半导体的功函数（φ_s），当金属和半导体材料相接触时，电子就会不断地从半导体向金属迁移，直到二者的费米能级相等为止。这样，半导体的能带就向上弯曲在表面形成耗尽层。这种在金属和半导体表面形成的能垒称为Schottky势垒，如图1-32d所示。

在一定的温度下，吸附在SnO_2等n型半导体材料表面的氧将从半导体中夺取电子形成氧离子，在半导体材料表面感应出空间电荷层。空间电荷层的厚度可用德拜长度[⊖]L_D来表示：

$$L_D = \left| \frac{\varepsilon_0 \varepsilon_r k_B T}{e^2 N_D} \right|^{1/2} \qquad (1-16)$$

式中，N_D为半导体的掺杂浓度。半导体的空间电荷层内因失去电子形成耗尽层，能带向上弯曲形成能垒。能垒的高度为：

$$V_S = \frac{e N_S^2}{2\varepsilon_0 \varepsilon_r N_D} \qquad (1-17)$$

式中，N_S为吸附氧离子产生的表面态密度，其最大值为$10^{12} \sim 10^{13}/cm^2$。表面势垒的最大高度约为$0.5 \sim 1.0eV$。由X-光电子能谱（XPS）分析表明，粒径为8nm的SnO_2薄膜在120℃吸附氧后导致Sn的3d电子结合能和O的1s电子结合能下降，60min之后电子结合能均下降了0.2eV，对应于能带向上弯曲0.2eV。随后吸附$CH_4$60min后，能带向下弯曲0.1eV，延长吸附时间，电子的结合能恢复到原始状态，如图1-33所示。在250℃实验可得到类似的结果；但是吸附氧后能带向上弯曲约0.3eV，表明温度的升高使氧的吸附增强。

三、具有可调节电子结构原理的应用

利用外加电场和内电场的变化，可改变纳米材料的电子结构，因而可改变对

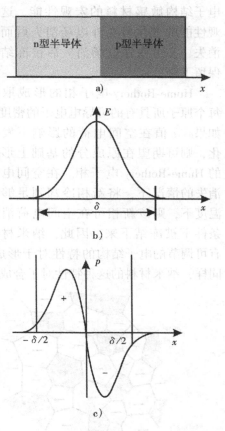

图1-30　在半导体p-n结处形成的空间电荷

a）p/n结　b）内电场E引发空间电荷厚度δ
c）δ内的电荷密度分布

⊖　德拜长度：表示一个正离子的电场所能影响到电子的最远距离。

电子结构敏感材料的宏观性能。这种宏观性能的变化可在外电场消失后而随之消失，亦可在外电场消失后被冻结或被保留下来。

Hume-Rothery 电子相的形成取决于每个原子所具有的可导电电子的密度e/a。如果e/a值在空间电荷的影响下发生变化，则可期望在原成分的基础上形成新的 Hume-Rothery 电子相。在空间电荷未消失的情况下，将新相冷却到足够低的温度下，则该新相可在空间电荷消失的条件下被冻结下来。因此，纳米材料具

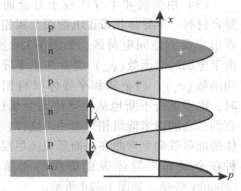

图 1-31　p-n 型半导体互相叠加多层膜中的空间电荷

有可调节的电子结构的特性对于形成新的 Hume-Rothery 电子相是非常有用的。同样，纳米材料的这种特性对于合成按平衡相图所无法合成的固溶体也是非常有

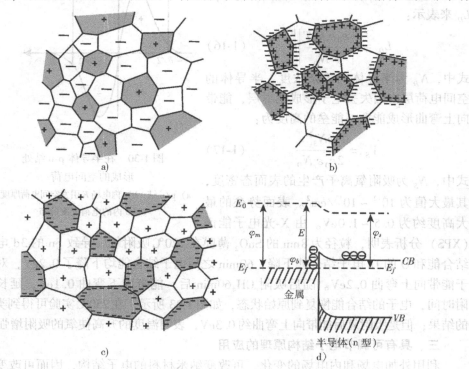

图 1-32　不同类型的空间电荷分布

a）p-n 型半导体　b）具有不同费米能的金属

c）金属和半导体　d）Schottky 势垒示意图

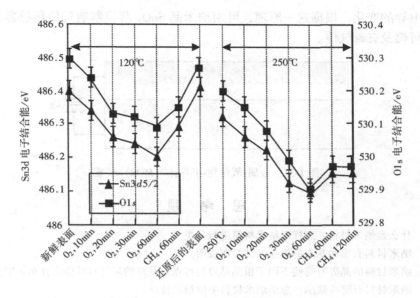

图 1-33　SnO₂ 的 XPS 分析结果

利的。平衡的晶体结构取决于晶体原子之间的相互作用势能和熵。在具有高密度空间电荷的晶体中，原子之间的相互作用势能和熵将明显地不同于处于电中性的平衡状态下的晶体中的原子势能和熵，从而使原子结构发生变化。这种原子结构的变化亦可被冻结下来，从而形成新的结构。例如，Ag-Fe 在平衡条件下不能互溶，但在纳米条件下，在 Ag-Fe 相界因 Ag、Fe 费米能级的不同而形成不同种类的空间电荷。这两类电荷之间的相互耦合能使 Ag-Fe 在界面互相溶合而形成固溶体。纳米 Ag-Fe 形成互溶的固溶体，亦可解释为由于空间电荷的存在使 Fe 的电子结构趋近于 Co，而 Ag 的电子结构趋近于 Pd，由于 Pd-Co 能在固态下互溶，因而空间电荷的作用使 Ag-Fe 在固态下的相互溶解度增加而形成固溶体。

　　利用外电场造成局部电荷增加或贫化的最好实例，是金属-氧化物-半导体（MOS）组成的场效应（Field-Effect）晶体管（MOSFET）。图 1-34 为 MOS 三明治结构示意图。图中半导体层（如 Si 层）由纳米厚度的绝缘层（如 SiO₂ 膜）与金属电极隔离，如果在金属电极和半导体 Si 晶体之间施加偏压 U_g，则可通过控制 U_g 的大小改变与绝缘膜邻近部位的 Si 晶体中载流子密度的大小。此外，电变色材料如 WO₃、NiO 纳米多孔膜和纳米气敏材料 SnO₂ 薄膜也是纳米材料能具有可调节的电子结构，从而引起宏观性能变化的实例。利用电场在纳米电变色材料表面注入或抽走可运动的离子时，电变色材料的颜色将发生可逆的变化。利用这一原理可制造电致变色器件。纳米晶 SnO₂ 薄膜，在一定的温度下吸附氧后能带向上弯曲，表层感应出电荷耗尽层和吸附 CH₄ 等还原性气体后能带向下弯曲，导致电导的变化。根据这一原理，可用纳米晶 SnO_2 薄膜制造气敏传感器，用于探测可燃及有毒气体。

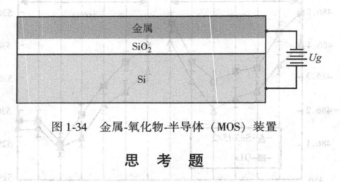

图 1-34　金属-氧化物-半导体（MOS）装置

思 考 题

1. 什么是纳米材料？怎样对纳米材料进行分类？

2. 纳米材料有哪些基本的效应？试举例说明。

3. 纳米材料的晶界有哪些不同于粗晶晶界的特点？其对纳米材料性能有什么影响？

4. 纳米材料有哪些缺陷？总结纳米材料中位错的特点。

5. 纳米晶粒的长大有什么特点？采用哪些方法可以防止纳米晶粒的长大？

6. 怎样使纳米材料具有可调节的电子结构？什么是 Schottky 势垒？讨论纳米材料的电子结构对其性能的影响。

第二章 纳米材料的合成与制备

纳米材料的合成与制备在纳米科技中占有极其重要的地位，没有合成与制备方法和技术的进步与发展，就没有纳米科技的进步与发展。因此，国内外大量关于纳米材料的研究都是围绕着合成与制备的新方法、新技术而展开的。纳米材料的合成与制备有两种途径：从下到上和从上到下的途径。所谓从下到上，就是先制备纳米结构单元，然后将其组装成纳米材料。例如，先制备成纳米粉体再将其固化成纳米块体，或直接将原子和分子组装成纳米结构。所谓从上到下，就是先制备出前驱体材料，再从材料上取下有用的部分。从上到下的典型例子就是用高能球磨法制备纳米粉体。此外，还可以通过光刻技术在该材料上形成所需的纳米结构和图案。本章介绍纳米材料的主要合成与制备方法与技术。

第一节 气相法合成与制备纳米材料

纳米材料的气相合成与制备方法，是将高温的蒸气在冷阱中冷凝或在衬底上沉积和生长出低维纳米材料的方法，可利用各种前驱气体或采用加热的方法使固体蒸发成气体以获得气源。加热的方法可采用电阻加热或采用高频感应、等离子体、电子束、激光加热等各种方法。采用气相法制备的低维纳米材料主要有纳米粉体、纳米丝和生长出超晶格薄膜和量子点等。气相法主要包括物理气相沉积（PVD）和化学气相沉积（CVD）。在某些情况下可采用其他能源来加强 CVD，如用等离子体增强 CVD 称作 PE-CVD 或 PCVD。

一、PVD 法制备纳米粉体和多层膜

在 PVD 过程中没有化学反应产生，其主要过程是固体材料的蒸发和蒸发蒸气的冷凝或沉积。采用 PVD 法可制备出高质量的纳米粉体。制备过程中原材料的蒸发和蒸气的冷凝通常是在充有低压高纯惰性气体（Ar、He 等）的真空容器内进行。在蒸发过程中，蒸气中原材料的原子由于不断地与惰性气体原子相碰撞损失能量而迅速冷却，这将在蒸气中造成很高的局域过饱和，促进蒸气中原材料的原子均匀成核，形成原子团，原子团长大形成纳米粒子，最终在冷阱或容器的表面冷却、凝聚，收集冷阱或容器表面的蒸发沉积层就可获得纳米粉体。通过调节蒸发的温度和惰性气体的压力等参数可控制纳米粉的粒径。1984 年 Gleiter 等人首先采用蒸气冷却法制备出具有清洁表面的 Pd、Fe 等纳米粉体，并在高真空中将这些粉体压制成块体纳米材料。尽管以后气相法制备纳米粉体的方法、技术

及设备均有较大的改进，但基本原理是相同的。

PVD 或气相冷凝法可制备出粒径为 1～10nm 的超细粉末，粉末的纯度高，圆整度好，表面清洁，粒度分布比较集中，粒径的变化通常小于 20%，在控制较好的条件下可小于 5%。该方法的缺点是粉体的产出率低，在实验室条件下一般产出率为 100mg/h，工业粉的产出率可达 1kg/h。

采用 PVD 法，可以制备出各种纳米薄膜或纳米复合膜。采用磁控溅射，可在 Si 衬底上沉积出 $MoSi_2$ 和 SiC 相互交叠的纳米多层膜。刚沉积出的复合膜为非晶态，如图 2-1a 所示，经 800℃退火 1h，非晶已晶化成如图 2-1b 所示的组织。经 500℃退火后，这种多层纳米膜显示出极高的抗氧化性和硬度。采用磁控溅射还可实现 Cu/Nb 在 Si (100) 面上的复合，如图 2-2 所示。这种复合膜具有很高的强度，同时具有很高的导电和导热能力。

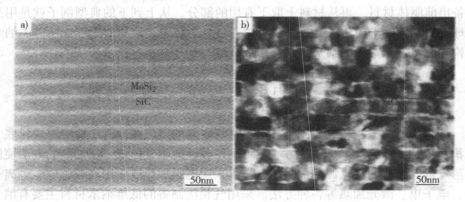

图 2-1 PVD 沉积的纳米 $MoSi_2$/SiC 多层膜

a) 未退火 b) 800℃退火 1h

近十几年来，脉冲激光沉积（PLD）已发展成为最简单和多用途的气相沉积成膜技术。PLD 的原理如图 2-3 所示。利用 PLD 可以沉积出高温超导薄膜 $YB_2O_3Cu_{7-x}$ 和具有超晶格结构的 $SrTiO_3$/$BaTiO_3$ 多层复合膜。许多研究表明，PLD 制备的金属氧化物薄膜的性能要优于用其他方法制备的同种膜的性能。其缺点是在用激光烧蚀目标靶的过程中在等离子体中经常可观察到微米尺度的液滴，这些液滴沉积到膜上将明显影响膜的质量。此外，

图 2-2 Cu/Nb 复合多层膜

很难从原子的尺度上对成膜过程进行控制。这些都限制了 PLD 在制备可控超晶格膜和高级别纳米结构中的应用。

二、CVD 法原理及超晶格、量子点材料的外延生长

在 CVD 过程中，当前驱体气相分子被吸附到高温衬底表面时将发生热分解或与其他气体或蒸气分子反应，然后在衬底表面形成固体。在大多数 CVD 过程中应避免在气相中形成反应粒子，因这不仅降低了气体的含量而且在形成的薄膜中可能带入不希望出现的粒子。CVD 过程包括 3 步：①气体利用扩散通过界面层达到生长表面；②在生长表面反应形成新的材料并进入生长的前沿；③排除反应的副产品气体。其中最重要的是第二步。图 2-4 为 CVD 过程的扩散模型示意图。

衬底表面反应物的生长有三种模式，这取

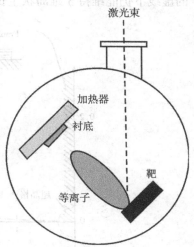

图 2-3　PLD 系统示意图

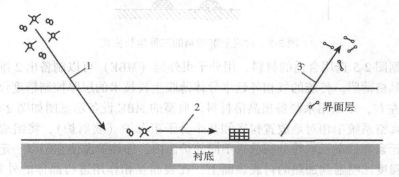

图 2-4　CVD 过程的扩散模型
1—气相在界面层通过扩散达到生长表面　2—在生长表面通过化学反应形成固体　3—气相反应产物（副产品）离开表面

决于生成物与衬底的表面能和晶格的错配度，如图 2-5 所示。图中纵坐标为衬底和生成薄膜的表面能的差值与衬底的表面能之比，横坐标为衬底与生成的薄膜的晶格错配度。由图可知，当衬底的表面能 γ_s 大于薄膜的表面能 γ_f，且晶格错配度小于 0.2% 时，衬底表面的反应生成物以 Frank-van der Morve 的 2 维平面方式生长成膜。随着晶格错配度的增大，2 维平面生长方式变得不稳定，转化为 Stranski-Krastanov 模式，即先生长出几个原子平面，再转为岛状生长。如果衬底的表面能小于可能成膜的表面能，则反应生成物直接以 Volmer-Weber 模式进行

岛状生长。随着晶格错配度的增大，即使衬底的表面能大于膜的表面能，在图中的虚线下仍能维持3维岛状生长。

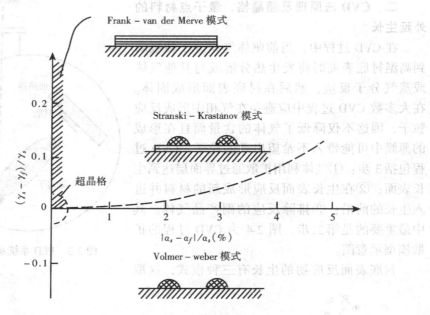

图2-5　衬底上沉积物的三种生长模式

根据图2-5选用合适的材料，用分子束外延（MBE）可以制备出2维平面生长的超晶格薄膜。传统的气相外延半导体薄膜生长技术的层厚控制精度仅能达到 0.1μm 左右，难以用来制备超晶格材料。典型的 MBE 设备示意图如图2-6所示。在超高真空系统中相对地放置衬底和几个分子束源炉（喷射炉），将组成化合物的各种元素和掺杂元素等分别放入不同的炉源内，加热炉源使它们以一定的速度和束流强度比喷射到加热的衬底表面上，在表面互相作用进行晶体的外延生长。各喷射炉前的快门用来改变外延膜的组分和掺杂。根据制定的程序控制快门、改变炉温和控制生长速度，可制备出不同的超晶格材料，外延表面和界面可达原子级的平整度。结合适当的掩膜、激光诱导技术，还可实现3维图形结构的外延生长。但是 MBE 的生长速率较低，一般为 0.1~1μm/h。

金属有机化合物化学气相沉积（MOCVD）是与 MBE 同时发展起来的另一种先进的外延生长技术。MOCVD

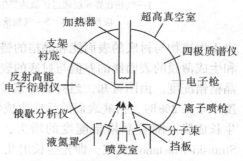

图2-6　典型的 MBE 设备示意图

是用 H_2 将金属有机化合物蒸气和气态的非金属氢化物经过开关网络送入反应室中加热的衬底上，通过加热分解在衬底表面生长出外延层的技术。合金的组分和掺杂水平由各种气源的相对流量来控制。MOCVD 设备主要包括气体源及其输送、控制系统，反应室及衬底的高频加热系统，尾气处理和排放系统以及监控系统等四大部分。与 MBE 相比，MOCVD 的主要优点是采用气态源，因而可以源源不断地供应，生长速率比 MBE 快得多，有利于大面积超薄层、超晶格等材料的批量生产。其不足之处，在于平整度、厚度的控制精度及异质结合界面的陡度不如 MBE，特别是所用气体源有毒、易燃，因此使用中必须特别注意安全。

化学束外延（CBE）是在 MBE 设备上用气态源取代固态源，因而结合了 MBE 和 MOCVD 的主要优点。如果只用 AsH_3 和 PH_3 等Ⅴ族元素的氢化物取代固态Ⅴ族元素 As、P 等为源材料，则称为气态分子束外延（GSMBE）。若只用Ⅲ族金属有机化合物如 TmGa、TmIn 等取代Ⅲ族元素 Ga、In 等作源材料，则称为金属有机物分子束外延（MOMBE）。CBE 除了兼有 MBE 和 MOCVD 的优点外，还可生长出 MBE 难以控制生长的，但应用又十分重要的磷化物超晶格材料，能消除 MBE 材料中经常出现的由固态 Ga 源引起的椭圆形缺陷。由于几种金属有机源是先混合再均匀地射向受热衬底，因而生长出的外延材料的均匀性也就好。

采用 MBE、MOCVD、CBE 等设备可制备出多种半导体超晶格量子阱材料。其中对 GaAlAs/GaAs、InGaAs/GaAs、InGaAs（P）/InP、InGaAlP/GaAs、GaInAs/InP、AlInAs/GaInAs/InP 等 GaAs 和 InP 基材料体系等研究得比较深入，并逐步进入使用阶段外，其他多数材料还处于生长机理及工艺、结构性能及光电性能等实验室研究阶段。我国 AlGaIn-As、AlGaInP 等超晶格材料已实现产业化，并用于激光器和发光二极管（LED）。量子点在国外已有许多公司用于制造快速记忆器（Flash Memory）。图 2-7 为在 GaAs 衬底上生长的 InAs 量子点组态，其尺寸变化范围小于 6%。我国复旦大学研究者，在 Si（100）面上用分子束外延生长的 GeSi 自组装量子点的尺寸变化范围小于 3%，达到了国际先进水平。

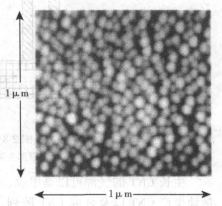

图2-7　GaAs 衬底上生长的 InAs 量子点

三、CVD 法合成 CNT 和化合物纳米粉体

碳氢化合物在 Fe、CO、Ni 等催化剂作用下的化学气相沉积，是合成各种碳纤维和碳纳米管（CNT）以及纳米金刚石薄膜的经典方法。有多种模型用来解释使用催化剂时在 CVD 过程中 CNT 的生长。目前比较普遍接受的模型是：在 CVD

过程中，碳氢化合物分子首先在催化剂微粒表面的吸附和分解，碳原子通过扩散进入催化剂粒子形成固溶体，随后过饱和的碳原子在催化剂的表面圆环位置处沉积析出形成 CNT。碳原子扩散的驱动力是催化剂粒子内部的温度梯度。该温度梯度来源于碳氢化合分子在催化剂粒子暴露的前表面的分解放热和碳原子在粒子后表面沉积时的吸热。在粒子前表面积累起来的多余的或过饱和的碳原子，通过扩散在粒子的表面迁移形成管壁。粒子的后表面开始时是和衬底表面相互接触的，如果这种接触不是很紧密，则催化剂粒子促进顶部生长，粒子始终位于碳管的顶部；如果粒子与衬底表面结合紧密，则粒子始终位于管的底部，促进底部生长，碳管的顶部因挤压呈封闭状态。CNT 的顶部生长和底部生长模式分别如图2-8a、b 所示。

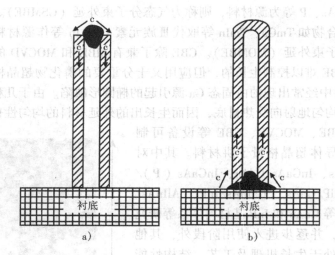

图 2-8　CNT 的生长模式
a）顶部生长模式　b）底部生长模式

生长 CNT 的气源可以是甲烷、乙烯、苯等。采用 CVD 合成方法，可以大批量地生产 CNT 以及合成 CNT 阵列。CVD 合成方法的缺点是容易形成有缺陷的CNT。随着合成方法和技术的进步，CVD 法可合成出几近完美的单壁 CNT。图2-9 为合成的 CNT 阵列及其在海水淡化中的应用。由于 CNT 的比表面高达$1000 m^2/g$，具有极高的吸附能力，因此以 CNT 阵列为阴极，加上几伏的电压就可去除海水中的盐分使之淡化，其成本低于海水的蒸馏及分子膜分离淡化。

采用 CVD、PCVD 技术可制备多种氧化物、碳化物、氮化物和硼化物纳米粉体。以 $AlCl_3$ 和 $SiCl_4$ 为前驱体，采用 CVD 方法可合成莫来石（$3Al_2O_3 \cdot 2SiO_2$）。当气相成分接近化学计量成分，载气流量 Ar（$AlCl_3$）/Ar（$SiCl_4$）$\approx 0.3 dm^3/min$，温度为 1000～1200℃ 时，可合成出含有少量 $\gamma\text{-}Al_2O_3$ 的球状莫来石，平均粒径为

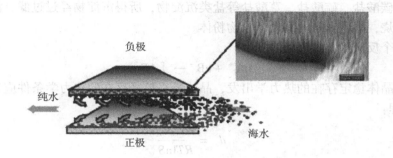

图 2-9 CNT 阵列及其在海水淡化中的应用

46nm，比表面积为 43.5m²/g。以 SiH₄ 为 Si 源，C₂H₂ 为 C 源，调整气相成分使 Si/C ≈ 1，在 50kPa（0.5at）气压下，气流量为 300ml/min 和 1200 ~ 1400℃反应，可合成出纳米 SiC。当反应温度为 1200℃时，SiC 的粒径为 9nm，反应产物中富余出质量分数为 0.4% 的 Si；当反应温度为 1400℃时，SiC 的粒径为 16nm，反应产物中富余出了质量分数为 3% 的 C。这表明在不同的反应温度下，前驱体 SiH₄ 和 C₂H₂ 的分解率是不相同的。在接近 1300℃反应或调整 Si/C 之比时，可获得接近化学计量的 SiC。

在 CVD 成膜或生长超晶格材料的过程中，应尽量避免气体达到衬底表面前纳米粒子在气相中的均匀成核和长大。然而，在 CVD 过程中凝结于气相中的悬浮微粒却有助于纳米粉体的合成。

形成颗粒沉积协助的化学气相沉积（Particle-Precipitation-Aided CVD），简称 PP-CVD。PP-CVD 过程由三部分组成：①在气相中生成纳米微粒；②纳米微粒在衬底上沉积；③纳米微粒在衬底以非均匀的反应互相连接或烧结成多层孔。PP-CVD 可以制备催化剂的载体、陶瓷薄膜和多孔电极等。

第二节 液相法合成与制备纳米材料

液相法制备纳米材料的特点，是先将材料所需组分溶解在液体中形成均相溶液，然后通过反应沉淀得到所需组分的前驱物，再经过热分解得到所需物质。液相法制得的纳米粉纯度高、均匀性好、设备简单、原料容易获得、化学组成控制准确。根据制备和合成过程的不同，液相法可分为沉淀法、微乳液法、溶胶-凝胶法、电解沉积法、水解法、溶剂蒸发法等，本节主要介绍前四种方法。

一、沉淀法

沉淀法是以沉淀反应为基础。根据溶度积原理，在含有材料组分阳离子的溶液中加入适量的沉淀剂（OH⁻、CO₃⁻、SO₄²⁻、C₂O₄²⁻等）后，形成不溶性的氢氧化物或碳酸盐、硫酸盐、草酸盐等盐类沉淀物，所得沉淀物经过过滤、洗涤、烘干及焙烧，得到所需的纳米氧化物粉体。

整个反应用下式表示：

$$nA^+ + nB^- \rightarrow [AB] \tag{2-1}$$

从晶体稳定存在的热力学出发，晶体最小粒径存在的热力学条件应满足 Kelvin 方程：

$$d_c = \frac{4V_m E_s}{RT\ln S} \tag{2-2}$$

式中，E_s 为晶体界面能；V_m 为晶体摩尔体积；R 为气体常数；T 为热力学温度；$S = c/c^*$，其中 c 为溶液的浓度，c^* 为溶质的饱和浓度。

为得到纳米晶粒，需要使溶液中的 [AB] 有大的过饱和度；而要使粒度分布均匀，反应器各处时刻都应保持均匀的过饱和度。

1. 单相共沉淀法

在含有多种阳离子的溶液中加入沉淀剂后，形成单一化合物或单相固溶体的沉淀，称为单相共沉淀法。例如，在钛和钡的硝酸盐溶液中加入草酸后得到 $BaTiO(C_2O_4)_2 \cdot 4H_2O$ 沉淀，然后焙烧得到 $BaTiO_3$ 多晶陶瓷。同样，以 TiO_2 和 $Ba(OH)_2$ 为原料，邻苯二酚为配位剂，生成 $Ba[Ti(C_6H_4O_2)_3] \cdot 3H_2O$ 沉淀，在 800℃焙烧，也可以得到 $BaTiO_3$ 超细粉。这种方法生成纳米粉末的化学均匀性可以达到原子尺度，所得化合物的化学计量也可以得到保证。

另外，形成单一化合物可以使中间沉淀产物具有低温反应活性。如，采用共沉淀法得到的中间产物 $BaSn(C_2O_4)_2 \cdot 5H_2O$ 为前驱物，在 700℃即可生成 $BaSnO_3$。而如果采用将 $BaCO_3$ 和 SnO_2 球磨后高温焙烧的方法，焙烧温度需要近 1000℃，而且还会产生中间产物 Ba_2SnO_4。其他一些纳米多晶陶瓷如 $LaFeO_3$、$LaCoO_3$、$LaMnO_3$

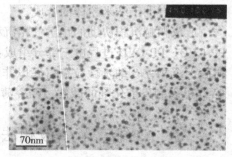

图 2-10　单相共沉淀法制备的 SnO_2 固溶体粉末

等，也可以用单相共沉淀法制备。图 2-10 为采用氯化物为原料，以氨水为沉淀剂，制备出的 SnO_2 固溶体超细粉。

2. 混合物共沉淀法

在实际中使用单相共沉淀法制备纳米粉体较少，一般的共沉淀产物多为混合物。混合物共沉淀法是向溶液中加入过量的沉淀剂，使沉淀剂离子的浓度大大超过其溶度积理论浓度，使混合物各组分按比例同时沉淀出来，所得沉淀物的均匀性远优于普通的机械混合。

混合物共沉淀法反应过程复杂，颗粒的成核、长大等过程不易控制，而且由于各组分间的沉淀速度存在差异，成分的均匀性受到一定的影响。但是，这种方法工艺简单，得到的粉体性能良好，因而在工业和实验室中得到广泛应用。

例如，用混合物共沉淀法制备全稳定或部分稳定的氧化锆陶瓷粉料，是将一定比例的 $ZrOCl_2$-$Y(NO_3)_3$ 溶液加入到氨水溶液中，形成钇和锆的氢氧化物沉淀，经洗涤、过滤除去 Cl^- 等离子，再经烘干、焙烧，得到钇部分稳定的氧化锆纳米粉体（即 Y-ZrO_2）。利用这种方法，人们还制备出了纳米镍铁氧体、镁铝尖晶石粉体等。

3. 均相沉淀法

在一般的化学沉淀过程中，溶液中各部位沉淀速度是不均匀的，整个溶液范围的成分也不均匀。如果使溶液中的沉淀剂缓慢地、均匀地增加，使溶液中的沉淀反应处于一种近似平衡状态，使沉淀能在整个溶液中均匀地产生，这种方法称为均相沉淀法。这种方法克服了由外部向溶液中加沉淀剂而造成的局部沉淀不均匀性。通常，均相沉淀法采用尿素为沉淀剂，由于尿素水溶液在 70℃ 附近发生分解，生成 $(NH)_4OH$ 和 CO_2，由此生成的 $(NH)_4OH$ 在金属盐的溶液中均匀分布且浓度很低，使得沉淀物均匀地生成。

用均相沉淀法也制备出了氧化铝球形颗粒。按一定比例配制硫酸铝和尿素的混合溶液，加热搅拌，使尿素在水溶液中缓慢释放出 OH^- 离子，使溶液的 pH 值均匀、缓慢地上升，从而使 $Al(OH)_3$ 沉淀同时在整个溶液中生成，形成均相沉淀。反应完成后，分离过滤出沉淀，经过去离子水洗涤后，用无水乙醇除去去离子水，烘干后焙烧，可得到尺寸分布均匀的球形氧化铝颗粒。另外，类似地加热硫酸锆和尿素的混合溶液，通过均相沉淀也可得到球形碱式硫酸锆沉淀，焙烧后可制得纳米氧化锆球形颗粒。

二、微乳液法

自从 1982 年 Boutonnet 首先报道了用肼或氢气还原微乳液水核中的金属盐制备出 3～5nm 单分散 Pt、Pd、Au 等贵金属纳米颗粒以来，微乳液法已经发展成为制备纳米材料的一种重要的方法。微乳液是指在表面活性剂作用下由水滴在油中（W/O），或油滴在水中（O/W）形成的一种透明的热力学稳定的溶胀胶束。表面活性剂是由性质截然不同的疏水和亲水部分构成的两亲分子。当加入水溶液中的表面活性剂浓度超过临界胶束或胶团的浓度 CMC 时，表面活性剂分子便聚集形成胶束，表面活性剂中的疏水碳氢链朝向胶束内部，而亲水的头部朝向外面接触水介质。在非水基溶液中，表面活性剂分子的亲水头朝向内，疏水链朝向外聚集成反相胶束或反胶束。形成反胶束时不需要浓度 CMC，或对 CMC 不敏感。无论是胶束或反胶束，其内部包含的疏水物质（如油）或亲水疏油物质（如水）的体积均很小。但当胶束内部的水或油池的体积增大，使液滴的尺寸远大于表面活性剂分子的单层厚度时，则称这种胶束为溶胀（Swollen）胶束或微乳液，胶团的直径可在几纳米至100nm之间调节。由于化学反应被限制在胶束内部进行，因此，微乳液可作为制备纳米材料的纳米级反应器。

根据水、油和表面活性剂的性质和加入量的不同，微乳液中的胶束可自组装成不同的纳米结构。图2-11为水-油-表面活性剂三元相图示意图。在富水端形成水包油的球状胶粒，在富油端形成油包水的球状反相胶粒。当表面活性剂含量增加时，球状胶粒便自组装成杆状、六角状、层状及反立方相等多种纳米结构。

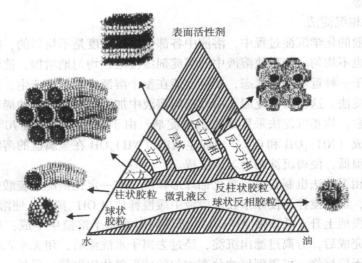

图 2-11　水-油-表面活性剂三元相图及自组装结构示意图

表面活性剂的选择和加入量是形成微乳液的关键。常用的阴离子表面活性剂有琥珀酸二异辛酯磺酸钠（AOT）、十二烷基苯磺酸钠（SDBS）、十二烷基硫酸钠（SDS）等。常用阳离子表面活性剂有十六烷三甲基溴化胺（CTAB）、双十八烷基二甲基氯化铵（DODMAC）等。常用的非离子表面活性剂有十二烷基聚氧乙烯醚系列（$AEO_5 \sim AEO_n$）Triton x-100、$C_{12}E_5$、$C_{12}E_7$以及失水山梨醇酯肪酸酯系列（Span 20~85）和失水山梨醇聚氧乙烯醚酯系列（Twen 40~80）等。表面活性剂的亲水/亲油平衡常数（HLB）要与微乳液中油相的HLB相匹配，通常在3~6之间。为了调整HLB值和有利于微乳液的生成，可加入助表面活性剂。助表面活性剂常为醇类，如正丁醇、正戊醇等。

制备微乳液的方法主要有两种：一是Schulman法，将烃、水、乳化液混合均匀，向其中滴加醇使混合液突然变得透明；二是Shah法，将烃、醇、乳化剂混合均匀向其中滴加水至系统突然变得透明，即获得微乳液。

微乳液法已被广泛地应用于制备金属、硫化物、硼化物、氧化物等多种纳米材料。利用反胶束制备纳米材料有三种基本的方法：沉淀法、还原法和水解法。图 2-12 为 W/O 微乳液（反胶束）制备纳米材料的过程。将两种或两种以上的溶有不同反应物的微乳液混合，通过胶束的不断碰撞，可使一些胶束发生团聚形成二聚体。二聚体由于热力学的不稳定又分裂重新成为单体胶束。这样，在胶束的不断团聚、分裂过程中，胶束中的反应物得到交换，使化学反应得以进行并最终沉淀形成所需的纳米材料，如图 2-12a 所示。沉淀法常用于制备硫化物、氧化物、碳化物等纳米粒子。使用 N_2H_4、$NaBH_4$ 和 H_2，可使反胶束中的可溶性金

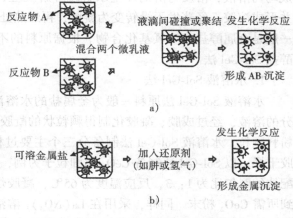

图 2-12 微乳液合成纳米材料示意图

属盐溶液还原形成纳米金属微粒沉淀，如图 2-12b 所示。还原法常用于制备纳米金属粉末。水解法常用于制备金属的氧化物纳米颗粒，其过程是溶于油中的金属醇盐与反胶束中的水反应形成金属氧化物沉淀。在 CTAB/正丁醇/辛烷/（Y，Ba，Cu）溶液形成的微乳体系中以草酸铵为沉淀剂可制备出 $YBa_2Cu_3O_{7-x}$ 超导体粉末，与体相共沉淀法相比，应用微乳技术制备的产物具有更好的性能。采用微乳技术还可制备出 $BaCO_3$、Co 等纳米丝。例如在 0.2M 浓度的 $C_{12}E_4$/环乙烷中加入 0.1M 浓度的 $BaCl_2$ 和 Na_2CO_3 水溶液并与 $C_{12}E_4$/环乙烷反相微乳液混合，可合成出 $BaCO_3$ 纳米丝，如图 2-13 所示。

三、溶胶-凝胶法

溶胶-凝胶法（Sol-Gel）是制备纳米材料的重要手段。与其他方法相比，Sol-

图 2-13 反胶束合成的 $BaCO_3$ 纳米丝

Gel 法可使多组分原料之间的混合达到分子级水平的均匀性，合成温度低，获得的超细粉纯度高，粒度、晶型可以控制。它的基本原理是：前驱体溶于溶剂中形成均匀溶液，溶质与溶剂发生水解或醇解反应，生成物聚集成 1nm 左右的粒子并形成溶胶，经蒸发干燥转变为凝胶，再经热处理得到所需的晶体材料。前驱体一般是金属醇盐或烷氧基化合物。根据原料的不同，可分为水溶液 Sol-Gel 法和醇盐 Sol-Gel 法。

1. 水溶液 Sol-Gel 法

水溶液 Sol-Gel 法原料一般为金属盐的水溶液。首先制得含有全部或部分组分的溶液，经过成胶、凝胶化制得颗粒状的凝胶，再经烘干、焙烧制备出所需的粉料颗粒。水溶液 Sol-Gel 法制备分三个主要过程：溶胶制备、溶胶凝胶化和凝胶干燥。以 Sol-Gel 法制备 CeO_2 超细粒子为例，采用柠檬酸为配体，金属离子与配体的摩尔比为 1：3，反应温度为 65℃，凝胶烘干，在 320℃下焙烧 2h 即可得到所需 CeO_2 粉末。同样，采用在 $La(NO_3)_3$ 溶液中滴加氨水溶液，反应完全后将沉淀洗涤、过滤并重新将沉淀分散在蒸馏水中，用 HNO_3 调节 pH 值，超声分散，制成浅蓝色的透明溶胶，70℃烘干后焙烧，能够制成 50nm 左右的氧化镧粉末。以 $Ce(NO_3)_3$ 和 $Nd(NO_3)_3$ 为原料，加入一定量的柠檬酸，80℃搅拌 6h 后生成凝胶，经 150℃ 干燥后 200℃ 处理 10h，能够制得晶粒尺寸为 7.2nm 的 $Ce_{0.8}Nd_{0.2}O_2-\delta$ 固溶体。

2. 醇盐 Sol-Gel 法

自合成出四异戊醇硅 $Si(i-OC_5H_{11})_4$ 以来，众多的金属醇盐（又称金属烷氧化合物，用 $M(OR)_n$ 表示）相继被合成出来，如 $Al(OC_3H_7)_3$、$Ti(iso-OC_3H_7)_4$、$Zr(iso-OC_3H_7)_4$ 等。醇盐 Sol-Gel 法制备纳米材料的过程是：首先制备出金属醇盐，将醇盐溶于有机溶剂，加入所需的其他无机和有机材料配成均质溶液，在一定的温度下进行水解、缩聚反应，将溶胶转变成凝胶，最后干燥、预烧、焙烧制成所需的晶体材料。其过程的关键是要精确控制溶胶转变为凝胶和凝胶转变为晶体材料的过程。

一般而言，溶胶-凝胶转变包括水解、缩聚和络合三个化学反应，向反应体系中加入酸或碱作为催化剂，可以缩短由溶胶形成凝胶的时间。以正硅酸四乙酯作反应物为例，其反应过程如下：

1）水解反应

$$Si(OR)_4 + H_2O \rightarrow Si(OR)_3OH + ROH \ (R = C_2H_5) \tag{2-3}$$

2）缩聚反应

$$Si(OR)_3OH + Si(OR)_4 \rightarrow Si(OR)_3OSi(OR)_3 + ROH \tag{2-4}$$

3）络合反应

$$2Si(OR)_3OH + Me^{2+} \rightarrow Me[Si(OR)_3O]_2 + 2H^+ \qquad (2-5)$$

凝胶向材料的转变包括干燥和烧结两个过程。干燥过程受许多因素的影响，可能因凝胶在各个方向上收缩不一致而产生龟裂。目前人们主要采用超临界溶剂清洗和控制化学添加剂等来防止龟裂。研究发现，由多孔疏松凝胶转变成致密玻璃需要经过毛细孔收缩、缩聚、结构松弛、粘性烧结四个阶段。采用 Ti(OBu)$_4$ 和 Ce(NO)$_3$ 制备出醇盐，加入盐酸制成溶胶，可制备出性能较好、用于电致变色装置的粒子贮存电极材料。用 Ti(OBu)$_4$ 和 Ce(NO)$_3$ 溶入乙醇，可在中温制备出 CeTi$_2$O$_6$ 复合氧化物。

Sol-Gel 方法还可广泛用于制备各种薄膜。可采用提拉、涂覆等简单的方法将溶液覆盖在衬底上；但更好的方法是喷涂法。例如，将 BaTiO$_3$ 溶胶滴在镀 Pt 的 Si 片上，使 Si 片在镀膜机上以 4000r/min 的转速高速旋转 20s，这样可使沉积层均匀并去除多余的溶胶。在 300℃ 保温 10min 使沉积层热分解，然后再进行第二次喷涂，循环 5 次可获得 0.5μm 厚的薄膜。最后在 800℃ 或 1000℃ 晶化退火 1h，即可得到纳米晶 BaTiO$_3$ 薄膜，如图 2-14 所示。

图 2-14　BaTiO$_3$ 薄膜的表面形貌
a) 800℃退火 1h　b) 1000℃退火 1h

四、电解沉积法

电解沉积（Electrodeposition）又称为电化学沉积，是在溶液中通以电流后在阴极表面沉积大量的晶粒尺寸在纳米量级的纯金属、合金以及化合物。电解沉积法的投资少，生产效率高，不受试样尺寸和形状的限制，可制成薄膜、涂层或块体材料，所得样品疏松孔洞少，密度较高，且在生产过程中无需压制，内应力较小，适当的添加剂可控制样品中的少量杂质（如 O、C 等）和结构。用该方法大多数可获得等轴结构的纳米晶体材料，但同时也可获得层状或其他形状结构的材料。

纳米晶体材料的电解沉积过程是非平衡过程，所得材料是很小的晶粒尺寸、高的晶界体积百分数和三叉晶界占主导的非平衡结构。这种方法制备的材料表现出较大的固溶度范围。例如，在室温下，P 在 Ni 中的固溶度非常小，而电解态 Ni-P 可形成固溶体，含 P 量超过 10%，同样，也在 Co-W、Ni-Mo 等合金系中也可以获得很宽的固溶度范围。

近年来，我国科学家利用电解沉积技术制备出的纳米晶铜样品中获得了超高延展性，在国际上产生了较大的影响。其方法为：采用 $CuSO_4$ 电解液，阴极基体为纯 Ti 板，阳极是纯度为 99.99% 的 Cu 板，电解时平均电流密度约为 13mA/cm^2，电解槽温度控制在 20℃ 左右，加入适量的 NaCl 和明胶，制备出了厚度大约在 1~2 mm 的纳米晶 Cu 板。表 2-1 为这种方法制备出的纳米晶铜样品杂质分析结果，其纯度水平质量分数高于 99.995%。

表 2-1　电解沉积纳米晶 Cu 化学成分分析

元素	质量分数（%）	元素	质量分数（%）
Bi	< 0.0001	Sn	0.0001
Sb	0.0001	Ni	0.0002
As	0.0001	Zn	0.0002
Pb	0.0001	Co	0.0001
Fe	0.004	Ag	< 0.0001

图 2-15 为利用高分辨电子显微镜（HRTEM）观察电解沉积纳米晶 Cu 的微观形貌。可以看到，样品中许多纳米尺寸的晶粒几乎是等轴的，其晶界大多数属小角晶界，晶界取向差在 1°~10° 之间。

目前，人们对于电解沉积纳米晶样品的研究开始集中于电解过程中形成的孪晶结构。随着人们对纳米材料制备技术研究的不断深入，发现电解沉积法几乎是制备晶粒尺寸小于 10 nm 致密纳米块体材料的惟一有效途径。

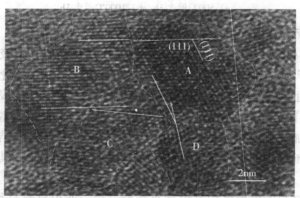

图 2-15　电解沉积纳米晶 Cu 的 HRTEM 形貌图，
白线勾画出所示 4 个晶粒

第三节　固相法合成与制备纳米材料

固相法合成与制备纳米材料是固体材料在不发生熔化、气化的情况下使原始晶体细化或反应生成纳米晶体的过程。目前，发展出的固相法主要有机械合金化、固相反应、大塑性变形、非晶晶化及表面纳米化等方法。

一、机械合金化法

人们将机械粉碎过程称为机械研磨（Mechanical Milling，MM）或机械合金化（Mechanical Alloying，MA）。由于这种方法制备的纳米晶材料多是多组元材料，因此人们习惯于将利用机械球磨方法制备纳米材料的方法称为机械合金化（MA）法。

MA 技术是 20 世纪 60 年代后期 Benjamin 为合成氧化物弥散强化的高温合金而发展出的一种新的粉末冶金方法。它的基本原理如图 2-16 所示。将磨球和材料粉末一同放入球磨容器中，利用具有很大动能的磨球相互撞击，使磨球间的粉末压延、压合、破碎、再压合，形成层状复合体。这种复合体颗粒再经过重复破碎和压合，如此反复，随着复合体颗粒的层状结构不断细化、缠绕，起始的颗粒层状特征逐渐消失，最后形成非常均匀

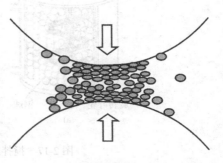

图 2-16　金属粉末的机械
球磨过程示意图

的亚稳态结构。根据球磨材料的不同，机械粉碎过程可分为三种类型：

1）韧性-韧性类型：在相互碰撞的磨球间的韧性组元，变形冷焊，形成复合层状结构。随球磨的进一步进行，复合粉末进一步细化，层间距减小，产生了更短的扩散途径。借助于球磨过程提供的机械能，组元原子间的互扩散更易于进行，最后达到原子层次的互混合，如 Ni-Cu 系。

2）韧性-脆性类型：脆性组元在球磨过程中被逐渐破碎，碎片嵌入韧性组元中。随球磨进行，它们之间焊合更加紧密，最后脆性组元弥散分布在韧性组元基体上，起弥散强化作用。如氧化钇分布在 Ni 基体上的情况。

3）脆性-脆性类型：其机理目前不太清楚，一般认为脆性材料在球磨过程中只是粒子尺寸的连续下降至某一尺寸达到稳定。

MA 过程中晶粒细化而形成纳米结构的过程可分成三个阶段：第一阶段，在含有高密度位错、宽度大约 $0.5 \sim 1\mu m$ 的剪切带内部发生局部形变；第二阶段，通过位错的湮灭、再结合和重排，形成纳米尺度上的晶胞或亚晶粒结构，进一步研磨漫延至整个颗粒；第三阶段，晶粒的取向变成随机的或任意的，即通过晶界

的滑移或旋转使低角度晶界转变成高角度晶。

目前，MA 常用的设备为高能研磨机，有搅拌式、振动式、行星轮式、滚卧式、振摆式、行星振动式等。图 2-17 给出了立式、卧式搅拌机械合金化工作状况图。利用高能机械研磨方法，人们已制备出纳米金属（Al、Cu、Pd、Ni、Fe、Cr、Nb、W、Co、Ru、Ti、Zr）、纳米金属间化合物（Al_3Zr、Al_3Ti、Al_3Fe、CrB、CrB_2、NbB、NbB_2、Cr_2Nb、$NbSi_2$、AlRu、SiRu、NiTi、CuEr、CoZr、Ni_3Al、Fe_3Al）、纳米过饱和固溶体（Fe-Al、Hg-Cu、Fe-Cu、Cr-Fe、Ni-Mo、Ni-W 系）等多种纳米材料。

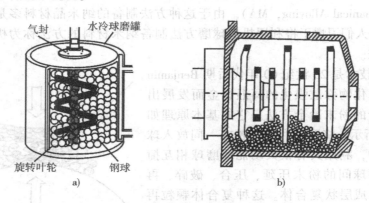

图 2-17 搅拌式机械合金化装置及示意图
a）立式 b）卧式

MA 法的优点是操作简单、实验室规模的设备投资少、适用材料范围广，而且有可能实现纳米材料的大批量生产（乃至吨级）以满足各种需求。MA 法的主要缺点是研磨时来自球磨介质（球与球罐）和气氛（O_2、N_2、H_2O）的污染。使用钢球和钢质容器，极易被 Fe 污染。污染程度取决于球磨机的能量、被磨材料的力学行为，以及被磨材料与球磨介质的化学亲和力。例如，用 SPEX-8000 球磨机球磨 Ni，引入的 Fe 摩尔分数高达 $x_{Fe}13\%$，而球磨 Cu 时引入 $x_{Fe}<1\%$。其他球磨介质，如碳化钨或氧化物陶瓷等，都能引起不同程度的污染。在惰性气氛的手套箱中装填球和粉料，并用弹性"O"形环密封球罐，可大幅度降低气氛造成的污染。将小型球磨机放入手套箱内工作，可使氧和氮的污染减至 3×10^{-4} 以下。MA 法的另一问题，是如何将球磨形成的纳米结构粉末固结成为接近理论密度的块体材料，而不产生明显的晶粒粗化。目前，比较成功的固结方法主要有热挤压、冲击波压制、热等静压、烧结锻造等技术。

二、固相反应法

固相反应法（Solid Reaction, SR），是指由一种或一种以上的固相物质在热能、电能或机械能的作用下发生合成或分解反应而生成纳米材料的方法。

固相反应法的典型应用是将金属盐或金属氧化物按一定比例充分混合，研磨后进行煅烧，通过发生合成反应直接制得超微粉，或再次粉碎制得纳米粉。例如，$BaTiO_3$ 的制备方法为：将 TiO_2 与 $BaCO_3$ 等摩尔混合，在 $800 \sim 1200℃$ 煅烧，发生如下反应：

$$BaCO_3 + TiO_2 \rightarrow BaTiO_3 + CO_2 \uparrow \tag{2-6}$$

合成 $BaTiO_3$ 后进行粉碎制取纳米粉。

采用金属化合物的热分解也可制备纳米粉。如将 $(NH_4)Al(SO)_2 \cdot 2H_2O$ 热分解生成 Al_2O_3 与 $NH_3 \cdot SO_3 \cdot H_2O$，从而得到 Al_2O_3 纳米粉。

固相法的设备简单，但是生成的粉容易结团，常需要二次粉碎。

利用机械能驱动反应，能够制取室温下反应自由能变化 ΔG 为负值的体系。人们从热力学知道，反应自由能变化 ΔG 为正值时则不能进行，如下述两个反应：

$$Si + C = SiC \qquad \Delta G_{298K} = -70、850J/mol \tag{2-7}$$

$$SiO_2 + 2C = SiC + CO_2 \qquad \Delta G_{298K} = 406、570J/mol \tag{2-8}$$

式(2-7) 在室温下能进行，而式(2-8) 在室温下不能进行。将式(2-8) 的反应物在室温下进行高能球磨，使反应剂的纳米化、非晶化并聚集了一定的能量，可使反应温度显著降低，并缩短反应时间。

三、大塑性变形法

俄罗斯科学家 R. Z. Valiev1988 年首先报道了利用大塑性变形方法（Severe Plastic Deformation，SPD），获得纳米和亚微米结构的金属与合金。SPD 法可以采用压力扭转（Torsion Straining）和等通道角挤压（Equal-Channel Pressing，ECA）两种方式实现，图 2-18 是两种方式的示意图。

（1）压力扭转方式 是将置于支撑砧槽中的原始样品（块或粉）施加数个 GPa 的压力，并相对转动上下两砧使之发生剪切变形。此法制备的纳米晶体样品一般为圆片状，直径介于 $10 \sim 20$ mm 之间，厚度约为 $0.2 \sim 0.5$mm。

（2）等通道角挤压 是施加一定的压力使原始棒材（直径 < 20mm，长度介于 $70 \sim 100$mm 之间）在具有一定角度 ϕ 的管道中通过而发生剪切变形，将变形后的样品旋转一定角度（0°、90°、180°）

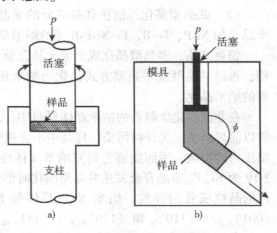

图 2-18 SPD 法原理示意图

a) 压力扭转 b) 等通道角挤压

再重复压入管道，以使变形在不同滑移面、滑移方向上发生。经数次变形后便可形成具有高角晶界的块体纳米晶体材料。

目前，采用 SPD 方法已成功地制备出纯金属（Cu、Ni、Fe、Ti、Al、Ag）、金属间化合物（TiAl、Ni₃Al）及 Mg 基和 Al 基合金的块体纳米晶体材料。

在大塑性变形过程中，材料产生剧烈塑性变形，导致位错增殖、运动、湮灭、重排等一系列过程，晶粒不断细化达到纳米量级。这种方法的优点是可以生产出尺寸较大的样品（如板、棒等），而且样品中不含有孔隙类缺陷，晶界洁净。该法的缺点：一是样品中含有较大的残余应力，适用范围受到材料变形难易程度的限制；另一个不足是晶粒尺寸稍大，一般为 100 ~ 200 nm。人们正探索改变压力、温度、合金化等参数，进一步减小晶粒尺寸。

四、非晶晶化法

非晶晶化法（Crystallization of Amorphous Materials，CAM）是将非晶态材料（可通过熔体激冷、机械研磨、溅射等获得）作为前驱材料，通过适当的晶化处理（如退火、机械研磨、辐射等）来控制晶体在非晶固体内形核、生长，而使材料部分或完全地转变为具有纳米尺度晶粒的多晶材料。我国科学家卢柯等，首先在 Ni-P 合金系中将非晶合金晶化得到了完全纳米晶体晶体，随后非晶晶化法作为一种制备理想的模型纳米晶体材料的方法而得到了很快的发展。

非晶晶化有多种类型，按晶化过程和产物可分为多晶型晶化、共晶型晶化等。

（1）多晶型晶化　指纯组元或者成分接近于纯化合物成分的非晶相晶化成相同成分的结晶相，目前，此晶化类型已制备出纳米 NiZr₂、FeZr₂、CoZr₂、CoZr、Si、Se 晶体等。

（2）共晶型晶化　指在共晶成分的非晶合金晶化时同时析出两相或多相纳米晶，如 Ni-P、Fe-B、Fe-Ni-P-B 等的纳米晶化。

偏离共晶、多晶型晶化成分的非晶合金一般分步晶化：先析出初晶型纳米晶相，再以共晶型或多晶型方式晶化为纳米相，如 Fe-Mo-Si-B、Al-Y-Ni、Al-Y-Fe 等的纳米晶化。

在非晶晶化法制备的纳米晶体材料中，晶粒和晶界是在晶化过程中形成的，所以晶界清洁，无任何污染，样品中不含微空隙，而且晶粒和晶界未受到较大外部压力的影响，因而能够为研究纳米晶体性能提供无孔隙和内应力的样品。图 2-19 为 $Ni_{80}P_{20}$ 非晶合金发生共晶型晶化时形成的 Ni_3P 和纯 Ni 纳米晶体，两种晶体的晶粒成各向异性，纳米 Ni_3P 晶体被 Ni 晶体隔开，二者的位向关系为：$\langle 001 \rangle_{Ni_3P} // \langle 110 \rangle_{Ni}$ 和 $\langle 110 \rangle_{Ni_3P} // \langle 111 \rangle_{Ni}$。以非晶晶化得到的纳米材料为基础，卢柯在 20 世纪 90 年代初完成了一系列有国际影响的工作。

非晶晶化法的不足主要表现在必须首先获得非晶态材料，因而局限于那些在化学成分上能够形成非晶结构的材料，且大多只能获得条带状或粉状样品，很难获得大尺寸的块状材料。

近年来，随着大块非晶合金研究的迅速进展，非晶晶化的作用越来越重要，而且为制造高强、高韧的大块纳米非晶复合材料提供了重要途径。

五、表面纳米化法

表面纳米化法（Surface Nanocrystallization，SNC），是将材料的表层晶粒细化至纳米量级而基体仍保持原粗晶状态。由于实际应用中材料失效大多数发生在材料的表面，材料的疲劳、腐蚀、磨损对材料的表面结构和性能极其敏感，所以材料表面结构和性能的优化能够大大提高材料的整体性能。从断裂力学可以知道，细小的材料晶粒有利于抑制裂纹萌生，但却不利抵抗裂纹扩展，因而若能实现材料表面是纳米晶而心部是粗晶的材料，可以显著提高材料的力学性能。

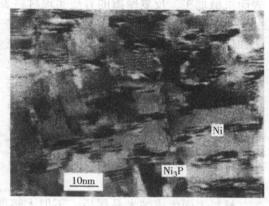

图 2-19 $Ni_{80}P_{20}$非晶合金退火产生的纳米晶体形貌

基于上述原因，卢柯等人提出了金属材料表面纳米化的新概念，即将材料的表面晶粒细化至纳米量级，而基体仍保持原粗晶状态，这种表面纳米化材料与低维纳米材料（包括纳米粒子、纳米管线和纳米膜等）、大块纳米材料构成了三大类纳米材料。

根据材料表层纳米晶的形成方式，表面纳米化分为如下三种类型：

（1）表面涂层或沉积纳米化　基于不同的涂层和沉积技术（例如 PVD、CVD 和等离子体方法），被涂材料可以是纳米尺寸的微粒，也可以是具有纳米尺寸晶粒的多晶粉末。这种类型相当于前述气相法生成纳米材料的方法。

（2）表面自生纳米化　通过机械变形或热处理使材料表面变成纳米结构，而保持材料整体成分或相组成不变。

（3）混合纳米化　在表面纳米层形成后进一步通过化学、热或是冶金方法，产生与基体不同化学成分或不同相的表面纳米层。基于纳米表层材料的高活性和快扩散特性，采用混合纳米化技术可使常规方法难于实现的化学过程，如催化、扩散和表面化合等反应变得容易进行。

上述的三种类型，其中表面自生纳米化不需要考虑纳米表层与基体之间的结合力，又可利用传统的表面加工与热处理技术，因而是人们研究的重点。图 2-20 为采用超声喷丸法在材料表面产生纳米晶的示意图，弹丸以高速碰撞工件时，弹丸的运动方向和速度将突然改变（图a）；工件和弹丸各有变形，同时弹丸的部分动能被工件表层吸收，使局部应力超过材料的屈服强度，从而在材料表面微区出现弹塑性变形并产生辐射状延伸（图b）。在反复撞击作用下，材料表层晶粒通过位错增殖、运动、湮灭、重排等过程细化至纳米尺寸。类似地，也可以采用表面机械加工、反复摩擦的方法实现材料表面纳米化。

热处理方法表面自生纳米化，是通过诸如熔化、凝固相转变来实现的，通过控制材料表面层的熔化凝固热力学，使晶粒形核速率相当大，晶粒长大速率相对比较小而形成表面纳米结构。如利用激光的高能量密度和材料自身的导热性，实现材料表层的快速加热和快速冷却（加热和冷却速率可达 $10^6 \sim 10^8 ℃/s$），在材料表面产生新的非平衡超微细结构。

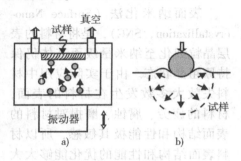

图 2-20　高能喷丸装置示意图

材料表面生成纳米晶层后，不但大幅度提高了块体材料的表面性能（如表面强硬度、耐磨性、抗疲劳性能等），而且表面层的纳米组织可以显著提高其化学反应活性，使表面化学处理温度下降。我国科学家对纯铁进行表面纳米化处理，在几十微米厚的表面层中获得纳米晶组织，然后利用常规气体氮化处理在 300℃ 实现了表面氮化，获得 $10 \mu m$ 厚的氮化物层；而未经处理的纯铁需要在 500℃ 才能实现表面氮化，从而使表面氮化技术的适用面（材料和工件种类）大大拓宽。这一结果，说明通过表面纳米化技术可以实现材料表面结构选择性化学反应，也再次显示出纳米材料对传统产业技术的升级改造具有重要的推动作用。

第四节　自组装、模板合成和纳米平版印刷术

纳米材料和结构的自组装、模板合成和纳米平版印刷术，是纳米科技的热点及前沿研究课题，它集合了物理学、化学、生物学和材料科学的许多重要的研究成果。本节仅能对其基本原理和一些重要的研究成果作一简单的介绍。

一、自组装

自组装是自然界普遍存在的现象。生物的细胞、动物的骨骼、贝壳、珍珠、天然矿物沸石等，皆是大自然自组装的具有纳米结构的材料。然而，人为地利用自组装技术合成材料自 1980 年 Sagiv 首次报道至今仅有 20 余年的历史。由于涉及物理、化学、生物和材料等多学科的交叉领域，自组装很难有一个人们普遍认同的定义。较普遍地认为：纳米材料的自组装，是在合适的物理、化学条件下，原子团、大分子、纳米丝或纳米晶体等结构单元，通过氢键、范德瓦尔斯键、静

电力等非共价键的相互作用，亲水-疏水相互作用自发地形成具有纳米结构材料的过程。自组装的过程无外来因素的影响，然而，适合自组装的条件很难优化。实际上，直到近年来人们才在自组装领域取得许多突破，自组装这个名词才频繁地出现在纳米材料的合成及制备的文献中。

人工的自组装中要采用模板分子或模板剂，它通常是能产生溶致液晶的两亲分子，也就是表面活性剂类分子。该分子具有两个不同性质的端基：即一端是由氢键联接的离子或非离子亲水端基；另一端则是由范德瓦尔斯力支配的烷基链疏水亲油端。根据亲水端基的离子类型可分为阳离子表面活性剂、阴离子表面活性剂和中性表面活性剂。这些双亲分子在水溶液中先形成胶束或胶态分子团，然后组成胶束杆等各种构造。模板表面活性剂的另一重要作用是将组成单元分散成单分散体，如图 2-21 所示。常用的双亲分子列于表 2-2。

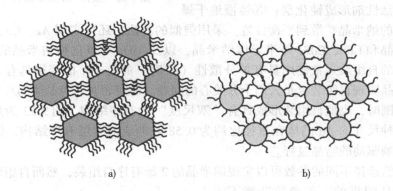

图 2-21 自组装纳米晶示意图

a) 六角颗粒 b) 圆颗粒

表 2-2 双亲分子的几种类型及实例

双亲分子
- 双亲小分子
  - 阳离子表面活性剂：十六烷基三甲基溴化胺（CTBA）、双十二烷基二甲基氯化铵（DDAC）等
  - 阴离子表面活性剂：十二烷基磺酸钠（SDS）、月硅酸、十六烷基磷酸 Aero-OT 等
  - 中性表面活性剂：十八胺、十六醇、十二烷基四乙氧基醇、十二硫醇等
- 双亲大分子
  - 嵌段共聚物：如 Pluronic 系列 分子式为（EO）$_m$（PO）$_n$（EO）$_m$，EO = CH_2CH_2O；PO = $CH_2CH_2CH_2O$ 等。当 $m = 20$，$n = 70$，为 P_{123}；$m = 106$，$n = 70$，为 F_{127}
  - 生物大分子：蛋白质、多肽、多糖、核酸（DNA、RNA）、各种磷脂等
  - 其他：聚乙烯醇、聚酯、冠醚、树状分子等

20 世纪 80 年代末，自组装技术应用于胶体与表面化学后，形成了自组装纳米团簇的研究趋势。在自组装的有序纳米团簇结构中，当粒子的尺寸小于 10nm 时，电子的能级发生分裂，具有类似于单个原子的性质，纳米粒子可以看成是人造原子。因此，自组装的有序纳米半导体和金属纳米粒子在光、电、磁及催化等领域具有很大的潜在应用价值，图 2-22 为 3.7nm Au 粒子，在十二烷基硫醇中形成的胶体喷涂在 $MoSi_2$ 衬底上自组装形成的有序纳米结构。该过程包括三步：①制备粒径单分散的纳米 Au 晶体；②使用合适的表面活性剂形成钝化层；③缓慢地干燥

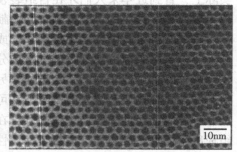

图 2-22　胶体 Au 纳米晶有序结构

使钝化的纳米晶扩散到平衡位置。采用类似的方法，还可实现 Ag、Co、Ni 等金属纳米晶和 CdS、CdSe 等半导体纳米晶，以及 TiO_2 等氧化物纳米晶的自组装。纳米晶的自组装通常使用具有单分散性（粒度）的粒子。能否用具有不同粒径的纳米晶实现自组装也是人们十分关心的问题。研究表明，当晶体的尺寸比在一定的范围时，也能自组装形成具有"双尺度"的有序结构。图 2-23 为用硫醇包覆的两种尺寸的 Au 晶体在直径比约为 0.58 时形成的单层有序结构，该自组装是一个熵驱动的结晶过程。

虽然选择不同的参数可以实现纳米晶的 2 维有序自组装，然而自组装的过程基本上是随机的。若参数选择不当，会造成各种缺陷，例如在纳米 Ag 晶体自组装的 2 维排列中会出现微米级的圆环等。因此，对于实际应用而言，怎样实现在衬底确定位置或表面的自组装以获得所需的结构是一个关键的技术问题。

自组装技术的另一重要应用领域是合成有序多孔材料。合成过程中加入溶液的模板剂分子具有亲水头和疏水的长尾。当它们与前驱体材料混合后，疏水或亲油的尾部聚集在中间，亲水头在外边组成胶束，再形成 1 维胶杆或 2 维层状结构或各种形状的 3 维立体结构，如

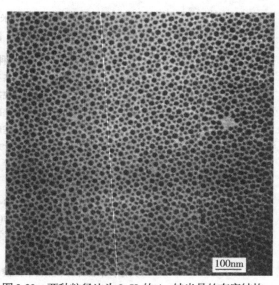

图 2-23　两种粒径比为 0.58 的 Au 纳米晶的有序结构

图 8-31 所示。这些含有有序胶束结构的溶液脱水后变为凝胶，再经过干燥、焙烧，如果骨架不塌陷，就成为有序的介孔材料。

近年来，采用自组装的单分散模板球合成有序大孔材料引起了人们的极大兴趣。常用的模板球为 SiO_2 和聚苯乙烯球。与离子表面活性剂相比，这些模板球具有很多的优点，如成本低、无毒、分解温度低、表面稳定性高、球径可达 30nm 以上。图 2-24a 和 b 分别为聚苯乙烯和 SiO_2 模板球的照片。用液态的前驱

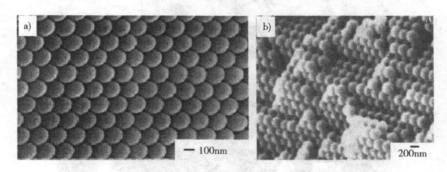

图 2-24　聚苯乙烯和 SiO_2 模板球的照片
a）聚苯乙烯模板球　b）SiO_2 模板球

物将模板球之间的空隙填满，引发反应后再除去模板球，即可合成出具有大孔径的有序结构。填充间隙的液态前驱体可以是由紫外光、热引发的预聚物，加了引发剂的有机单体，也可以是无机陶瓷材料的 Sol-gel 前驱体、无机盐溶液，还可以是胶态的金属微粒。采用这种模板球已经合成了大孔聚氨基甲酸乙酯等高分子材料、多孔的 SiO_2、（La，Sr）MnO_3、Nb_2O_5 无机材料，以及介孔 Au 等金属材料。如用 15~25nm 的胶状 Au 粒子注入模板球的间隙，固化后焙烧或用三氯甲烷去除孔球，可合成出长程有序的多孔 Au。图 2-25 为合成的多孔高分子材料的

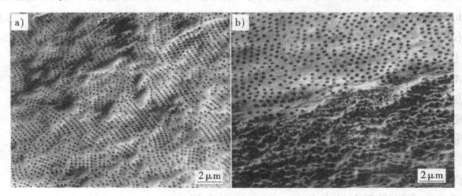

图 2-25　大孔高分子材料
a）表面的有序孔　b）撕开的横截面形貌

SEM 照片，图 a 为材料的表面形貌，图 b 为撕开的横截面形貌，显示了有序的大孔洞。如果在填充模板球空隙的液态前驱体中加入合适的模板剂，则填充液体能在一定的条件下自组装成有序的介孔结构，形成大孔和介孔复合的有序结构。图 2-26 为具有两种不同孔径复合的多孔 SiO_2，显示两个长度范围内的有序排列，闭合的中空球堆积（约 120nm）和自组装纳米孔洞（4~5nm）。

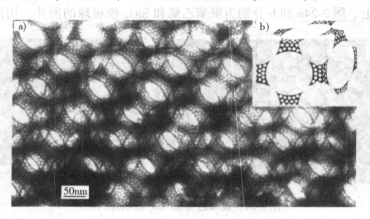

图 2-26　具有两种不同孔径复合的多孔 SiO_2

a）TEM 图像　b）示意图

以上介绍的都是在液相中进行的自组装。现在，自组装技术已经扩展到气相合成过程中。例如，在 CVD 外延生长中，由晶格失配引发的界面应变使外延生长由平面生长的 F-M 模式过渡到岛状生长的 K-S 面模式，形成应变诱发的自组装量子点，如本章第一节图 2-7 所示。碳纳米管在 CVD 生长过程中也可以自组装成有序的排列结构。在自组装过程中，其动力是碳纳米管之间的范德瓦尔斯力。

1999 年，美国 Chou 等人发现了平版印刷术诱发的自组装（Lithographically Induced Self-Assembly，LISA），如图 2-27 所示。在位于衬底表面的多聚物（图 a）如有机玻璃膜上放置一掩膜（图 b），该掩膜上有用平版印刷术形成的如三角形、长方形、圆形等图案。当加热使有机玻璃熔化后，熔化的有机玻璃能克服重力和表面张力的影响精确地沿掩膜上图案和外围边界向上生长，形成柱状阵列（图 c），如图 2-28 所示。尽管目前关于 LISA 的机理尚不清楚，且自组装形成的有机玻璃圆柱阵列属于微米级而不在纳米范畴，但它将对自组装技术产生重大的影响。由于可以通过预先设

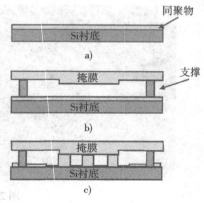

图 2-27　平版印刷术诱发的自组装

计的图案来精确地控制自组装的过程，LISA 技术可以大大减轻自组装过程的随机性。因此，LISA 是自组装技术的一个重要进展，开拓了一个令人振奋的新领域。

二、模板合成

自 1985 年 Marttin 首先采用微孔聚碳酸酯过滤膜作模板，通过电化学聚合合成了导电聚吡咯以来，模板合成已发展成为合成纳米材料和结构的通用前沿技术。模板合成首先需要制备模板。模板根据其结构的不同可分为软模板和硬模板两大类。表面活性剂和嵌段共聚物的液晶体系、胶体颗粒和乳液液滴等均属于软模板体系。软模板主要应用于介孔或多孔材料的自组装过程，合成物的结构与模板的有序孔

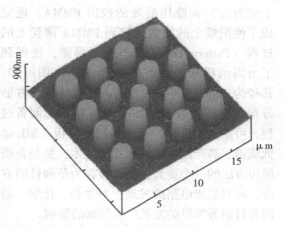

图 2-28　有机玻璃 LISA 圆柱阵列的 AFM 图像

结构或胶体晶结构相同。硬模板则通常指多孔的薄膜或厚膜，如微孔沸石分子筛、介孔分子筛、多孔的 Si 和高分子膜、具有有序孔洞阵列的 Al_2O_3 膜以及金属膜等皆属于硬模板。如果介孔材料的自组装过程是在特定的环境中复制出软模板的形状及结构的过程，那么硬模板合成则是在模板孔洞限制的介质环境中填充模板中孔洞的过程。可采用电化学沉积、化学镀、化学聚合、Sol-Gel 沉淀以及 CVD 等多种方法填充模板中的孔洞，以获得具有模板孔洞尺寸和排列相同的纳米材料或结构，如有序分布的纳米粒子或纳米线等。

Al_2O_3 及高分子硬模板主要采用化学腐蚀方法来制备。低温下在草酸或硫酸溶液中，退火的高纯 Al 膜经阳极腐蚀可获得有序的六角柱孔洞，孔洞垂直于膜面的模板。通过控制溶液的浓度、腐蚀速率等参数，可使孔洞的直径在几纳米至上百纳米之间变化。在 Al_2O_3 模板孔隙内注入有机玻璃（PMMA）制成负型模板，再经无电金属沉积后，可制备出孔径大小与分布与原 Al_2O_3 模板一致的金属模板。将高分子薄膜经核裂变轰击后，再用化学法将击痕腐蚀，可制备出高分子模板。这种模板上的孔洞呈圆形，许多孔洞与膜面斜交，孔洞呈无序分布。化学腐蚀制备模板的主要缺点，是孔径的大小和分布的随机性较大、重复制造性较差。

1997 年，美国 Chou 等人发明了一种全新的硬模板制备方法——纳米压入平版印刷术（Nano-imprint Lithography，NIL）。NIL 采用类似于机械加工中冲压成孔的方法，批量制备出孔洞大小及分布完全一致的有机玻璃（PMMA）模板。NIL 制备 PMMA 模板的过程如图 2-29 所示。在衬底表面喷涂一层厚约 78nm 的

PMMA 等热塑料抗蚀胶（Resist）。在约 175℃将预制了纳米图案的 SiO_2 的压头或阳模压入 PMMA 中，由于 175℃时 PMMA 处于软化阶段，故阳模很易压入，压力约为 4.8MPa。待 PMMA 固化后抬起阳模，再用定向等厚活性粒子蚀刻（如粒子束轰击）去除压痕处的残留 PMMA，便完成了使阳模上的图案转移到 PMMA 薄膜上的过程（Pattern Transfer）。取下薄膜，便得到了所需的模板，如图 2-30 所示。由图可知，孔径为 10nm，间距为 40nm 的孔洞呈正方形分布在模板上。重复如图 2-29 所示的制备过程，可重复制出结构完全一样的模板。NIL 是低成本、高产出率的纳米加工技术，是制备硬模板方法的一个重大突破，被誉为革命性的方法，将对集成电路的发展，对生物、化学、制药和材料等学科的发展产生深远的影响。

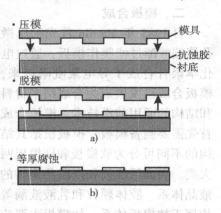

图 2-29　NIL 制备 PMMA 模板的过程
a）印痕过程　b）图案转移

应用 NIL 技术制备模板的关键是预先制备压头或阳膜。采用光刻技术制备的压头由于受曝光灵敏度和表面张力等因素的影响，很难制备出直径小于 10nm 的孔洞图案，目前最小的孔径可达 6nm。随着孔径的减小，脱膜时有机物粘在压头上的现象变得很明显。因此，应用 NIL 技术的另一关键问题是解决粘膜问题。研究表明，在 Si 或 SiO_2 压头表面共价结合的氟硅烷可以解决粘膜的问题。此外，在 PMMA 抗蚀胶中添加氟化物亦能解决粘膜问题。在衬底上喷涂 PMMA 抗蚀胶的过程中，氟化物能迁移到薄膜表面降低表面能，从而解决粘膜问题，使一个压头可重复使用 50 次以上。SiN 压头能在 50℃的较低温度下压入 PMMA 薄膜中实现图案的转移并在脱膜时不粘膜。SiN 压头的缺点是目前仅能制备孔径为 100nm 的模板。这些研究都为 NIL 方法的实际应用解决了许多技术难题。

图 2-30　NIL 法制备的模板

采用模板法可以合成和制备多种低维纳米材料和纳米结构，如碳纳米管、有序分布的 GaN 纳米丝阵列、ZnO 单晶晶须阵列、单晶 Si 纳米线以及在每一个微孔中含有数个单分散胶体粒子的有序微孔结构。这些都具有很高的学术价值和相当广泛的应用前景。然而，目前最具有应用价值或离实用化阶段不远的模板合成方法是 NIL 方法。采用图 2-30 所示的模板在孔洞中沉积的 Ti/Au（3nm/10nm）

纳米微粒阵列如图 2-31 所示。选用 Au 沉积的量子点具有很好的耐磨性。用原子力显微镜对金量子点阵列进行 1000 次扫描，原子力显微镜的图像没有变化，表明 Au 量子点具有很好的耐磨损性。用图 2-31 所示的量子点阵列可制备出量子磁盘，其存贮密度高达 400Gbit/in^2，存贮密度比现行的磁盘高出约 3 个数量级。目前，已可在 8in 的面积上实现纳米压入印刷术。

三、纳米平版印刷术

纳米平版印刷术（Nanolithography Techniques）是一种制备纳米结构的精细加工技术，它与光刻技术的区别在于光源、掩膜和抗蚀胶的不同。纳米平版印刷术主要包括电子束平版印刷（EBL）、X-射线平版印刷（XRL）和极紫外线平版印刷（EU-VL）。下面主要介绍电子束平版印刷。

在电子束平版印刷中常使用 PMMA 抗蚀胶。在电子束下曝光后 PMMA 的化学键被破坏，结构发生变化。在随后的定影过程中，PMMA 的曝光部分将被化学溶液腐蚀掉，而未被曝光部分则保留下来。在小剂量曝光条件下 PMMA 是正抗蚀胶，即曝光部分在定影时将被腐蚀掉；但在大剂量曝光条件下 PMMA 是负抗蚀胶，即曝光部分在定影时被保留下来，而未被曝光的部分则被腐蚀掉。正、负抗蚀胶的曝光灵敏度相差 20 ~ 30 倍。PMMA 最好的分辨率是 10nm（线）。

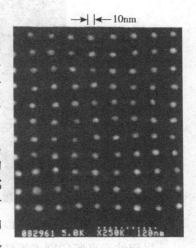

图 2-31　用模板法合成的
Ti/Au（3nm/10nm）量子点照片

经曝光显影后，在 PMMA 中形成了预先设计的图案。可采用多种方法将图案转移到衬底上，如采用沉积法、电镀法或腐蚀法等。图 2-32 为采用电镀法实现图案转移的过程。先在衬底上形成一导电层，导电层上为抗蚀胶。在抗蚀胶上形成图案后进行电镀，在抗蚀胶的图案内填充金属等物质，然后将抗蚀胶腐蚀掉便完成了图案的转移。采用腐蚀法亦可实现图案转移过程。先在衬底上沉积一层所需要的材料，该材料上面为抗蚀胶，曝光和定影在抗蚀胶膜上形成图案，然后用酸或其他溶液进行湿腐蚀，未被抗蚀胶保护的部分（图案部分）则被腐蚀掉，从而形成图案的转

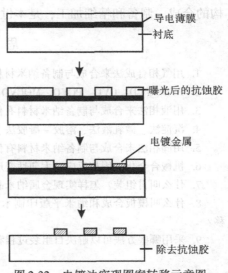

图 2-32　电镀法实现图案转移示意图

移。但是，用酸腐蚀具有分辨率低和因非均匀腐蚀而造成被转移的图案不规则等缺点。采用干腐蚀法如定向活性离子腐蚀，可有效地解决这些问题。此外，采用腐蚀法必须使用正抗蚀胶。采用电子平版印刷术可以加工多种精细的纳米结构，如图 2-33 所示，Au-Pt 纳米线均匀地分布在 Si 衬底上。

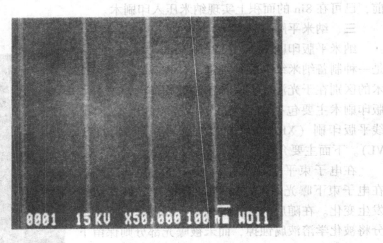

图 2-33　分布在 Si 衬底上的 Au-Pt 纳米线

　　采用纳米平版印刷术等精细加工技术，可制备出多种材料的量子点和量子线阵列。如果采用 STM 则可实现在原子尺度上的加工，线宽可达 $0.1 \sim 1nm$。精细加工或合成半导体量子点、量子线是新一代量子器件的基础，在未来的纳米电子学、光子学及光集成等领域有着重要的应用前景。因此，可以认为纳米材料和结构的合成、制备和精细加工，是本世纪高技术产业的重要支柱之一。

思 考 题

1. 用气相合成法来合成与制备纳米材料有什么优点和缺点？
2. PVD、PLD、CVD、PCVD、MOCVD、BME、CBE 各有什么特点？
3. 用液相法来合成与制备纳米材料有什么优点和缺点？
4. 沉淀法、微乳液法、溶胶－凝胶法、电解法各有什么特点？
5. 用固相法来合成与制备纳米材料有什么优点和缺点？
6. 机械合金化、固相反应、大塑性变形、非晶晶化、表面纳米化各有什么特点？
7. 什么叫自组装？怎样实现金属纳米晶的有序结构和微孔、介孔材料的自组装？
8. 什么叫模板合成和纳米平版印刷术？怎样实现纳米材料的模板合成和纳米图案的转移？
9. 采用哪些方法可以解决自组装过程和厚模板制备过程中的随机性问题？

第三章 纳米材料的力学性能

第一节 纳米材料力学性能概述

自从 1984 年 Gleiter 在实验室人工合成出 Pd、Cu 等纳米晶块体材料以来，人们对纳米材料的力学性能产生了极大的兴趣。在以后的十多年内，报道了大量的研究结果，对纳米材料的力学性能的研究处于百花齐放、百家争鸣的时期。1996～1998 年，美国一个 8 人小组考察了全世界纳米材料的研究现状和发展趋势后，Coch 等人对前期关于纳米材料的力学性能的研究总结出以下四条与常规晶粒材料不同的结果：

1) 纳米材料的弹性模量较常规晶粒材料的弹性模量降低了 30%～50%。

2) 纳米纯金属的硬度或强度是大晶粒（>1μm）金属硬度或强度的 2～7 倍。

3) 纳米材料可具有负的 Hall-Petch 关系，即随着晶粒尺寸的减小，材料的强度降低。

4) 在较低的温度下，如室温附近脆性的陶瓷或金属间化合物在具有纳米晶时，由于扩散相变机制而具有塑性或是超塑性。

前期关于纳米材料的弹性模量大幅度降低的实验依据，主要是纳米 Pd、CaF_2 块体的模量 E 大幅度降低。20 世纪 90 年代后期的研究工作表明，纳米材料的弹性模量降低了 30%～50% 的结论是不能成立的。不能成立的理由是前期制备的样品具有高的孔隙度和低的密度及制样过程中所产生的缺陷，从而造成的弹性模量的不正常的降低。图 3-1 表明纳米晶 Pd、Cu 的孔隙度对弹性模量的影响，图中虚线和实线为回归直线，圆点和三角形为实验值。由图可知，孔隙度很低时 Pd、Cu 的 E 接近理论值，随着孔隙度的增加 E 大幅降低。

弹性模量 E 是原子之间的结合力在宏观上的反映，取决于原子的种类及其结构，对组织的变化不敏感。由于纳米材料中存在大量的晶界，而晶界的原子结构和排列不同于晶粒内部，且原子间间距较大，因此，纳米晶的弹性模量要受晶粒大小的影响，晶粒越细，所受的影响越大，E 的下降越大。

图 3-2 为用高能球磨纳米 Fe、Ni、Cu-Ni 等粉末固化后的块体材料的规一化的弹性模量 E 和切变模量 G 与晶粒大小之间的关系，图中虚线和实线分别代表晶界厚度为 0.5nm 和 1.0nm 时 E 的计算值，圆点表示实测值。由图可知，当晶

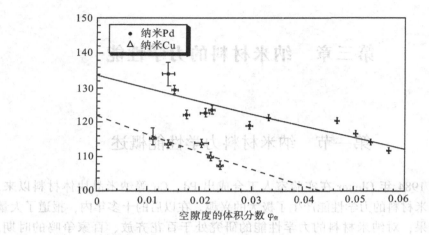

图 3-1 纳米晶 Pd、Cu 的空隙度对 E 的影响

粒小于 20nm 时，规一化模量才开始下降，在 10nm 时，模量 E 相当于粗晶模量 E_0 的 0.95，只有当晶粒小于 5nm 时，弹性模量才大幅度下降。对接近理论密度纳米金 (26~60nm) 的研究表明，其相对弹性模量大于 0.95，晶界和晶粒的弹性模量之比 $E_{gb}/E_{crys} \approx 0.7~0.8$。表 3-1 为用不同方法测量的 Au、Ag、Cu、Pd 纳米晶样品在不同温度下的弹性模量和粗晶样品的比较。由表可知，1997 年以前关于 Ag、Cu、Pd 纳米晶样品的弹性模量值明显偏低，其主要原因是材料的密度偏低引起的。

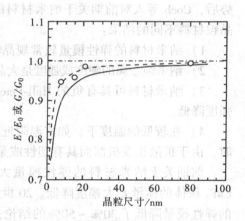

图 3-2 纳米晶相对模量与晶粒大小的关系

前期制备的高孔隙度和低密度材料的试验结果，还使人们产生了许多美好的预想或幻想。例如，Karch 等人 1987 年观察到纳米 CaF_2 在 80℃ 和 TiO_2 在 180℃ 下压缩时具有明显的塑性，并用 Coble 关于晶界扩散蠕变模型进行了解释后，使那些为陶瓷增韧奋斗了将近一世纪的材料科学界看到了希望，认为纳米陶瓷是解决陶瓷脆性的战略途径。然而，Coch 指出，CaF_2、TiO_2 的这些试验结果是不能重复的，试样的多孔隙性造成了这些材料具有明显的塑性，在远低于 $0.5T_m$（熔点）的温度下脆性陶瓷和金属间化合物因扩散蠕变而产生的塑性是不能实现的。迄今为止尚未获得纳米材料室温超塑性的实例。

普通多晶材料的屈服强度随晶粒尺寸 d 的变化通常服从 Hall-Petch 关系，即 $\sigma_s = \sigma_0 + kd^{-1/2}$，其中 σ_0 为位错运动的摩擦阻力，k 为一正的常数。显然，按此推理当材料的晶粒由微米级降为纳米级时，材料的强度应大大提高。然而，多数测量表明纳米材料的强度在晶粒很小时远低于 Hall-Petch 公式的计算值。

表 3-1　纳米晶金属与粗晶的弹性、切变模量的比较

材料	晶粒尺寸/nm	纳米晶试样		粗晶试样		参考文献
		E/GPa	G/GPa	E/GPa	G/GPa	
	60	78.5 ± 2（80K）	—	82.9（80K）	—	Sakai，1999
Au	26~40	76.5 ± 2（80K）	—	—	—	Sakai，1999
	60	79.0 ± 4（20K）	—	84（20K）	—	Sakai，1999
Ag	60	$\approx0.8E_b$	—	（$E_b=82.7$）	—	Kobelev，1993
	10~22	106 ± 2（RT）[①]	—	124（RT）	—	Sander，1997a
Cu	10~22	112 ± 4（RT）[①]	41.2 ± 1.5（RT）	131（RT）	48.5（RT）	Sander，1997a
	26	107	—	—	—	Shen，1995
	15~61	45 ± 9（RT）	—	130（RT）	—	Nieman，1989
	36，47	129，119（RT）[②]	—	132（RT）	—	Sander，1997a
	16~54	123 ± 6（RT）[②]	44.7 ± 2（RT）	132（RT）	47.5（RT）	Sander，1997a
Pd	12	82 ± 4（RT）	—	—	—	Sander，1995
	5~15	44 ± 22（RT）	—	121（RT）	—	Nieman，1992
	—	88（RT）	32（RT）	123（RT）	43（RT）	Korn，1988
	6	—	35（RT）	—	43（RT）	Weller，1991

① 采用外推法得出无孔隙纳米 Cu 的 $E=$（121 ± 2）GPa。
② 纳米 Pd 的 $E=$（130 ± 1）GPa。

前期测试的一些纳米材料的硬度表明，随着纳米材料晶粒的减小，许多材料的硬度升高（$k>0$），如 Fe 等；但有些材料的硬度降低（$k<0$），例如 Ni-P 等合金；还有些是硬度先升高后降低，k 值由正变负，如 Ni、Fe-Si-B 和 TiAl 等合金；也有些纳米材料显示 $k=0$。人们对纳米材料表现出的异常的 Hall-Petch 关系进行了大量的研究，总结出除了晶粒大小外，影响纳米材料的强度的客观因素还有：

1）试样的制备和处理方法不同。这必将影响试样的原子结构特别是界面原子结构和吉布斯自由能的不同，从而导致试验结果的不同。特别是前期研究中试样孔隙度较大，密度低，试样中的缺陷多，造成了一些试验结果的不确定性和无可比性。

2）实验和测量方法所造成的误差。前期研究多用在小块体试样上测量出的显微硬度值（HV）来代替大块体试样的 σ_s，很少有真正的拉伸试验结果。这种替代本身就具有很大的不确定性，而且显微硬度值的测量误差较大。同时，对晶粒尺寸的测量和评价中的变数较大而引起较大的误差。

除了上述客观影响因素外，有人从变形机制上来解释反常的 Hall-Petch 关

系，例如，在纳米晶界存在大量的旋错，晶粒越细，旋错越多。旋错的运动会导致晶界的软化甚至使晶粒发生滑动或旋转，使纳米晶材料的整体延展性增加，因而使 k 值变为负值。

为了使 Hall-Petch 公式能适用于晶粒细小的纳米材料，有人提出了位错在晶界堆积或形成网络的模型，如图 3-3 所示。变形时，由于材料弹性的各向异性，导致晶界处的应力集中，因而在晶界形成如图 3-3 所示的位错网络。该位错网络类似于第二相强化相，因而材料的屈服强度不仅与 $d^{-1/2}$ 有关，而且与 d^{-1} 有关，即在 Hall-Petch 关系式中加入一项 d^{-1}。该项在晶粒尺寸小于 10nm 时将起重要的作用。然而，这些模型中皆沿用 σ_0，即位错运动时的摩擦阻力。在缺乏位错行为的纳米材料中，σ_0 可能根本就不存在，这是这类模型所无法处理的问题。

Gleiter 等人首先提出，在给定温度下纳米材料存在一个临界尺寸，当晶粒大于临界尺寸时 k 是正值；晶粒小于临界尺寸时 k 是负值，即反映出反常的 Hall-Petch 关系。Gryaznov 等人计算了纳米晶中存在稳定位错和位错堆积的临界尺寸，认为当金属的晶粒约小于 15nm 时，位错的堆积就不稳定。这些计算结果量化了 Gleiter 的临界尺寸。Coch 认为，当纳米晶材料晶粒尺寸很小时（约小于 30nm），材料中缺少可动位错。因此，建立在位错基础上的变形理论就不能起作用。

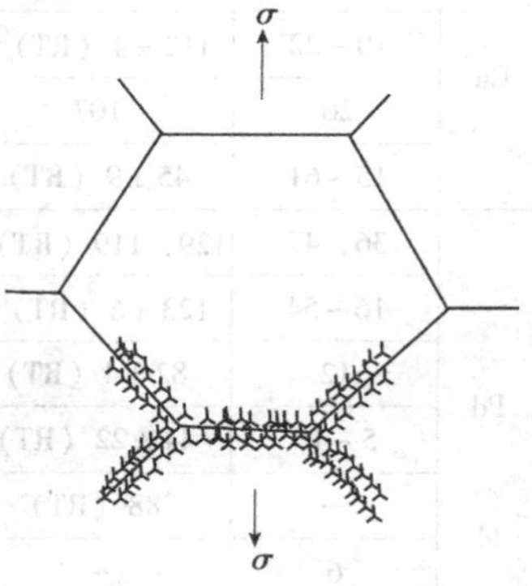

尽管位错堆积的临界尺寸的长度有差异，如小于 15nm 或 30nm，这些临界尺寸也都大于前期一些

图 3-3　变形时位错在晶界
形成的强化网络模型

具有反常 k 值的材料的晶粒。可以认为，产生反常 Hall-Petch 关系的机制或本质是当纳米晶粒小于位错产生稳定堆积或位错稳定的临界尺寸时，建立在位错理论上的变形机制不能成立。而 Hall-Petch 公式是建立在粗晶材料上的经验公式，也可从位错堆积的计算中直接导出该公式，是建立在位错理论基础上的。在位错堆积不稳定或位错不稳定的条件下，Hall-Petch 公式本身就不能成立，再用它去研究强度与晶粒尺寸的关系，就像用地球引力场中的自由落体公式去研究在宇宙飞船等微重力场下的物体运动一样，没有必要。从这里也可看出，人们对纳米材料的强度、变形等现象还缺乏很好的了解，还需进行深入的实验和理论研究。

第二节　纳米金属的强度和塑性

一、纳米金属的强度

纳米材料的硬度和强度大于同成分的粗晶材料的硬度和强度已成为共识。纳米 Pd、Cu 等块体试样的硬度试验表明，纳米材料的硬度一般为同成分的粗晶材料硬度的 2 ~ 7 倍。由纳米 Pd、Cu、Au 等的拉伸试验表明，其屈服强度和断裂强度均高于同成分的粗晶金属。w_C（碳的质量分数）为 1.8% 的纳米 Fe 的断裂强度为 6000MPa，远高于微米晶的 500MPa。用超细粉末冷压合成制备的 25 ~ 50nm Cu 的屈服强度高达 350MPa，而冷轧态的粗晶 Cu 的强度为 260MPa，退火态的粗晶 Cu 仅为 70MPa。然而，上述结果大多是用微型样品测得的。众所周知，微型样品测得的数据往往高于常规宏观样品测得的数据，且两者之间还存在可比性问题。从直径为 80mm、厚 5mm 的纳米 Cu 块（36nm），切取长 6mm、宽 2mm、厚 1.5mm 试样的拉伸结果表明，纳米晶 Cu 的弹性模量、屈服强度、断裂强度、伸长率分别为 84GPa、118MPa、237MPa、0.06，是同成分粗晶 Cu 的 0.65、1.42、1.82、0.15 倍。

随着样品尺寸的增加，纳米 Cu 的强度与粗晶 Cu 的强度比减小，已不到 2 倍。纳米晶 Cu 的弹性模量值远低于理论值（为理论值的 0.65）的主要原因是该材料的密度太低，仅为理论值的 0.943，这和前期对 E 的研究值明显偏低的原因是一样的。该研究还表明，杂质对纳米晶 Cu 的性能的影响十分巨大，造成强度和塑性性能指标的明显下降，如图 3-4 所示。同时，实验结果还表明，纳米晶和粗晶 Cu 之间的维氏硬度差别（相差 6 倍）并不能真实地代表这两种材料之间的强度差别（不到 2 倍）。

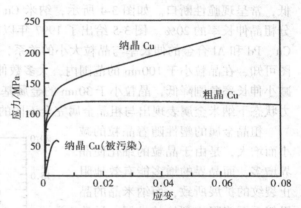

图 3-4　纳米晶 Cu 的应力-应变曲线

目前，有关纳米材料强度的实验数据非常有限，缺乏拉伸特别是大试样拉伸的实验数据。然而，更为重要的是缺乏关于纳米材料强化机制的研究。究竟是什么机制使纳米材料的屈服强度远高于微米晶材料的屈服强度，目前还缺乏合理的解释。对于微米晶金属材料已有明确的强度机制，即固溶强化、位错强化、细晶强化和第二相强化。这些强化机制都是建立在位错理论基础上的。应变强化能使材料在变形过程中硬度升高，是普通多晶金属材料的主要强化途径之一。应变强化的机理源于运动位错塞积（位错强化）和晶粒或亚结构细化所产生的强化。由应力(σ)-应变(ε)曲线上可计算出应变强化因子 $n = \partial \ln\sigma / \partial \ln\varepsilon$。$n$ 越大，应变强化效果越高。用超细粉末冷压成型的 Cu（25nm）试样的拉伸实验表明，其 $n = 0.15$，远低于普通粗晶 Cu 的 $n = 0.30 ~ 0.35$。用电解沉积制备的纳米 Cu（30nm）的 $n = 0.22$。这说明虽然纳米 Cu 的应变强化效果很弱，但仍存在一些位错行为，也可能与实际样品中存在有较大的晶粒有关。用分子动力学计算的理想的纳米 Cu 的 σ-ε 曲线显示，应变强化几乎不存在。一些模拟计算的结果亦显示纳米材料变形时无位错行为，这表明适用于微米晶金属的强化机制可能在纳米材料中不起作用或作用非常有限。因此，有关纳米材料的强化机理应是一个重要的研究课题。

二、纳米金属的塑性

在拉伸和压缩两种不同的应力状态下，纳米金属的塑性和韧性显示出不同的特点。

在拉应力作用下，与同成分的粗晶金属相比，纳米晶金属的塑、韧性大幅下降，即使是粗晶时显示良好塑性的 fcc 金属，在纳米晶条件下拉伸时塑性也很低，常呈现脆性断口。如图 3-4 所示，纳米 Cu 的拉伸伸长率仅为 6%，是同成分粗晶伸长率的 20%。图 3-5 给出了 1997 年以前一些研究者测定的纳米晶 Ag、Cu、Pd 和 Al 合金的伸长率与晶粒大小的关系，图中括号内的数字表明年份。由图可知，在晶粒小于 100nm 的范围内，大多数伸长率小于 5%，并且随着晶粒的减小伸长率急剧降低，晶粒小于 30nm 的金属基本上是脆性断裂。这表明在拉应力状态下纳米金属表现出与粗晶金属完全不同的塑性行为。

粗晶金属的塑性随着晶粒的减小而增大，是由于晶粒的细化使晶界增多，而晶界的增多能有效地阻止裂纹的扩展所致，而纳米晶的晶界似乎不能阻止裂纹的扩展。导致纳米晶金属在拉应力下塑性很低的主要原因有：

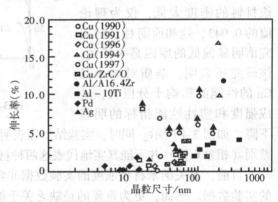

图 3-5　纳米金属的晶粒尺寸与伸长率的关系

1）纳米晶金属的屈服强度的大幅度提高使拉伸时的断裂应力小于屈服应力，因而在拉伸过程中试样来不及充分变形就产生断裂。

2）纳米晶金属的密度低，内部含有较多的孔隙等缺陷，而纳米晶金属由于屈服强度高，因而在拉应力状态下对这些内部缺陷以及金属的表面状态特别敏感。

3）纳米晶金属中的杂质元素含量较高，从而损伤了纳米金属的塑性。

4）纳米晶金属在拉伸时缺乏可移动的位错，不能释放裂纹尖端的应力。

杂质元素对金属塑性的损伤是很明显的，图 3-4 已充分说明杂质严重地降低了纳米晶 Cu 的塑性及其他力学性能。密度对纳米晶金属塑韧性的损伤也很明显。用电解沉积法制备的全致密、无污染的纳米晶 Cu（30nm）的伸长率可提高到30%以上。因此，图3-5可能没有反映出真实塑性。控制杂质的含量、减少金属中的孔隙度和缺陷、提高金属的密度，可大幅度提高纳米金属在拉应力状态下的塑性和韧性。图3-6表明了纳米晶Cu在拉伸下具有反常的应变速率效应，即

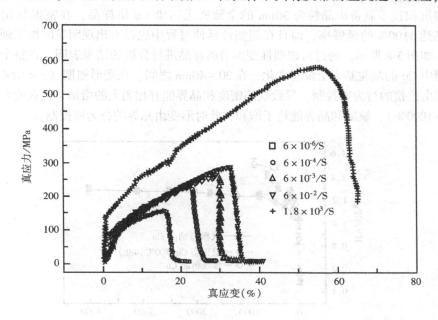

图3-6　拉伸速率对纳米晶Cu的 ε 的影响

随拉伸速率的增大，不但真实断裂应力快速升高，而且真实断裂应变也明显增大。造成这种反常效应的原因尚不清楚，但反映出纳米材料具有完全不同的变形及断裂机制。此外，试样的表面状态对塑性和强度也有很大的影响。图3-7为Pd试样（晶粒大小大致相同）未经过抛光和经过 $0.25\mu m$ 和 $5\mu m$ 金刚石膏抛光的试样的应力-应变曲线。由图可知，未抛光试样的强度及塑性均很低，经 $5\mu m$ 抛光试样的塑性最高，而经过 $0.25\mu m$ 抛光过的试样断裂应力最高。

在压应力状态下纳米晶金属能表现出很高的塑性和韧性。例如，纳米Cu在压应力下的屈服强度比拉应力下的屈服强度高两倍，但仍显示出很好的塑性。纳米Pd、Fe试样的压缩实验也表明，

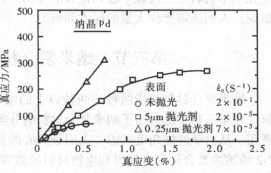

图3-7　试样表面状态对纳米Pd拉伸时真实应力-真实应变曲线的影响

其屈服强度高达 GPa 水平，断裂应变可达 20%，这说明纳米晶金属具有良好的压缩塑性。其原因可能是在压应力作用下金属内部的缺陷得到修复，密度提高，或纳米晶金属在压应力状态下对内部的缺陷或表面状态不敏感所致。卢柯等人用电解沉积技术制备出晶粒为 30nm 的全致密无污染 Cu 块样品，在室温轧制时获得高达 5100% 的延展率，而且在超塑性延伸过程中也没有出现明显的加工硬化现象，如图 3-8 所示。通过对超塑性变形后的样品进行分析的结果表明，在整个变形过程中 Cu 的晶粒基本上没有变化，在 20~40nm 之间。在变形初期（$\varepsilon < 1000\%$），变形由位错的行为所控制，导致缺陷密度和晶界能有相当大的增加。但在变形后期（$\varepsilon > 1000\%$），缺陷和晶界能趋于饱和，此时形变由晶界的行为所控制。

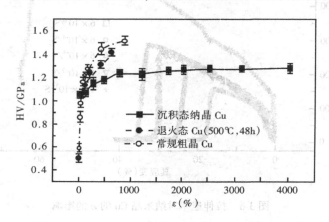

图 3-8　纳米晶 Cu 和粗晶 Cu 的冷轧变形量

　　总之，在位错机制不起作用的情况下，在纳米晶金属的变形过程中少有甚至没有位错行为。此时晶界的行为可能起主要作用，这包括晶界的滑动、与旋错有关的转动，同时可能伴随有由短程扩散引起的自愈合现象。此外，机械孪生也可能在纳米材料变形过程中起到很大的作用。因此，要弄清纳米材料的变形和断裂机制，人们还需要作大量的探索和研究。

第三节　纳米复合材料的力学性能

　　纳米复合材料是指两种或两种以上的纳米组元均匀混合在一起而组成的材料。在第一章中已介绍了纳米复合材料的分类，图 1-4 已给出纳米复合材料的示意图。从力学性能角度考虑，人们最关心的是 2-2 维、0-3 维和 0-0 型复合材料。2-2 维纳米复合是受自然界和生物材料的微观结构启发而发展起来的。例如，具有 2-2 维纳米复合结构的天然珍珠、贝壳具有与釉瓷相似的强度，但韧性显著高于釉瓷。动物的骨头具有很高的抗弯强度和韧性。研究表明，纳米复合材料既有高的强度，同时又具有高的韧性。例如，1998 年，Han 等人合成了具有纳米复合结构的 Cu/Nb 丝材，在 4.2K 温度下拉伸时完全消除了 bcc 相 Nb 的脆性断裂。该材料具有高的应变强化，在达到约 2GPa 的断裂强度时，断裂应变达到 1000%，显示出极高的塑性和强度。因此，通过纳米复合材料，人们可突破现在工程材料的强度与韧性此消彼长的矛盾，创造高强度、高韧性统一的新材料。图 3-9 示意地表明工程材料通过细化和纳米复合可实现高强度和高韧性的统一。

自然界中的珍珠、贝壳等，就是硬质的碳酸盐等无机物纳米层和软性的有机物纳米层天然复合在一起，实现了高强度和高韧性的统一。根据纹石晶片按特殊层状结构与微量有机质结合形成的复合材料，其断裂韧性比纯纹石高出了 3000 倍以上这一原理，美国 Clegg 首先设计了 SiC 薄片与石墨薄层交替复合的层状复合材料，其断裂韧度达到了 15MPa·m$^{1/2}$，断裂功高达 4625J/m^2，是常规 SiC 陶瓷的几十倍。在金属材料中，

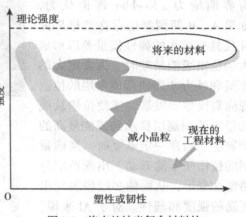

图 3-9 将来的纳米复合材料的
强韧性和现行工程材料的比较

人们也实现了如图 3-10 所示的 Cu/Cr 纳米层状复合。图中白色相为 Cr，黑色相为 Cu。

2-2 维复合的两相一般采用强/韧、强/软、bcc/fcc 的两相复合，以实现高强度和高韧性的统一。此外，在 Au/Ni 和 Cu/Pd 的金属纳米复合多层膜中，发现了薄膜在小调制周期（单周期层厚）时存在弹性模量和硬度异常升高的超模量效应和超硬度效应。在 TiN/NbN 和 TiN/VN 陶瓷纳米多层膜中也存在硬度大大提高（显微硬度=50GPa）的超硬度效应。交替沉积生长的 W/Mo 纳米多层膜具有超硬效应，如图 3-11 所示。图中 ROM 表示由混合法计算的硬度值。由图可

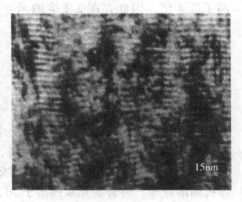

图 3-10 Cu/Cr 纳米层状复合组织

知，随着调制周期的减小，多层膜的硬度提高，并在周期小于 10nm 时取得极大值（18.60GPa）。但是，由于 W 和 Mo 的性能差别不大，超硬度效应不太明显。

为解释纳米多层膜力学性能的异常效应，提出的模型有量子电子效应、界面协变应变理论、界面应力模型以及 Koehler 早期提出的复合材料强化理论等。其中，界面协变应变理论和界面应力模型都认为，A、B 两调制层存在的拉/压交

变的应力场是纳米多层膜在小调制周期产生硬度异常升高的原因，其差别在于前者把这种交变应力归因于界面共格畸变，而后者认为薄膜在异种材料表面形核生长本身就具有界面应力。Koehler 理论认为，如果 A、B 两调制层存在共格界面并且具有较大的弹性模量差以形成大的位错线能量差时，需要更大的能量和外力才能使低模量层的位错源向高模量层发展，或使位错从线能量低的调制层移动到线能量高的调制层。而在一定厚度时，高能量层的位错便不能开动，出现单层位错塑性变形，从而使多层膜表现出更高的强度和塑性。对于 Al 来说，这个厚度为 47nm。用 Al/Cu 膜做实验，当厚度为 70nm 时，其屈服强度从 150MPa 提高到 700MPa，提高了近 4 倍。因此，在 2-2 维纳米复合中，复合膜的层厚及厚度比是另一关键的因素。尽管 2-2 维纳米复合膜具有诱人的高强度和高韧性，但很难制备出块体材料，因而其应用多局限于薄膜材料。

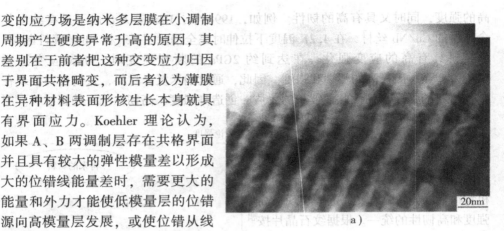

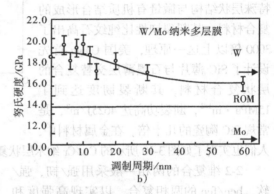

图 3-11　W/Mo 纳米多层膜的组织及
显微硬度与调制周期的关系
a) 多层膜的高分辨率 TEM 照片，其中白色相为 Mo，
黑色相为 W　b) W/Mo 纳米多层膜显微硬度
随调制周期的变化

　　0-3 维复合是将纳米颗粒均匀分布到 3 维块体材料中。从广义上讲，淬火时效强化的 Al-Cu、Al-Cu-Mg、Al-Li 合金，Cu-Cr、Cu-Zr 合金及马氏体时效钢都属纳米复合的 0-3 维纳米材料。通过淬火固溶处理，将合金元素固溶于 Al、Cu 等基体中，再通过时效处理，使固溶的合金元素脱溶析出，形成弥散分布的纳米相，从而提高合金的强度。析出相越细，强化效果越好。这类合金亦称原位自生的纳米复合合金，早已广泛地应用于国民经济的各个领域中。

　　自生的纳米相在使用温度较高时容易长大而失去强化作用，因此人们采用高能球磨或机械合金化的方法将热稳定性和化学稳定性较高的陶瓷纳米颗粒复合到金属中，以增加金属材料的高温强度。Benjamin 在 1970 年用高能球磨的方法使

ThO₂ 分布在 Ni 及 Ni 基高温合金中，使合金的使用温度明显升高。因此，在金属材料中复合一定比例的纳米陶瓷颗粒，可有效地增加金属材料的强度。同样，0-3 维纳米复合能明显地增加陶瓷和有机物的强度。例如，在 Al_2O_3 基体中加入质量分数为 5% 的纳米 SiC 增强颗粒，使 Al_2O_3 的强度从 350MPa 增加到 1500MPa，断裂韧度由 3.5MPa · $m^{1/2}$ 增加到 4.8MPa · $m^{1/2}$；将 Al_2O_3 纳米颗粒加入到普通玻璃中，在不改变透光率的情况下可明显改善玻璃的脆性；将纳米 Al_2O_3 颗粒加入到橡胶中，可显著提高橡胶的耐磨性。因此，0-3 维纳米复合材料是纳米材料中的一个重要的研究领域，将作为新型的结构材料在国民经济中发挥越来越重要的作用。

决定 0-3 维纳米复合材料的强度和韧性的主要因素有：纳米颗粒的尺寸、体积分数及纳米颗粒本身的性能。表 3-2 列出了微米颗粒增强和纳米颗粒增强陶瓷性能的比较。由表可以看出，增强相由微米级变为纳米级后，Al_2O_3 的强度大幅度提高。表中数据还表明，在纳米级复合时，增强相的成分非常重要，如 SiC 的增强效果明显高于 Si_3N_4 的强化效果。表 3-3 为纳米 Al_2O_3 颗粒与 W、Mo、Ni、Ti 复合后的强度与微米复合材料的比较。由表可以看出，纳米复合后的强度是微米级复合强度的 2~3 倍。纳米增强颗粒的体积分数是决定 0-3 维复合材料性能的另一关键因素，通常体积分数有一最佳值才能实现复合纳米材料强、韧性的最佳组合。此外，纳米增强颗粒最好是较规则的球形，均匀分布于被强化的材料之中。如果强化颗粒偏析于晶界，则可能反而使复合后材料的强度和韧性降低。

表 3-2　纳米 SiC 颗粒增强陶瓷的性能

材　料	断裂韧度/（MPa · $m^{1/2}$）		强度/MPa	
	微米复合	纳米复合	微米复合	纳米复合
SiC/Al_2O_3	3.5	4.8	350	1520
Si_3N_4/Al_2O_3	3.5	4.7	350	850
SiC/MgO	1.2	4.5	340	700
SiC/Si_3N_4	4.5	7.5	850	1550

表 3-3　纳米 Al_2O_3 颗粒增强金属的性能

材　料	断裂韧度/（MPa · $m^{1/2}$）		强度/MPa	
	微米复合	纳米复合	微米复合	纳米复合
W/Al_2O_3	3.5	4.0	350	1105
Mo/Al_2O_3	3.5	7.2	350	920
Ni/Al_2O_3	3.5	4.5	350	1090
Ti/Al_2O_3	3.5	4.3	350	816

自从 1988 年井上明久（Inoue）用铸造水冷模制备出厚度在 mm 级的大块非晶材料，并于 1991 年用退火的方法使纳米 Al 粒子沉淀在 Al 基非晶中，从而使 Al 的强度大幅度提高以来，纳米晶与非晶的两相混合金属材料的研究引起人们的极大兴趣和关注。通过控制合金成分和晶化温度，可使单相的 Al 基非晶分解成具有不同组织结构和强度的纳米复合 Al 合金：

1）基体为 fcc-Al 晶粒（100～200nm），强化颗粒为金属间化合物（≤50nm），断裂强度 $\sigma_f = 700 \sim 1000 \text{MPa}$，$\varepsilon_f = 1\% \sim 8\%$。

2）在非晶基体中析出 fcc-Al 颗粒（3～5nm），$\sigma_f = 1560 \text{MPa}$。

3）在无晶界的 fcc-Al 基体中沉淀准晶强化相（15～50nm），$\sigma_f = 500 \sim 700 \text{MPa}$，$\varepsilon_f = 5\% \sim 30\%$。

4）非晶颗粒（10nm）和 fcc-Al 颗粒（70nm）的均匀混合组织，$\sigma_f = 1400 \text{MPa}$。

5）fcc-Al 颗粒（20～30nm）由非晶网（1nm）包覆，$\sigma_f = 1100 \text{MPa}$。

图 3-12 示意地表示了这五种分类。纳米晶和非晶两相混合使 Al、Mg、Zr 等

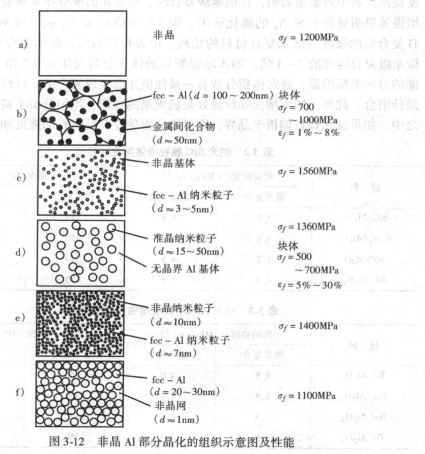

图 3-12　非晶 Al 部分晶化的组织示意图及性能

合金的强度上了一个台阶，成为制备高强度金属材料的新的方法，已成为当前金属纳米材料研究的热点之一。

第四节　纳米复合 Al 基合金的力学性能

一、常规时效硬化 Al 合金

Al 是面心立方金属，强度低，塑性好，工业纯 Al 的抗拉强度仅为 50MPa。在 Al 基体中沉淀析出弥散的纳米原子团或粒子能使 Al 合金的强度大大提高。通过固溶 + 人工时效强化的 Al 合金，是目前广泛应用于工程结构中的传统的 0-3 维纳米复合材料。2024（Al-4.4Cu-1.5Mg-0.6Mn）、7075（Al-5.6Zn-2.5Mg-1.6Cu-0.26Cr）和 2095（Al-2.27Li-2.68Cu-0.11Zr）Al 合金，是这种时效强化 Al 合金的典型代表。然而，这类合金的最大室温抗拉强度不大于 600MPa。结合其他强化手段，如固溶强化、细晶强化、加工强化、纤维强化等，也很难再大幅度提高 Al 合金的强度。1991 年，北京航空材料研究院采用精炼方法去除杂质、加微量的 Zr 细化晶粒和增强强化相的效果，使 7075 合金的抗拉强度提高到 700MPa，提高率约为 16%。

常规时效强化 Al 合金强度很难提高的主要原因，可能是从母相晶格脱溶析出的原子团或纳米粒子和母相保持着共格或半共格的关系，畸变能大所致。因此，降低沉淀粒子与母相的界面能，或改变沉淀的本身结构或性质，或进一步细化 Al 合金的晶粒，可使 Al 合金的强度得到进一步的提高。

二、纳米晶和非晶两相 Al 合金

在 Al 基非晶中结晶出部分纳米尺度的 fcc-Al 粒子的两相 Al 合金具有非常高的强度。图 3-12c 示意地表示了非晶 Al 合金部分晶化形成不同组织合金的断裂强度。例如 $Al_{88}Ni_9Ce_2Fe_1$ 两相合金的断裂强度 σ_f 高达 1560MPa，是常规 7075 合金断裂强度的 2 倍，也高于单相非晶合金的断裂强度（1100 ~ 1200MPa）。两相 Al 合金的强度与 fcc-Al 纳米晶体粒子的直径有关。当 fcc-Al 粒子的直径为 3 ~ 5nm 时，断裂强度为 1560MPa。当 fcc-Al 粒子的直径长大到 20 ~ 30nm（图 3-12f），非晶态以厚度约 1nm 的网状包围 fcc-Al 纳米粒子时，断裂强度为 1100MPa。此外，这类合金的强度与 fcc-Al 纳米粒子的体积分数有关。如 $Al_{88}Y_2Ni_{10-x}M_x$（M 为 Mn，Fe，Co 等）的弹性模量、维氏硬度、断裂强度等均随 fcc-Al 的体积分数 φ_{Al} 的上升而升高，但断裂强度在 $\varphi_{Al} \approx 25\%$ 时达到最大值，如图 3-13 所示，图中 a_0 为点阵参数。类似的合金还有 $Al_{94}V_4Fe_2$、Al-Ti-Fe 等。它们组织的共同特点就是在非晶基体中均匀分布着细小的 fcc-Al 纳米晶。

弥散分布在非晶基体中的纳米 Al 粒子提高合金强度的原因是由多重因素造成的，这些因素是：

1）从非晶基体中析出 3 ~ 5nm 的 Al 粒子是不含位错的完整 fcc 晶体。

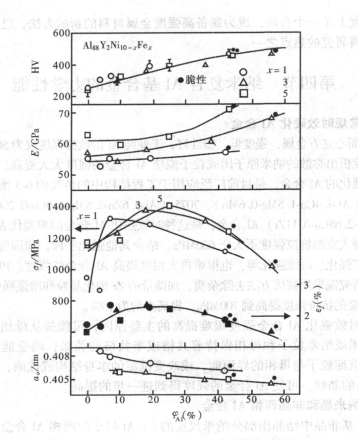

图 3-13　$Al_{88}Y_2Ni_{10-x}Fe_x$（$x<5$）合金的力学性能
与纳米 Al 粒子体积分数 φ_{Al} 的关系

2）从非晶基体中析出的 Al 晶体/非晶的界面能，比从晶体中析出 Al 所具有的晶体/晶体界面能低 1 个数量级。

3）非晶/Al 晶体界面有高密度的原子排列结构，没有多余的空位或孔隙，因而能阻止裂纹在界面扩展。

4）Al 粒子之间的距离小于切变带的宽度，能有效地阻止在非晶基体中的切变变形。

5）Al 结晶后造成非晶基体成分的重新分布和改变，也能使强度升高。

然而，太高的强度使在较低的温度下用挤压方法把这种合金加工成零件或挤压成大块体变得十分困难，而高的挤压温度会使纳米 Al 粒子长大，这些都限制了这种合金的实际应用。

最近，井上实验室采用粉末冶金的方法成功制备出 1420MPa 的高强度纳米 Al 与非晶两相混合的大块体 $Al_{85}Ni_5Y_8Co_2$ 合金。制备方法是首先将纯组元金属用电弧熔炼成 500g 的铸锭，经在 1573K 温度重熔后雾化成非晶粉末，然后将非晶粉末在不同的温度下压制成型。在不同温度和 1.2GPa 的压力下，压制试样的相对密度大于 99.2%，在热压的过程中从非晶中结晶出弥散分布的 Al 晶体和 Al₃Y 晶体，其尺寸为 10 ~ 30nm。图 3-14 为在不同温度 T_p 下压制成型的试样在压缩试验的正应力-正应变曲线，其中在 693K 压制固化的试样的正应力为 1420MPa，应变为 1%。这种类似粉末冶金的方法为超高强轻质 Al 合金的发展和实用作出了较好的示范，进一步消除非晶态基体的脆性和提高这种两相 Al 合金的塑性是关键因素，这就要求提高热压温度以降低合金的强度。

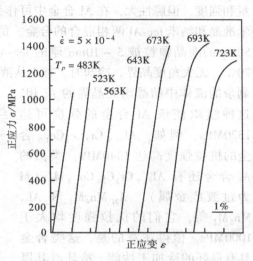

图 3-14 在不同温度下固化成型的大块体 $Al_{85}Ni_5Y_8Co_2$ 合金的正应力-正应变曲线

三、纳米金属间化合物 Al 合金

在接近晶化温度的条件下挤压或热等静压雾化的非晶粉末，可获得由纳米金属间化合物（约 50nm）强化的 Al 合金。根据温度的不同，Al 晶粒尺寸可达 200nm，如图 3-12b 所示。这种组织的 Al 合金具有 700 ~ 1000MPa 的断裂强度，弹性模量约为 100GPa，室温悬臂疲劳强度为 300 ~ 350MPa，伸长率可达 8%，显示出很好的塑韧性。塑性提高的主要原因是在亚微米尺寸的 Al 相中出现了位错。此外，该类合金具有高的应变速率敏感性，在 885K 和 1s⁻¹ 的高应变速率下伸长率可达 600% ~ 700%，因而可在中温至较高的温度下加工成型，解决了纳米与非晶两相 Al 合金不能成型的问题。

将常规的 Al 合金雾化成小于 150μm 的粉末，在液氮温度下高能球磨成纳米粉末，再将纳米粉末经热等静压压制成纳米晶 Al 合金，亦可大幅度提高 Al 合金的强度。这种方法避免了制备非晶粉末的成分限制。例如，将 5083Al 合金（4.4Mg、0.7Mn、0.15Cr）纳米粉末，在 523K 和 200MPa 的热等静压可制成晶粒为 25 ~ 30nm、相对密度为 99.6% 的大块体 Al 合金。这种纳米 Al 合金的 $\sigma_s = 334MPa$，$\sigma_b = 462MPa$，比原 5083 合金的最高强度（$\sigma_s = 269MPa$，$\sigma_b = 345MPa$）提高了 30%，而伸长率保持不变（8%）。因此，这种纳米晶化的常规 Al 合金更具有实用性，易于推广。

四、纳米准晶 Al 基合金

准晶是具有 5 次或 8 次、10 次旋转对称电子衍射图的合金相。1984 年在快淬的 Al-Mn 合金中首次发现准晶。准晶具有长程取向序而无周期平移序，不能像具有 1、2、3、4、6 次对称的晶体那样通过周期平移堆积或排列出无空间空隙的晶体，因此有人称准晶为 20 面体相（I-Phase）。室温下准晶具有很高的弹性模量和强度，但脆性大，在 Al 合金中可作为强化相。利用快淬等方法，可获得纳米准晶和纳米 fcc-Al 两相混合的合金。例如，快淬的 $Al_{92}Mn_6Ce_2$ 合金的组织为 50nm 的准晶颗粒被 5～10nm 厚的 fcc-Al 层包覆，准晶的体积分数为 60%～70%，无大角度晶界。冷却时，首先从液相中析出随意分布的准晶初相，然后从剩余的液体中结晶出无晶界的 Al 相。

这种组织使该 Al 合金的强度可达 1320MPa，例如，$Al_{94.5}Cr_3Ce_1Co_{1.5}$ 合金的抗拉强度高达 1340MPa。类似的 Al 合金还有 $Al_{93.5}Cr_3Ce_1Co_{1.5}M_1$（M 为过渡族金属）、$Al_{94}Mn_4M_2$ 和 $Al_{93}Mn_5M_2$ 等，它们的抗拉强度均大于 1000MPa。值得注意的是，这类合金具有良好的冷加工性能，冷轧时其厚度可降低 70%，在冷轧中合金的硬度和断裂强度同时降低，如图 3-15 所示。由电镜分析表明，冷轧时准晶粒子的尺寸由快淬后的 50nm 降低至冷轧后的 5～10nm。准晶粒径的减小是由于冷轧时碎化的结果，但同时塑性的 fcc-Al 相自发地填补进准晶的碎化空间。这种明显的加工软化现象，被解释为准晶/fcc-Al 增加的界面大量吸收来自界面的位错的缘故。冷轧后准晶和 Al 相上无位错存在，证实了冷轧中位错被界面吸收。

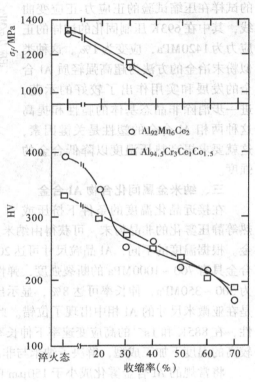

图 3-15　冷轧时准晶-Al 的强度、
硬度与变形量的关系

虽然快淬能使准晶强化的 Al 合金的强度为常规 Al 合金强度的 2～3 倍，但因快淬带的厚度太小（μm 级）而限制了它们的工程应用。为此，采用粉末冶金方法可制备出具有实用性的合金。其方法是先将合金熔化，雾化成粉，然后在低于准晶析出的温度下将粉体挤压成大块体 Al 合金。这类合金可分为三种类型：

（1）高强度型　这类合金主要有 Al-Mn-Ce 和 Al-Cr-Ce-M$^\ominus$ 等。将合金粉体

$\ominus$　M 为过渡族金属。

在低于准晶析出温度（约750K）673K下挤压成型，得到类似于快淬的准晶为基体的 Al+准晶，合金的断裂强度 σ_f 为 600~800MPa，断裂应变率 ε_f 为 5%~10%。图 3-16 表示了这类合金的 σ_f 和 ε_f 之间的关系。

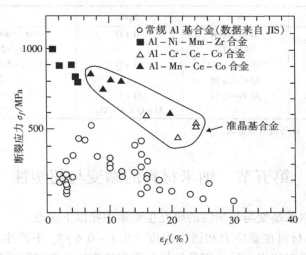

图 3-16 准晶基 Al 合金的 σ_f 与 ε_f 与常规 Al 合金的比较

（2）高塑性型 这类合金的主要成分有 Al-Mn-Cu-M⊖和 Al-Cr-Cu-M⊖，制备方法和合金的组织与高强度型的相似。这类合金的 σ_f = 500~600MPa，ε_f = 12%~30%，σ_f 与 ε_f 的关系亦列于图 3-16。由图可知，高强型和高伸长率型的准晶 Al 合金的性能明显优于常规 Al 合金的性能。

（3）高温强度型 这类合金主要有 Al-Fe-Cr-Ti，挤压成型后的组织与上述组织类似，强化相还可有 $Al_{23}Ti_9$。这类合金在较高温度下具有高强度，如在温度 473K 时 σ_f 为 500MPa，保温 1000h 强度不变，

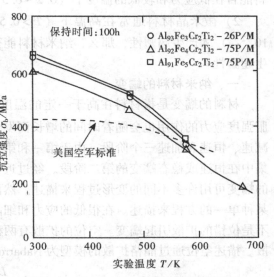

图 3-17 Al-Fe-Cr-Ti 合金的抗拉强度与试验温度的关系

⊖ M 为过渡族金属。

573K 时 σ_f 为 350MPa，达到美国空军的标准，如图 3-17 所示。

这三种类型合金的成分、组织结构和主要性能总结于表 3-4。

表 3-4 纳米准晶 Al 基合金

类型	成分	组织	力学性能
高强度型	Al-Cr-Ce-M	Al + Q	$\sigma_f = 600 \sim 800MPa$
	Al-Mn-Ce		$\varepsilon_f = 5\% \sim 10\%$
高塑性型	Al-Mn-Cu-M	Al + Q	$\sigma_f = 500 \sim 600MPa$
	Al-Cr-Cu-M		$\varepsilon_f = 12\% \sim 30\%$
高温型	Al-Fe-Cr-Ti	Al + Q	$\sigma_f \approx 350MPa$
		Al + Q + Al$_{23}$Ti$_9$	（573K）

注：Q 为准晶，M 为过渡族金属。

第五节 纳米材料的蠕变与超塑性

对纳米材料的蠕变与超塑性的研究主要集中在以下两点：

1）微米晶材料在低应力和适中温度 $(0.4 \sim 0.6)T_m$ 下产生晶界扩散蠕变。由于纳米材料具有相当大的体积分数的晶界和极高的晶界扩散系数，因此纳米材料能否在低应力和较低的温度下 $(0.2 \sim 0.3)T_m$ 产生晶界扩散蠕变？

2）微米晶材料通常在高温下 $(T > 0.5T_m)$ 和适中的应变速率下 $(10^{-5} \sim 10^{-2}/s)$ 才产生超塑性，那么，纳米材料能否在较低的温度和高的应变速率下产生超塑性？

一、纳米材料的蠕变

材料的蠕变是指材料在高于一定的温度 $(T > 0.3T_m)$ 下，即使受到小于屈服强度应力的作用也会随着时间的增长而发生塑性变形的现象。蠕变过程可分为减速、恒速和加速三个阶段，由于第一和第三阶段较短，因此对蠕变的研究主要集中在恒速或稳态蠕变的第二阶段。经过近半个世纪的研究，人们发现粗晶材料的蠕变可用许多不同的变形过程来描述。然而，在一定的条件下，蠕变速率可用某种单一的方程来描述。在很低的应力和细晶条件下，早期的理论认为是空位而不是位错的扩散引起蠕变。空位的扩散有两种机制，即通过晶格扩散和沿晶界扩散。描述空位通过晶格扩散的模型为 Nabarro-Herring 方程，其蠕变速率：

$$\dot{\varepsilon}_{NH} = A_{NH} \frac{D\Omega\sigma}{kTd^2} \tag{3-1}$$

式中，A_{NH} 为常数；D 为晶格扩散系数；Ω 为原子体积；σ 为拉伸应力；k 为波尔兹曼常数；d 为晶粒尺寸。

描述空位沿晶界扩散的模型为 Coble 方程，其蠕变速率：

$$\dot{\varepsilon}_{c0} = \frac{D_{gb}\Omega\delta\sigma}{kTd^3}$$ (3-2)

式中，D_{gb} 为晶界扩散系数；δ 为晶界厚度；其余符号同 Nabarro-Herring 方程。

由于 D_{gb} 高出 D 几个数量级，因此，当晶粒由微米级降低为纳米级时，$\dot{\varepsilon}_{c0}$ 应高出 $\dot{\varepsilon}_{NH}$ 至少几个数量级。由此预测，在应力相同的条件下，纳米材料可在较低温度下甚至在室温产生晶界扩散蠕变。为此，前期的许多研究都是围绕此点进行。Mohamed 等人于 2001 年总结和评论了自 1991 年至 1999 年期间的一些主要成果。

采用惰性气体蒸发、凝聚和加压的方法制备成相对密度为 0.97 的 Cu、Pd 块体试样，在室温下进行的蠕变试验结果表明，纳米 Cu、Pd 的蠕变速率与同成分的粗晶试样并无明显的区别。在 $(0.24 \sim 0.48)T_m$ 温度范围内，用同样方法制备的相对密度分别为 0.979% 和 0.983% 的纳米 Cu（$10 \sim 25\mathrm{nm}$）和 Pd（$35 \sim 55\mathrm{nm}$）试样的蠕变试验结果表明，纳米 Cu、Pd 的蠕变曲线符合对数或消耗（或疲劳）蠕变（Exhaustion Creep），蠕变应变：

$$\varepsilon = \varepsilon_i + A'\lg(1 + Bt)$$ (3-3)

式中，ε_i 为瞬时应变；t 为时间；A'、B 为常数。实验中测量出的应变速率要比 Coble 蠕变的计算值低几个数量级。在中温区 $(0.33 \sim 0.48)T_m$ 纳米 Cu 的蠕变曲线如图 3-18 所示，蠕变曲线仍可由式 (3-3) 描述。

以上结果表明，纳米 Cu、Pd 的蠕变扩散速率并不明显大于微米晶的蠕变速率，无论在低温或中温范围内晶界扩散蠕变或 Coble 蠕变并不适用于 Cu、Pd 纳米材料。

室温下全致密纳米金试样的蠕变实验表明，只有当施加应力超过某一临界值时才产生蠕变，该临界值如图 3-19 中箭头所示。

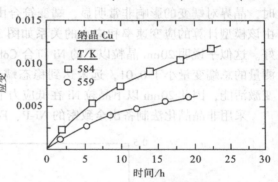

图 3-18　纳米 Cu 试样的蠕变曲线

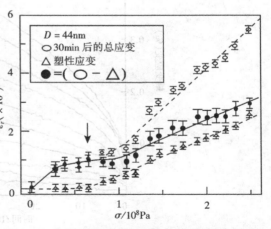

图 3-19　室温下纳米金在给定应力下的蠕变曲线

在稳态蠕变阶段金试样（36nm）的蠕变速率与施加应力呈线性关系，表明蠕变为 Coble 型蠕变，该区域如图 3-20 中箭头 1 和 2 所示。

利用电解沉积技术制备的致密的纳米 Ni（6～40nm）表现出明显的室温蠕变特性，且晶粒越细，蠕变速率越高。室温下 20nm Ni 试样的应变与时间的关系如图 3-21 所示。当晶粒大于 6nm 和在高应力下，应力因子为 5.3，这是位错蠕变。当晶粒在 6nm 和 20nm

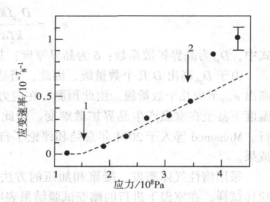

图 3-20　室温下纳米金在给定应力下的稳态蠕变区域

时，晶界对蠕变的影响非常明显，蠕变符合由晶界扩散所控制的晶界滑动模型。由该模型计算的应变速率和应力的关系如图 3-22 中虚线所示，与实验值符合较好。这似乎说明 20nm 晶粒以下的 Ni 符合 Coble 晶界蠕变模型。然而，该实验所测量的总蠕变量小于 0.01，远未达到稳态蠕变阶段，此外，试验中没有测量蠕变激活能，因此 20nm 以下晶粒 Ni 在低应力下的扩散蠕变机制还不能成立。

采用非晶晶化法制备出全致密的 Ni-P、Fe-B-Si 纳米晶（28nm、27nm）试样

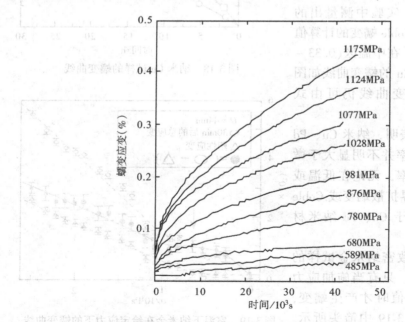

图 3-21　室温下 20nmNi 试样的蠕变应变与时间的关系

具有相类似的蠕变性能，即蠕变速率随晶粒的减少而增加。图 3-23 为纳米晶和微米晶 Ni-P 的应变与时间的关系。由图可知，纳米晶 Ni-P 的蠕变速率显著高于微米晶的蠕变速率。稳态蠕变速率：

$$\dot{\varepsilon} = A\sigma^n \exp\left(-\frac{Q}{kT}\right) \quad (3-4)$$

式中，A 为常数；n 为应力因子；Q 为蠕变激活能。应力因子 n 皆为 1.2，蠕变激活能 Q 远小于微米晶的激活能。因此，研究者认为纳米晶 Ni-P、Fe-B-Si 的蠕变与晶界扩散蠕变行为一致。然而，同样是由于实验总蠕变量（<0.01）远小于达到稳定蠕变量所需的最小值（0.1），Mohamed 等人认为，在缺乏足够数据的情况下不可能得出涉及控制蠕变机制的明确的结论。

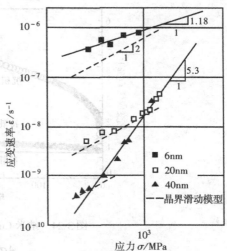

图 3-22 纳米 Ni 的晶粒对稳态蠕变速率与应力关系的影响

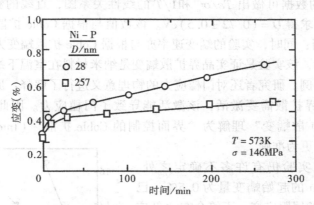

图 3-23 纳米晶和微米晶 Ni-P 的应变与时间的关系

近年来，我国一些研究者研究了采用电解沉积法制备的全致密纳米 Cu（30nm）在 20～50℃ 范围的蠕变行为，40℃ 时的蠕变曲线如图 3-24 所示。由图可知，电解沉积纳米 Cu 表现出明显的蠕变行为。在不同温度下，纳米 Cu 稳态蠕变速率与施加应力的关系如图 3-25 所示，图中因引入有效应力和门槛应力的概念可使稳态的蠕变速率与有效应力的线性关系的起始点为零。有效应力 $\sigma_e = \sigma - \sigma_0$，式中 σ 为施加应力，σ_0 为门槛应力，其值等于稳态蠕变开始的外加应力，可由稳态的蠕变速率与实际施加应力直线在横坐标的截距求得。在稳态蠕变阶段的蠕变速率：

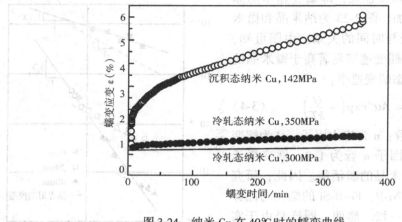

图 3-24　纳米 Cu 在 40℃时的蠕变曲线

$$\dot{\varepsilon} = \frac{A\sigma_e}{kT}\exp\left(-\frac{Q}{kT}\right) \tag{3-5}$$

式中，A 为常数；Q 为蠕变激活能；k 为波尔兹曼常数；T 为热力学温度。由此式和图 3-25 的数据可做出 $T\dot{\varepsilon}/\sigma_e$ 和 $1/T$ 的线性关系图，直线的斜率即为 Q 值。由试验结果可求得 $Q = (0.72 \pm 0.5)$ eV。该数值与根据 Coble 扩散蠕变方程计算出的 Q 值相当；同时，实验的蠕变速率亦与根据 Coble 扩散蠕变方程的计算值相当。可以认为，该实验是证实晶界扩散蠕变是纳米材料在室温下蠕变机制的一个比较成功的实例。研究者还对门槛应力的物理意义进行了解释：原子或空位通过纳米 Cu 的晶界扩散需要激活，该激活能导致了门槛应力。因此，他们认为把"界面控制的扩散蠕变"理解为"界面控制的 Coble 扩散"（Interface Controlled Coble Creep）更为准确。

　　然而，该实验仍有许多不确定之处。首先，纳米 Cu 的起始蠕变量为 0.5%，已超过纳米 Cu 的屈服应变，不符合在"低应力"下证实 Coble 蠕变机制的条件。其次，实验是采用跳跃式的加载方式，使全部蠕变实验在不到 400min 就结束，而在常规的钢铁材料中，要精确地测量一个蠕变参数，需要几百、几千甚至上万个小时。因此，在短短 400min 内测量的蠕变参数，很难令人信服。图 3-24 中还给出了冷轧纳米 Cu（30nm）的蠕变曲线。用类似的方法可得

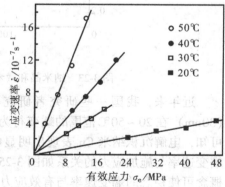

图 3-25　纳米 Cu 的蠕变速率
和有效应力的关系

出 $n = 2$ 时，冷轧纳米 Cu 的 $Q = 0.82\text{eV}$，$\sigma_0 = 335 \sim 347\text{MPa}$。冷轧纳米 Cu 的 σ_0 的提高是由冷轧时产生的微应变（0.14%）所引起的。图 3-24 清楚地表明，尽管晶粒尺寸相同，然而由于纳米 Cu 的制备方法或所处的状态不同，其蠕变行为可能完全不同。尽管最近用分子动力学模型计算出的纳米 Pd 等材料的均匀稳态蠕变速率与 Coble 扩散蠕变速率相当，然而，要确定关于纳米材料的蠕变机制仍需作大量的深入研究。

二、纳米材料的超塑性

材料的超塑性是指材料在拉伸状态下产生颈缩或断裂前的伸长率至少大于 100%。材料在压应力下产生的大变形称为超延展性。对于金属和陶瓷材料，产生超塑性的条件通常是温度大于 $0.5T_m$ 和具有稳定的等轴细晶组织（$< 10\mu\text{m}$），并在变形过程中晶粒不显著长大。微米晶材料产生超塑性的应变速率为（$10^{-5} \sim 10^{-2}$）s^{-1}。超塑性变形中，应力-应变曲线为由低应力低应变、中应力中应变和高应力高应变三个阶段组成的 S 形曲线。最大变形产生在第二阶段，故称为超塑性变形区。微米晶的超塑性变形是扩散控制的过程，应变速率：

$$\dot{\varepsilon} = A \frac{DGb}{kT} \left(\frac{b}{d}\right)^s \left(\frac{\sigma}{E}\right)^2 \tag{3-6}$$

$$D = D_0 \exp\left(-\frac{Q}{RT}\right) \tag{3-7}$$

式中，A 为常数；G 为切变模量；E 为弹性模量；D 为描述蠕变的扩散系数；b 为柏氏矢量；d 为晶粒尺寸；σ 为应力；R 为气体常数；Q 为扩散激活能；s 为晶粒指数，其值在晶格扩散时为 2，晶界扩散时为 3。

由式（3-6）可知，当材料的晶粒由微米降为纳米级时，由于扩散系数的增加和 s 值的增加，可以期望超塑可在较低的温度下（如室温）或在较高的速率下产生。然而，对纳米材料的塑性的研究和报道相对很少。

用大塑性变形方法制备的 30nm 的 Pb-62% Sn 合金，在室温下和 4.8×10^{-4} s^{-1} 的应变速率下拉伸时可得 300% 的伸长率。然而，由于该合金的熔点仅为 183℃，室温相当于 $0.65T_m$，属于高温变形的温度范围。如果排除该合金，则至今尚未发现纳米材料在室温附近呈现超塑性的实例。

雾化 Al-Ni-Mm-Zr（Mm 为含铈稀土）粉末经 10:1 的挤压成形，得到晶粒小于 100nm 的试样。该合金在 873K 温度下拉伸时应力、伸长率与应变速率如图 3-26 所示。由图可知，随着应变速率从 10^{-3} 上升至 10^0s^{-1}，伸长率从 100% 快速升高至 600%。随后随应变速率的增加和伸长率的降低，在 10s^{-1} 时仍具有 300% 的伸长率，显示出良好的超塑性。该实验并未报道材料在 873K 温度变型过程中晶粒是否长大，因此不能说明该材料在纳米尺度下具有超塑性。

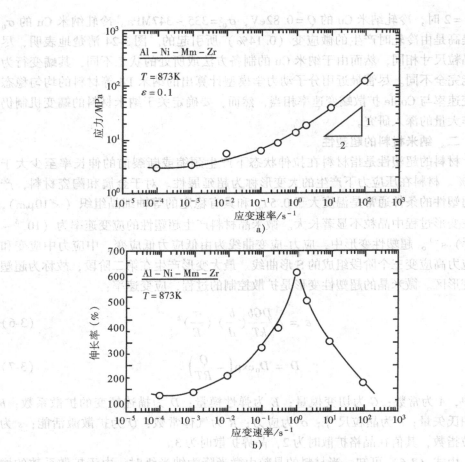

图 3-26　纳米 Al-Ni-Mm-Zr 的应力-应变曲线 a) 和伸长率-应变曲线 b)

用电解沉积制备的纳米 Ni（20nm）和 Ni₃Al（Ni-8.5Al-7.8Cr-0.6Zr-0.02B，50nm）在不同温度下的应力-应变曲线如图 3-27 所示。纳米 Ni 的超塑性转变温度在 350℃（523K）。然而，在此温度下 Ni 晶粒已明显长大（1.3μm × 0.64μm），已不是纳米晶。因此，纳米 Ni 在低温下不可能产生超塑性。用大塑性变形制备的纳米 1420Al（Al-5Mg-2Li-0.1Zr），在 250℃变形后晶粒为 0.22μm，形变时亦发生晶粒长大，在低温下不具备超塑性。纳米 Ni₃Al 在 650℃（0.56T_m）和 1 × 10⁻³ s⁻¹ 的应变速率下产生大于 150% 的塑性变形后晶粒为 100nm，虽然晶粒长大了一倍，仍属纳米晶范围，但变形过程中产生了明显的加工硬化现象。以上试验说明，纳米材料在低温下产生超塑性是十分困难的，对纳米材料的超塑性研究仍处于初始阶段。

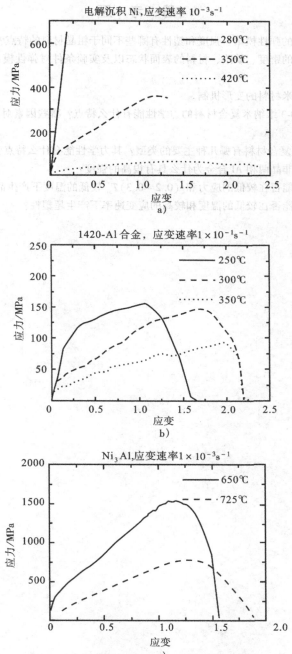

图 3-27 纳米 Ni、1420Al、Ni₃Al 的应力-应变曲线

a）纳米 Ni　b）1420Al　c）Ni₃Al

思 考 题

1. 纳米材料的弹性模量、强度和塑性有哪些不同于粗晶材料的特点？

2. 纳米材料的密度、缺陷、材料的表面状态以及实验条件对弹性模量、强度和塑性有什么影响？

3. 试讨论纳米材料的变形机制。

4. 2-2 维和 0-3 维纳米复合材料的力学性能有什么特点？哪些因素对其力学性能有较强的影响？

5. Al 基纳米复合材料有哪几种主要的类型？其力学性能有什么特点？

6. 纳米晶和非晶两相 Al 合金为什么具有很高的强度？

7. 纳米材料能否在较低的应力和 $(0.2 \sim 0.3)T_m$ 较低的温度下产生晶界扩散蠕变？

8. 纳米材料能否在较低的温度和较高的应变速率下产生超塑性？

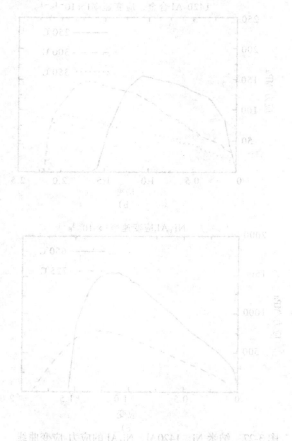

第四章　纳米材料的电学性能

第一节　纳米晶金属的电导

一、纳米晶金属电导的尺寸效应

在一般电场情况下，金属和半导体的导电均服从欧姆定律，稳定电流密度 j 与外加电场成正比：

$$j = \sigma E \tag{4-1}$$

式中，σ 为电导率，单位为 s/m，其倒数为电阻率 ρ。达到稳定电流密度的条件是电子在材料内部受到的阻力正好与电场力平衡。金属电导主要是费米面附近电子的贡献。

由固体物理可知，在完整晶体中，电子是在周期性势场中运动，电子的稳定状态是布洛赫波描述的状态，这时不存在产生阻力的微观结构。对于不完整晶体，晶体中的杂质、缺陷、晶面等结构上的不完整性以及晶体原子因热振动而偏离平衡位置都会导致电子偏离周期性势场。这种偏离使电子波受到散射，这就是经典理论中阻力的来源。这种阻力可用电阻率来表示：

$$\rho = \rho_L + \rho_r \tag{4-2}$$

式中，ρ_L 表示受晶格振动散射影响的电阻率，与温度相关。温度升高，晶格振动加大，对电子的散射增强，导致电阻升高，电阻的温度系数为正值。低温下热振动产生的电阻按 T^5 规律变化，温度越低，电阻越小。ρ_r 表示受杂质与缺陷影响的电阻率，与温度无关，它是温度趋近于绝对零度时的电阻值，称为剩余电阻。杂质、缺陷可以改变金属电阻的阻值，但不改变电阻的温度系数 $d\rho/dT$。对于粗晶金属，在杂质含量一定的条件下，由于晶界的体积分数很小，晶界对电子的散射是相对稳定的。因此，普通粗晶和微米晶金属的电导可以认为与晶粒的大小无关。

由于纳米晶材料中含有大量的晶界，且晶界的体积分数随晶粒尺寸的减小而大幅度上升，此时，纳米材料的界面效应对 ρ_r 的影响是不能忽略的。因此，纳米材料的电导具有尺寸效应，特别是晶粒小于某一临界尺寸时，量子限制将使电导量子化（Conductance Quantization）。因此纳米材料的电导将显示出许多不同于普通粗晶材料电导的性能，例如纳米晶金属块体材料的电导随着晶粒的减小而减小，电阻的温度系数亦随着晶粒的减小而减小，甚至出现负的电阻温度系数。金属纳米丝的电导被量子化，并随着纳米丝直径的减小出现电导台阶、非线性的 *I-V* 曲线及电导振荡等粗晶材料所不具有的电导特性。

二、纳米金属块体材料的电导

纳米金属块体材料的电导随着晶粒尺寸的减小而减小而且具有负的电阻温度系数，已被实验所证实。Gleiter 等人对纳米Pd 块体的比电阻的测量结果表明，纳米 Pd 块体的比电阻均高于普通晶粒 Pd 的电阻率，且晶粒越细，电阻率越高，如图 4-1 所示。由图还可看出，电阻率随温度的上升而增大。图 4-2 给出了纳米晶 Pd 块体的直流电阻温度系数与晶粒直径的关系。由图可知，随着晶粒尺寸的减小，电阻温度系

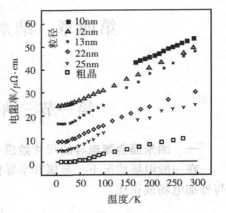

图 4-1 晶粒尺寸和温度对纳米
Pd 块体电阻率的影响

数显著下降，当晶粒尺寸小于某一临界值时，电阻温度系数就可能变为负值。我国的研究者研究了纳米晶 Ag 块体的组成粒度和晶粒度对电阻温度系数的影响。当 Ag 块体的组成粒度小于 18nm 时，在 50～250K 的温度范围内电阻温度系数就由正值变为负值，即电阻随温度的升高而降低，如图 4-3a、b 所示。图 4-3c 是粒度为 20nm 样品的测量值，与图 a、b 所给出的数据相比可知，当 Ag 粒度由 20nm 降为 11nm 时，样品的电阻发生了 1～3 个数量级的变化。这是由于在临界尺寸附近，Ag 费米面附近导电电子的能级发生了变化，电子能级由准连续变为离散，出现能级间隙，量子效应导致电阻急剧上升。根据久保理论可计算出 Ag 出现量子效应的临界尺寸为 20nm。如图 4-3a、b 中 Ag 样品的粒度均小于 20nm，

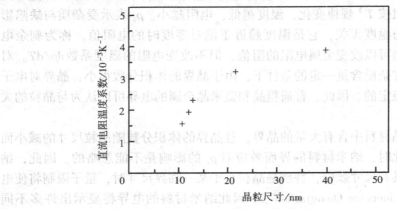

图 4-2 纳米晶 Pd 块体的直流
电阻温度系数与晶粒尺寸的关系

而晶粒小于11nm，因此出现量子效应，导致纳米晶块体 Ag 样品的电阻和电阻温度系数出现反常变化。

三、纳米金属丝的电导量子化及特征

1988 年发现了 GaAs/GaAlAs 异质结构二维电子气（2DEG）中窄收缩区电导量子化的现象，电导呈现台阶型的变化，台阶高度为电导量子 $G_0 = 2e^2/h = 7.75 \times 10^{-5} \Omega^{-1}$，相应的电阻量子 $R_0 = 12.9\text{k}\Omega$。1992 年，发现 Nb 和 Pt 纳米丝或纳米接触点同样具有电导台阶高度为 G_0 的量子化现象。随后发现多数金属在纳米或原子级的收缩区或接触点均具有电导量子化的现象，目前研究最多的是金纳米丝。电导量子 G_0 可由测不准原理求得。根据电导定义，$G = I/\Delta V$，ΔV 为电位差，电流 I 为单位时间 Δt 通过的电量 ΔQ。由于量子限制，对于一个单通道，$\Delta Q = e$，电化学位差 $\Delta E = e\Delta V$，由此可得出：

$$G = \frac{e^2}{\Delta E \Delta t} \qquad (4\text{-}3)$$

根据测不准原则，$\Delta E \Delta t \geqslant h$，$h$ 为普朗克常数，由此导致：

$$G \leqslant \frac{2e^2}{h} \qquad (4\text{-}4)$$

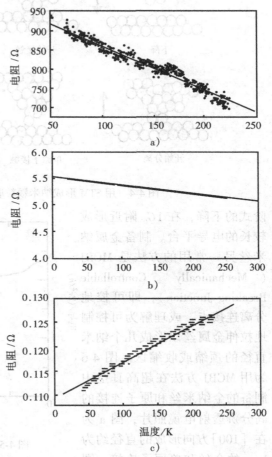

图 4-3　粒度对电阻的影响
a）粒度为 11nm　b）粒度为 18nm　c）粒度为 20nm

式中，因子 2 来自于电子的自旋。因此，每个通道的最大电导不能大于 $G_0 = 2e^2/h$。

利用 STM 可制备具有纳米丝或原子级接触的电极样品，图 4-4 为制备过程示意图。图中上部三个图表示 STM 针尖接近样品表面过程中形成纳米丝连接，下部三个图表明针尖分离时同样形成纳米丝和原子级的连接。在此过程中，相对应的电导变化如图 4-5 所示，图中向上箭头及灰色线 a 表明形成纳米接触时电导呈台阶式的上升，向下的箭头及黑线 b 表示形成的纳米丝连接分离时电导呈现台

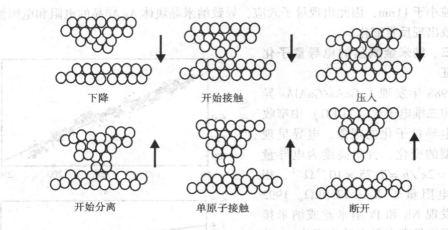

图 4-4　用 STM 形成纳米颗粒联接及分离过程示意图

阶式的下降，在 $1G_0$ 附近形成较长的电导平台。制备金属纳米丝另一常用的方法是 MCBJ（ Mechanically Controllable Breaking Junction），即可控地分离连接点，或理解为可控制地拉伸金属丝以形成几个纳米直径的颈缩或收缩区。图 4-6 为用 MCBJ 方法在超高真空中制备的金纳米丝和原子连接的高分辨透射电镜照片，图 a 为在 [100] 方向形成的直径约为 1nm 的金丝和单原子连接，图 b 为在 [111] 方向形成的只有

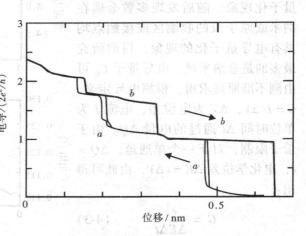

图 4-5　金纳米丝联接形成及分离过程中电导呈台阶式变化（$T \approx 4.2\mathrm{K}$）

一个金原子连接的双"金字塔"型收缩区，图 c 为在 [110] 方向形成的杆状连接。与这种结构相对应的电导如图 4-7 所示，图中电导台阶高度的分布为 500 条电导曲线的统计结果，插图表示样品断裂前的电导曲线，显示出最后一个电导台阶。图中的统计表明，大部分电导接近于 $1G_0$，少部分分布在 $(1.5 \sim 2)G_0$。

通常认为，对于单价金属，单个原子的连接或接触能使电导接近于 $1G_0$。由此推断，图 4-7 的电导接近 $1G_0$ 的金丝样品在断裂前均出现如图 4-6a、b 所示的金单原子连接的过程。在 [100] 方向，电导曲线的台阶高度为 $1G_0$，但在 [100] 方向只有 $1G_0$ 而没有 $2G_0$ 台阶。其原因是在 [100] 方向断裂前能形成金单原子的

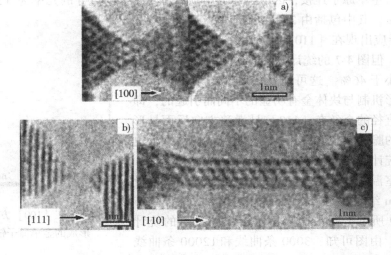

图4-6 用 MCBJ 方法制备的金纳米连接和原子连接的 HRTEM 照片

a) [100] 方向形成的直径约为1nm 的金丝和单原子连接

b) [111] 方向形成的只有一个金原子连接的双"金字塔"型收缩区

c) [110] 方向形成的杆状连接

"原子链"。在[100]方向形成的原子链，如图4-8 所示。金原子之间相距 0.35 ~ 0.40nm，远大于 0.288nm 左右的金原子之间的间距。分离一个金原子的作用力为 1.5 ± 0.2nN（纳牛顿）。因此，金原子链的突然断裂造成在[100]方向仅有 $1G_0$ 的电导平台，如图4-7 插图中的曲线 a 所示。在[111]方向，有文献报导亦能形成单原子链，但电导亦趋向于从 $3G_0$ 到 $2G_0$ 到 $1G_0$ 连续变化，如图4-7 插图中曲线 b 所示。

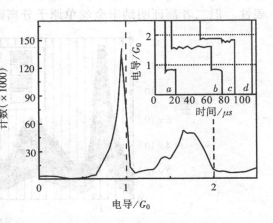

图4-7 金纳米丝 500 条曲线的台阶分布

在[110]方向，由于形成纳米杆状连接，变形时纳米杆在 3 ~ 4 个原子厚度的直径时会发生突然的脆性断裂，导致电导曲线没有 $1G_0$，而只有较高次的 $2G_0$ 平台，如图4-7 插图中曲线 c 所示。因此，金的电导与塑性变形机制相关。晶体学分析表明，塑性变形时金的滑移面为(111)面，滑移方向为[110]方向。在纳米金丝中，考虑[100]和[111]方向的滑移，则有三个[100]方向，4 个[111]方向和 6 个[110]滑移方向，即共有 13 个滑移方向。由于在[100]和[111]方向断裂前均能产生单原子连接，因此电导分布图中位于 $1G_0$ 的电导的几率为（3＋4）／ 13＝54%，其中包括由 $2G_0$ 到 $1G_0$ 的几率为 4/13。 $2G_0$ 电导应出现在［110］方向上，几率应为 6/13 ＝46%，但图4-7 的统计分布图表明分布在 $2G_0$ 的几率远小于 46%。这可能是由于几纳米尺度的金丝的变形机制与块体金有明显的不同而引起的，即几纳米直径的金丝在［110］易滑移方向反而易形成突然的脆性断裂。另外，用于统计的曲线太少也会影响统计的结果。

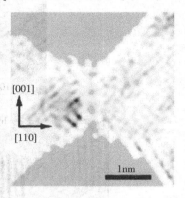

图4-8　在［100］方向上
形成的金单原子链

在室温下，用 STM 在高真空中或空气中测量的 Au-Au 纳米接触点分离过程中电导的统计分布如图4-9 所示，图中插图显示了不同数目的统计样本值。由图可知，3000 条曲线和 12000 条曲线的统计分布结果基本上没有差别，分布在 $1G_0$ 处的电导几乎是 $2G_0$ 处电导的 2 倍，且分布在 $3G_0$ 和 $4G_0$ 的电导亦占一定的比例。该结果与图4-7 相比，相同之处是 $1G_0$ 的峰值都很高，占主导地位，不同之处是图4-9 中出现较显著的 $2G_0$、$3G_0$ 和 $4G_0$ 峰。由于图4-9 的统计样本多，故可认为该图可能有一定代表性。但二者都证明纳米金丝单原子分离而断裂的几率很大。

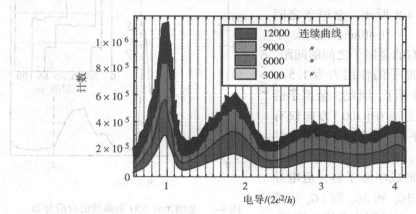

图4-9　在室温下和空气中 Au-Au 纳米接触点
电导分布（直流电压为 90.4mV）

在室温下和高真空中，用 STM 的针尖压入干净的金表面，测量电导的分布结果如图4-10 所示，图中 X5 表示放大了 5 倍的分布曲线。由图可知，电导峰都比较精确地分布在 $1G_0$、$2G_0$ 和 $3G_0$ 的位置，且分布在 $1G_0$ 的电导几率占绝大部分。该实验表明，实验方法的不同，统计结果的分布位置和分布几率，即峰的高度有明显的不同。除此之外，其它因素影响较小。例如，无论是在超高真空还是在空气中，电导分布统计结果的重复性都很好，数量上也无差别。这是由于金的化学稳定性极高，且污染很容易去除的缘故。在液氮温度（4.2K）和室温的范围，统计分布亦基本相同，但第一峰的高度在低温下稍高。分离速度在 30 ~ 4000nm/s 之间对实验结果亦无影响，但有报导认为在特别低的分离速度和室温下，由于金原子沿表面扩散导致直径增加，因而引起电导分布发生某些变化，如高电导峰值变得比较显著。

Cu 和 Ag 纳米丝电导分布图与金的电导分布图相似，在高真空和室温下，Ag 除了有一个略低于 $1G_0$ 的主峰外，在 $2.4G_0$ 处还有一较强的峰和在略高于 $4G_0$ 处有一较宽的峰。用 HR-TEM 照片可以看出 $2.4G_0$ 峰来源于稳定 Ag 纳米线的 ［110］ 方向。20 条曲线的统计分布表明，Cu 只有两个尖锐的位于 $1G_0$ 和 $2G_0$ 的两个峰，位于 $1G_0$ 的主峰占统治地位。污染对 Cu 电导分布的影响很大，有机物的污染可使 Cu 的电导在 $0.5G_0$ 和 $1.5G_0$

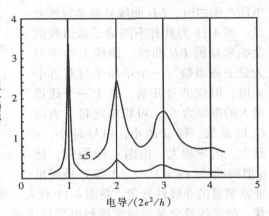

图 4-10　在超高真空中用 STM 针尖压入干净金表面所测得的电导台阶分布

出现附加的峰值。非铁磁性的过渡族贵金属如 Rh、Pd、Ir 和 Pt 低温下的电导分布图仅有一个单峰，分布在 $1.5 ~ 2.5G_0$，但在室温下，Pt 在接近 $1G_0$ 处出现了第一峰。近期的研究表明，该峰的出现与氢的污染有关。Nb 在低温下呈现两个峰，第一个峰的位置远低于 $1G_0$，第二峰较宽，分布在 $2.3 ~ 2.5G_0$。

铁磁性过渡族金属的量子化电导则受到电子自旋被极化的影响。例如 Ni 在无外加磁场时，$G_0 = 2e^2/h$。当外加磁场超过 Ni 的饱和磁场时，电导量子单位便由 $2e^2/h$ 变为 e^2/h，这是由自旋衰减或被极化的结果。此外，外加电压对电导也具有重要的影响，例如，用 0.1mm 的 Ni 丝接触镀在玻璃上的 Ni 膜形成电接触，外加电压为 60 ~ 320mV，控制 Ni 丝分离 Ni 膜的速度以在接触点处形成纳米 Ni 丝，当电压超过 240mV 时，电导平台出现非 e^2/h 整数倍的变化，电导台阶高度或电导量子为 $0.7\ e^2/h$ 和 $1.4\ e^2/h$，这表明量子化后的电导已不是 e^2/h 的整数倍。然而，也有报道采用继电器式的分离实验方法可使 Fe 在 $1G_0$、$2G_0$ 和 $3G_0$ 处得到尖锐的峰线。与金相比，其他金属纳米丝的量子化电导现象研究很少，有些实验结果也不一致。大多数金属的接触点在分离前最后一个电导的台阶在 G_0 附近，但目前尚不清楚在什么条件下能使量子化的电导为 G_0 的整数倍或半整数倍，

即 $G = nG_0$ 或 $G = 0.5nG_0$（n 为整数）。一种可能的解释是，这些金属不能形成像金一样在收缩至最后一个原子时被分离。

当在电接触处形成直径为几个纳米的金属丝能稳定相当的时间时，就可以测定该纳米丝的 I-U 曲线。许多研究者发现，室温下金在 $0.1 \sim 1V$ 的电压范围内时，I-U 曲线具有非线性分量。图 4-11 为具有不同量子通道数的金纳米丝的 I-U 曲线，曲线上数字即为量子通道数。一个单原子可有五个通道，但仅部分开通。由于一个通道最大的电导为 G_0，可粗略地将 n 看成 G_0 的系数，即 n 越小，电导越小，n 越大，电导越大。由图 4-11 可知，低 n 值的曲线（$n = 1$、2、3 等）呈现出

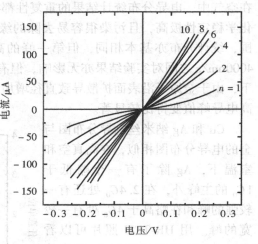

图 4-11 具有不同量子通道的金纳米丝的 I-U 曲线

非常明显的非线性分量。将图 4-11 放大，可发现 $n = 6$ 时也具有明显的非线性分量，故非线性分量与纳米接触电导值无关。此时电流具有立方项，即 $I = g_0 U + g_3 U_3$，g_0、g_3 分别为电流的线性和非线性系数，其中 $g_3 > 0$，即电压越高，非线性越显著。

然而，精确的研究发现，洁净的 Au 样品在超高真空中和室温下，当电压在 $0.5V$ 以内时，I-U 曲线几乎是线性关系，只有当样品表面被污染时才出现非线性关系。同时，实验中观察到洁净的金样品在 ms 级时间内就自动地变化为不稳定，而被污染的样品能稳定长达数小时并能保持电导为 $1G_0$。被污染的样品可能因吸附形成隧穿的势垒，电子隧穿该势垒就可引起 I-U 曲线弯曲而造成非线性分量。同时，理论计算亦表明当样品中含有 S 杂质时，电流的非线性系数 g_3 显著增加。因此，可以认为杂质元素或样品被污染导致了 I-U 曲线具有非线性分量。在实际条件下要维持样品不受污染几乎是不可能的，因此，I-U 曲线具有非线性分量是不可避免的。

四、电导波动及巨电导振荡

在介观体系中可观察到金属导体的电导波动。凡是出现量子相干的体系可统称为量子体系。介观范围由 $L < L_\varphi$ 来确定，其中 L 为样品的尺寸，L_φ 为相相干长度。

外部环境的改变能强烈的改变直径为几个 nm 金丝的电导，引起电导的激烈振荡。例如，在超高真空和室温下，当电导稳定在 $G = 3G_0$ 时，关门的声音能使

电导突降至 $1G_0$，而实验时接近超高真空室的振动能使电导从 $22G_0$ 降至 $6G_0$。如果用脉冲激光照射微米或毫米丝，电导几乎没有变化。但用脉冲激光照射如图 4-12 所示的金丝的纳米窄收缩处时，因热效应使收缩处直径发生变化从而可引起电导的强烈振荡，如图 4-13 所示。图中实线表示电导的变化曲线，方框虚线表示脉冲激光的照射时间和间隙，激光的波长及输出能量已注明在图中。

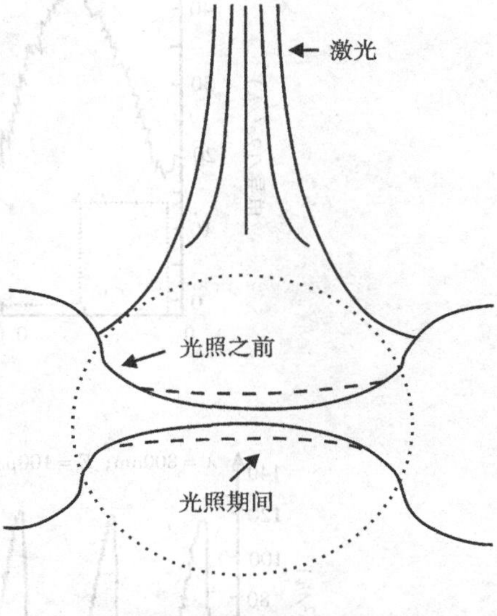

由图 4-13 可知，在脉冲激光照射下，金纳米丝出现了巨电导振荡或巨电导效应。图中电导由初始值上升至最高值再回到初始值的时间为电导的振荡周期，激光熄灭后电导从最高值衰减到初始值的时间称为弛豫时间。弛豫时间越短，电导对脉冲激光的响应越快，振幅越大，巨电导效应越明显。

金纳米丝巨电导的振幅和弛豫时间取决于初始电导和激光的脉冲时间及输出的

图 4-12　金丝纳米收缩区的原始尺寸及受脉冲激光照射时收缩区直径的变化

能量。较低的初始电导能产生较大的振幅，初始电导大于 $200G_0$，则电导振幅很小。能量适中持续时间约为 2ms 的近线性脉冲能产生最大的电导振幅，同时弛豫时间亦短，如图 4-13c 所示，电导变化可达 $80G_0$，弛豫时间与激光脉冲时间同步。持续时间大于 20ms 的脉冲不仅不能使振幅增大，反而会使弛豫时间增长。

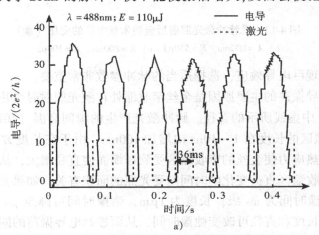

图 4-13　受脉冲激光照射后金纳米丝电导的变化

a）激光波长 $\lambda = 488\text{nm}$，能量 $E = 110\mu\text{J}$

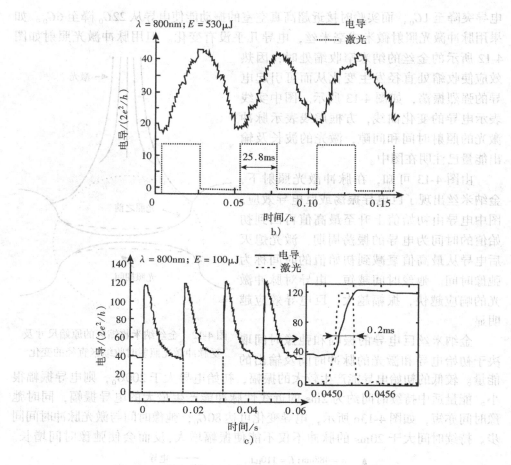

图 4-13 受脉冲激光照射后金纳米丝电导的变化（续）

b）$\lambda = 800nm$，$E = 530\mu J$ c）$\lambda = 800nm$，$E = 100\mu J$

因此，为了实现巨电导效应，选择适当的脉冲参数非常重要。

产生巨电导振荡的主要原因是金丝窄收缩处在激光照射时受热膨胀，直径增大，如图 4-12 中虚线所示的直径。脉冲激光产生的瞬间高温（10kK）可使长度为 1mm 的光照区的长度在 1 ~ 10ns 内增加 100nm。由于在长度方向上的热膨胀受到约束，故热应力使金丝的窄收缩区受到压缩而使直径增大，从而导致电导的急剧升高。窄收缩区直径变化的时间与受光照的面积有关，如果光照区的长度为 1mm，直径弛豫时间为 ms 级；长度为 $1\mu m$，弛豫时间可降至 μs 级。因此，调节窄收缩区的长度和直径可改变弛豫时间，从而控制电导振荡的固有频率和初始电导值。纳米尺寸金属材料的这种光-电耦合现象，可用于设计和制造能在室温下工作的由巨电导效应控制的纳米光-电晶体管。

第二节 单电子效应及其应用

一、单电子效应的基础知识

在低维纳米固体结构中，通过改变电压的方式能操纵电子一个一个地运动，这就是单电子效应或单电子现象。

单电子效应的主要研究对象是超小隧道结。隧道结是由两个金属电极及夹在其间的绝缘介质构成。与通常的电容相比，隧道结中的绝缘介质足够的薄，同时起着势垒的作用。由于电子具有量子属性，所以它能以一定的概率隧穿通过势垒，这一现象称为量子隧穿。若 C 为隧道结的电容，那么一个电子在隧穿前后引起隧道结的静电能的变化与一个电子的库仑能大体相当，即 $E_c = e^2/(2C)$。如果隧道结面的面积为 $0.0001\,\mu m^2$，绝缘层厚度为 $1nm$，那么将 E_c 拆算成温度，大约为 $100K$。

在一隧道结两端加上一恒流电源，构成如图 4-14 所示的电路，图中构成隧道结的两电极分别为电容的两极。假设开始时两极板上的电荷分别为 Q 和 $-Q$，电子隧穿前，电容器的静电能为 $Q^2/(2C)$，一个电子隧穿后，静电能变为 $(Q-e)^2/(2C)$。根据热力学第二定律，隧穿必须朝着使体系能量降低的方向进行。因此，只有当体系的自由能变化 $\Delta E = (Q-e)^2/(2C) - Q^2/(2C) < 0$ 时隧穿才能发生。由此可得出隧穿的条件为 $|Q| > e/2$。当 $|Q| < e/2$ 时，$\Delta E > 0$，静电场封锁了电子通道，隧穿过程不能发生，这就是库仑阻塞效应。当恒流源对电容开始充电，使电极板的电量由零开始递增，当电量达 $e/2$ 时，便有一个电子从负极隧穿至正极。图 4-14 表明了单个电子隧穿前后两个电极上电荷量的变化。隧穿使极板电压跃变 e/C，以致原正极的电位从 $e/(2C)$ 降至 $-e/(2C)$，从而阻止了下一个电子的隧穿。但随着电流源对电容器充电的继续，正极的电荷再次增至 $e/2$，于是第二次发生隧穿，重复图 4-14 的过程。如此循环往复，形成电荷或电导和电压或栅极电压的周期振荡，即单电子隧穿振荡，或称为库仑振荡（Coulomb Oscillation），振荡频率 $f = I/e$。图 4-15 示意地表示出单隧道结电压随时间的

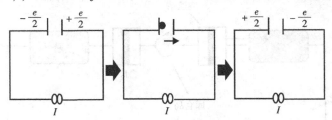

图 4-14 理想恒流源驱动的单隧道结
在电子隧穿时两极板电荷的变化

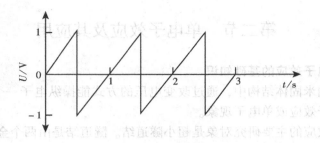

图 4-15　理想恒流源驱动的单隧道结电压随时间的振荡

振荡现象，图中 $U = e/(2C)$，时间 $t = e/I$。

如果将图 4-14 中的理想恒流源换上理想恒压源，当 $|U| < e/(2C)$，即 $|Q| < e/2$ 时，因隧穿过程不能发生，则没有电流通过，当 $|U| > e/(2C)$ 时，因电子隧穿则产生电流，电流与电压的变化呈线性关系。这样，在 $I\text{-}U$ 曲线上在 $-e/(2C)$ 至 $e/(2C)$ 段将出现电流平台，称为库仑台阶，如图 4-16 所示。在宏观体系中，因 $e^2/(2C)$ 值极小，通常很难在 $I\text{-}U$ 曲线中观察到库仑台阶。

两个隧道结 J_1 和 J_2 串联在一起，其中心电极就组成一个孤立的库仑岛，J_1 和 J_2 中的绝缘介质分别构成隔离库仑岛的势垒。在串联结上加上一个理想的恒压源，构成如图 4-17 所示的结构。假设在该结构上的电压 $U = U_1 + U_2$，U_1 和 U_2 分别为 J_1 和 J_2 上的电压。电子从 J_1 结开始隧穿，那么加在入射势垒两端的势能差为 eU_1。电子隧穿到库仑岛上，则系统的库仑能将增加 $\Delta E = e^2/[2(C_1 + C_2)]$，$C_1$ 和 C_2 分别为 J_1 和 J_2 的电容。只有当 $eU_1 > \Delta E$ 时，库仑阻塞

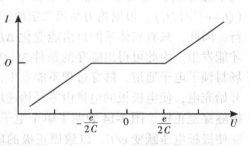

图 4-16　理想恒压源驱动的
单隧道结的 $I\text{-}U$ 曲线

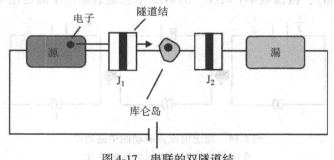

图 4-17　串联的双隧道结

被克服，电子才能隧穿。每当入射势垒的势能变化 eU_1 为 ΔE 的整数倍时，进入岛中的电子数就增加一个，同时电流亦发生一次跃变。这样，在 eU_1 的能量范围内，包含在岛上电子态的数目将随外加电压的增大呈量子化的增加，在 I-U 曲线上表现为台阶形的曲线（Coulomb Staircase），如图 4-18 所示。台阶的个数表示岛上积蓄的电子数目。台阶形 I-U 曲线产生的条件是 $R_2C_2 \gg R_1C_1$，R_1 和 R_2 分别为 J_1 和 J_2 的电阻，即双结不对称。台阶的高度为 e/τ，τ 为单个电子隧穿入射垒所需的平均时间。在 J_1 和 J_2

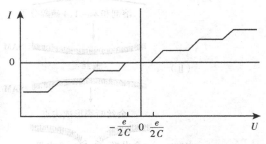

图 4-18　恒压源驱动的串联
双结 I-U 曲线上的库仑台阶

串联组成的库仑岛上加一个栅电极，在控制栅极上外加 U_c 的电压，通过电容 C 的静电耦合可以连续改变库仑岛的静电势，亦可以周期性的满足发生隧穿事件的条件。

二、单电子现象的实验观察

实验中观察单电子现象，首先要保证隧道结的静电势远大于环境温度引起的涨落能，即 $e^2/(2C) \gg k_BT$，否则单电子现象将被热起伏所淹没。因此，室温下观察单电子隧穿要求库仑岛的尺寸小至几个纳米的数量级。其次，隧道结的电阻 R 必须远大于电阻量子 $R_K = \hbar/e^2 \approx 25.8\text{k}\Omega$。该条件的物理意义可理解为：当在一个隧道结两端施以偏压 U 时，电子的隧穿几率 $\Gamma = U/(eR)$，那么两次隧穿事件的时间间隔为 $1/\Gamma = eR/U$。而由测不准原则所决定的一次隧穿事件的周期为 $h/(eu)$，因此，必须满足 $eR/U \gg h/eu$，即 $R \gg h/e^2$。这意味着两次隧穿事件不重叠发生，从而保证电子一个一个地隧穿。

利用在机械变形时实行的化学自组装，可使由金丝组成的电极由一个苯-1、4-硫醇分子相连接的单隧道结，其形成过程如图 4-19a 所示。在金丝两端加上电压，可在室温下实现单电子隧穿。图 4-19b 为 Read 等人于 1997 年在室温下测得的 I-U 曲线，曲线上出现宽度为 0.7V 的库仑平台；而在电导-电压曲线上则出现 0.7V 的库仑间隙。若将 6nm 的 CdSe 粒子放置于两电极之间，当电压超过充电能时亦能在 I-U 曲线上观察到库仑台阶。

观察单电子现象的著名实验是电子通道试验。1989 年，Scott 等人在 Si 反型层上用窄缝电极做成一个宽为 30nm，长为 1 ~ 10μm 的窄电子通道，在 0.4K 温度下，发现通道的电导随电极的电压变化作周期性的振荡，且振荡周期与通道长度之间无关系。他们认为是通道内由杂质原子或人造的势垒内包含了整数个电子，而电导的振荡是由电子逐个进入该势垒区而形成的。1991

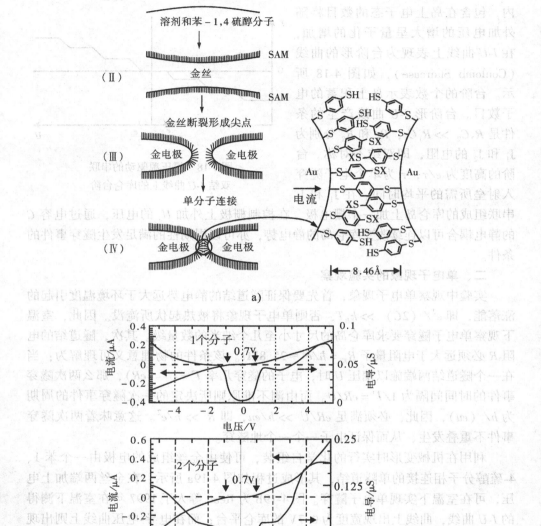

图 4-19　金电极的纳米有机结构

a）单有机分子连接金电极的形成过程

b）室温下在 *I-U* 曲线上的库仑平台

年，Kouwenhoven 等人利用图 4-20 所示的通道结构研究单电子现象。在图 4-20 的结构中，由于加在栅极 F、C 和 1、2 等上面的负偏压，在电极下面的电子被耗尽，于是电极 F 与 1、C、2 之间形成一个窄的电子通道，1-F 和 2-F 是电子势垒，电子被约束在 F、C、1、2 所包围的区域内。由于 1-F 和 2-F 之间的缝隙构成了控制电子进出的隧穿势垒，通常称它们为量子点接触（Quantum Point Contact）。所测得的通道电导随栅极电压 U_c 的变化如图 4-21 所示，电导振荡的周期是 $\Delta U_c =$ 8.3mV。在 I-U 曲线上，随着 U 的增加，I 呈台阶式增加，每个台阶对应增加一个电子输运，台阶之间的间隔为

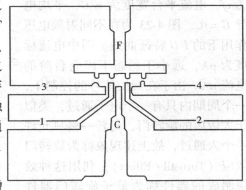

图 4-20　通道结构中的栅极排列
（F 与 C 之间距离为 1μm）

$\Delta U = e/C$，如图 4-22 所示，图中不同的曲线对应不同的 C 极电压，为了清楚起见，各曲线之间错开了一段距离。由图可得出 $\Delta U \approx 0.67\text{mV}$，$\Delta I \approx 0.2\text{nA}$，由 $\Delta U = e/C$ 估计出总电容 $C = 2.4 \times 10^{-16}\text{F}$，由 $\Delta I = eG/C$ 估计出隧穿电导 $G \approx (4\text{M}\Omega)^{-1}$ 和隧穿时间 $C/G \approx 10^{-9}\text{s}$。

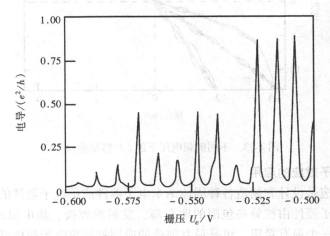

图 4-21　电导随中心栅极电压 U_c 的变化——库仑振荡

如果在图 4-20 所示的电极 1、2 上分别外加相位差为 180 度、频率为 f 的交流调制信号来控制量子接触点 1、2 的势垒高度，可在调制信号的控制下一个周期内只有单个电子流过量子点。若调制信号的频率为 f，通过量子点的电流严格等于 ef，增加量子接触点 1、2 之间的偏压使其间包含 n 个充电态或电荷态，则

随着量子点偏压的增高，I-U 曲线上将出现一系列的库仑台阶，台阶高度为 ef，电流平台宽度为 e/C，平均电导 $G=fC$。图 4-23 为在不同射频电压作用下的 I-U 特征曲线。图中电流标度为 pA，远小于稳态下库仑台阶的电流 nA。由于在调控信号的控制下，一个周期内只有一个电子通过，类似于大饭店的旋转门，每转一格只允许一个人通过，故上述现象称为旋转门效应（Turnstile Effect），利用这种效应制成的器件称为量子旋转门器件（QDTS）。

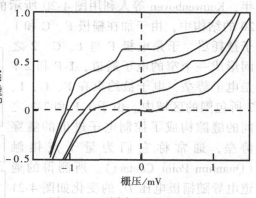

图 4-22　不同中心栅压下的
I-U 特征曲线——库仑台阶

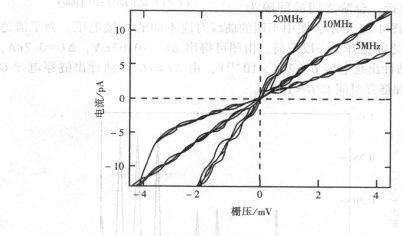

图 4-23　不同射频电压下的 I-U 特征曲线

三、单电子效应的应用

单电子效应是设计和制造各种固体纳米电子器件或单电子器件的基础。完整的固体纳米电子器件由被势垒包围的库仑岛、发射或源极、集电极或漏极组成。单电子效应的一个最有希望，也是最有前途的应用就是单电子晶体管、其振隧穿晶体管和量子点器件。

库仑岛可由金属或半导体材料组成。根据岛的大小和形状的不同，可构成三种不同的单电子器件：单电子晶体管（SET）、量子点器件（QD）以及共振隧穿二极管和三极管（RTD，RTT）。它们之间的差别是库仑岛或势阱的电子能态和充电能 u 的不同。表 4-1 给出了这三种固体纳米电子器件的区别。图 4-24 为单电子晶体管的结构示意图，图中库仑岛虽为纳米数量级，但在三维方向均未量子化，故电子能级间隙能量 $\Delta \varepsilon$ 较小，要使一个电子进入库仑岛，必须克服岛内所有电子对该电子的排斥能量 u，u 亦称为充电能。u 与岛的三维尺寸有关，岛的体积越小，岛内电子的互相作用越强，u 就越大；反之，则 u 小。对于 SET，因其尺寸小于常规器件，u 较大，但岛内电子的分离能隙 $\Delta \varepsilon$ 很小，服从 $u \gg \Delta \varepsilon$ 关系，器件的工作原理为库仑阻塞效应，I-U 曲线为平滑的大台阶。假设图 4-24 中所示的单电子晶体管的库仑岛的半径为 $R = 300$nm 的圆盘，则它的自由电容 $C_0 = 8 \varepsilon_r \varepsilon_0 R = 2.8 \times 10^{-16}$F。若圆盘的材料为 GaAs，$\varepsilon_r = 13$，则岛上增加一个电子的化学势差或静电能 $\Delta E_c = e^2 / C_0 = 0.6$meV，相当于热运动温度 $T \approx 7K$。而二维电子气的密度 $n = 1.9 \times 10^{15}/$m^2，因此，在该岛中的平均电子数 $N = 500$，费密能量 $E_F = \hbar^2 (2 \pi n)/(2m^*) = 6.8$mV，$m^*$ 为有效质量。对于 GaAs，$m^* = 0.067 m_0$（m_0 为电子的静态质量），得出能级间距 $E_{N+1} - E_N = 2E_F/N = 0.025$meV，远小于静电能。对于量子点器件，量子点在三个方向尺寸都仅为几个纳米，服从 $u \approx \Delta \varepsilon$ 关系，表现出大台阶套小台阶的 I-U 曲线。对于共振隧穿三级管，由于库仑岛是由窄（5～10nm）而长的量子线组成，满足 $\Delta \varepsilon \gg u$ 的关系。

表 4-1　三种固体纳米电子器件的区别

名称	量子化维数	器件工作原理	u 与 $\Delta \varepsilon$ 的关系	I-U 特性
RTD，RTT	一维或二维量子化	量子共振隧穿效应	$\Delta \varepsilon \gg u$	
SET	三维皆纳米量级，但皆未量子化	库仑阻塞效应	$u \gg \Delta \varepsilon$	
QD	三维都量子化，岛由量子点组成	量子化效应	$u \approx \Delta \varepsilon$	

　　共振隧穿二极管和晶体管的工作原理如图 4-25 所示。库仑岛由长而窄（5～10nm）的窄禁带半导体 GaAs 或 InGaAs 量子线组成。势垒区由宽禁带半导体 AlAs 或 AlGaAs 组成。由于量子阱只有 5～10nm 宽，故只含有一个共振能级。当

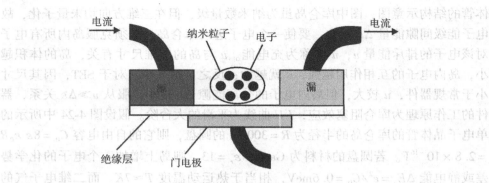

图 4-24 单电子晶体管示意图

所加电压不足时（*A* 点），发射区或源区的电子能级低于势阱的共振能级，此时无电流通过。随着所加电压的升高，发射区电子的能级与共振能级持平，因此电子能从发射区隧穿至收集区或漏区，因此电流升高至峰值 *B*。随着电压的进一步升高，发射区电子的能级高于共振能级，电子不能再隧穿，于是电流降至谷点 *C*。由 *B* 到 *C* 出现负阻效应。若电压再升高，发射区的电子则能越过势垒而流入漏区，因而电流再次上升。降低电压，又可使发射区的电子回到 *A* 点的水平。如此循环，则在 *I-U* 曲线上出现快速的振荡，且电流的峰值和谷值水平可通过能带工程加以控制。共振隧穿晶体管的这种快速振荡 *I-U* 曲线不同于单电子晶体管的 *I-U* 特征曲线，而类似于图 4-21 所示的电导与栅压曲线上出现的库仑振荡。

　　RTD 和 RTT 具有以下特点：

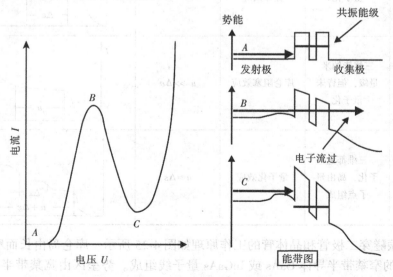

图 4-25 共振隧穿示意图

（1）高频高速工作　由于隧穿是载流子输运的最快机制之一，而且 RTD 活性尺度极小，决定了 RTD 具有非常快的工作速度和非常高的工作频率。理论预计 RTD 的峰谷间的转换频率 f 可达到 1.5~2.5THz，实际 RTD 的 f_{max} 已达到 650GHz，最短的开关时间为 1.5ps。

（2）低工作电压和低功耗　典型 RTD 的工作电压为 0.2~0.5V，一般工作电流为 mA 数量级，如果在材料生长中加入预势垒层，电流为 μA 数量级，可实现低功耗应用。用 RTD 做成的 SRAM 的功耗为 50nW/单元。

（3）负阻　这是 RTD 和 RTT 的基本特点。

目前，单电子器件应用的一个最大困难是工作温度低，为了克服这一困难，需要减小库仑岛的尺寸，减少其中所容纳的电子数。如果能将容纳的电子数由目前的 500 个减少到几十个，将大大提高工作温度，这就要求精细加工技术的进一步改进。可以相信，随着纳米材料和技术的发展，单电子器件的实用化已为期不远。

第三节　纳米材料的介电性能

一、介电常数和介电损耗

介电材料或电介质是以电极化为基本电学性能的材料。所谓电极化，是指材料中的原子或离子的正、负电荷中心在电场作用下相对移动（产生电位移），从而导致电矩（电偶极矩）的现象。产生电极化的主要机理有：

1）电子位移极化：在外电场作用下原子的电子云和原子核发生相对位移。

2）粒子位移极化：在外电场作用下正、负离子间发生相对位移。

3）取向极化：某些物质的分子在无外电场作用时本身正、负电荷中心就不重合，存在固有的电偶极矩。但由于热运动，分子的电偶极矩取向随机分布，总电矩为零。在外电场作用下，电偶极矩部分地转向电场方向做取向排列。

4）自发极化：在 32 个点群的晶体中，有 20 个点群不具有中心对称，可因弹性变形极化而具有压电特性。这 20 个点群中又有 10 个点群具有唯一的极轴（自发极化轴）可出现自发极化。通常自发极化可因温度的变化而变化，被称为热释电性。在具有热释电性晶体中又有一部分晶体的自发极化方向可在外电场下改变方向，这些晶体被称为铁电体。显然，铁电体同时具有热释电性、压电性和介电性；反之，则不一定成立。

在静电场中，电位移 $D = \varepsilon_0 \varepsilon E$，其中 ε_0、ε 分别为真空和介质的相对介电常数，E 为电场。若介质在静电场中没有电导，则没有介电损耗。在交变电场中，电极化随着电场的变化而改变。当电场变化相对较快时，电极化就会追随不上电场变化而滞后，从而在电场与电极化间产生相位差 δ。实际上介质中的多种极化都是一个弛豫过程，从初态到末态都要经过一定的弛豫时间。介质的这种弛豫，在交变电场中会引起介质损耗，亦称介电损耗。介电损耗用相位差的正切值来表示，即介电损耗等于 $\tan\delta$。

在动态电场中，电位移 $D = \varepsilon^* E$，其中 E 为动态电场；ε^* 为动态介电常数，是与电场的角频率 ω 有关的复数，即

$$\varepsilon^*(\omega) = \varepsilon'(\omega) + i\varepsilon''(\omega) \tag{4-5}$$

若介质在静电场中无损耗（无电导），则当 $\omega \to 0$ 时，式（4-5）中的第二项趋近于零，动态介电常数就趋近于静态介电常数。在交变电场中，介电损耗因子为：

$$\tan\delta = \varepsilon''/\varepsilon' \tag{4-6}$$

介质的损耗与极化的弛豫过程有关。例如电矩转向极化中必须克服势垒，弛豫将导致损耗，离子从一个平衡状态依赖热起伏过渡到另一个平衡态，与非线性振动有关，也将导致损耗。介电常数和介电损耗是表征介电性能的两个重要参数。它们的频率和温度变化通常用频率谱和温度谱来表示。

纳米介电材料具有尺寸效应和界面效应，这将较强烈地影响其介电性能。这些影响主要表现在：

1）空间电荷引起的界面极化。由于纳米材料具有大体积分数的界面，在外电场的作用下在界面两侧可产生较强的由空间电荷引起的界面极化或空间电荷极化。

2）介电常数或介电损耗具有较强的尺寸效应。例如在铁电体中具有电畴，即自发极化取向一致的区域。电畴结构将直接影响铁电体的压电和介电特性。随着尺寸的减小，铁电体单畴将发生由尺寸驱动的铁电-顺电相变，使自发极化减弱，居里点降低，这都将影响取向极化及介电性能。

3）纳米介电材料的交流电导常远大于常规电介质的电导。例如纳米 $\alpha\text{-}Fe_2O_3$、$\gamma\text{-}Fe_2O_3$ 固体的电导就比常规材料的电导大 3~4 个数量级；纳米氮化硅随尺寸的减小也具有明显的交流电导。纳米介电材料电导的升高将导致介电损耗的增大。

因此，纳米介电材料将表现出许多不同于常规电介质的介电特性。

二、纳米 BaTiO₃ 基材料的介电性能

$BaTiO_3$ 是一种典型的强介电材料，被誉为电子工业的支柱，广泛用于制造陶瓷电容器、电子滤波器等电子元器件。$BaTiO_3$ 为钙钛矿型结构（ABO_3），由一系列共顶角的氧八面体组成，氧八面体中心是高价小半径的 B 位离子（钛离子），而在八面体间则为大半径、低价、配位数为 12 的 A 位离子（钡离子）。钙钛矿结构的一个重要特点是 A 位和 B 位离子可用电价和半径不同的离子在相当宽的范围内单独或复合取代，如用 Sn、Zr、Nb、Ta、W 等离子取代 Ti 离子，用 Ca、Sr、Pb 等离子取代 Ba 离子，从而可在很大的范围内调节 $BaTiO_3$ 的介电性能。

$BaTiO_3$ 在高于 120℃（393K）时属于立方晶系，为非极性结构的顺电相。当温度降至 120℃时发生顺电-铁电相变，由立方晶变为四方晶，$c/a = 0.1$，具有沿 c 轴发生自发极化的强铁电性。此时，用很小的外加电场力在单晶的 a 轴方向

所测到的相对介电常数可达 6000，而在 c 轴上的介电常数仅为数百。这表明在外加电场作用下，离子易沿垂直于易极化轴的方向发生移动。当温度降至 $(0 \pm 5)℃$ 和 $(-80 \pm 8)℃$ 时，还要发生两次相变，分别由四方晶系转变为正交晶系，再由正交晶系转变为六角晶系。图 4-26 为 $BaTiO_3$ 单晶的相对介电常数与温度的关系，表明在相变点介电常数具有峰值。在 $0℃$ 和 $-8℃$ 时，因相变热滞作用使升温和降温时曲线不重合。由于正方结构在 $0 \sim 120℃$ 的范围具有最高

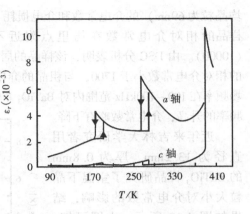

图 4-26 $BaTiO_3$ 单晶的介电常数与温度的关系

的介电常数，而大多数电子元件的使用温度均在室温附近，因此，$BaTiO_3$ 在此温度范围的介电常数显得非常重要。

在居里点 $T_c = 120℃$ 时，多晶 $BaTiO_3$ 相对介电常数的峰值可达 $6000 \sim 10000$，而在室温范围内细晶（$1\mu m$）的相对介电常数为 4000，粗晶的仅为 $1500 \sim 2000$。这表明 $BaTiO_3$ 的介电常数具有很强的尺寸效应和温度效应。因此，进一步细化晶粒至纳米范围能否进一步提高 $BaTiO_3$ 的介电常数成为人们所关注的问题之一。

此外，由于纳米晶 $BaTiO_3$ 在晶粒小于某一临界尺寸时，在室温就能发生四方相-立方相的相变。因此，利用纳米 $BaTiO_3$ 尺寸效应使居里点由 $120℃$ 降至室温附近时，可望大幅度提高 $BaTiO_3$ 的介电常数。有理论计算表明，$BaTiO_3$ 铁电体临界尺寸为 $44nm$，单畴临界尺寸为 $100nm$。所谓单畴，是指极化一致的区域。另有研究表明，当 $BaTiO_3$ 粉末尺寸大于 $30nm$ 时，其立方结构将转变为四方结构，而在 $40 \sim 80nm$ 时具有单畴铁电结构。因此，晶粒在 $30 \sim 80nm$ 的 $BaTiO_3$ 应具有很高的介电常数。然而，有关纳米 $BaTiO_3$ 的介电性能的实验很少，结果也往往互相矛盾。

图 4-27 为直径为 10mm，厚为 2mm 的 $BaTiO_3$ 样品（$1250℃$ 烧结，平

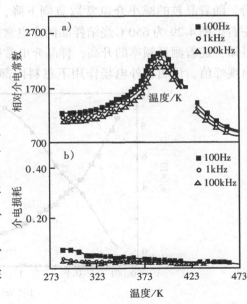

图 4-27   晶粒为 $69nm$ 的 $BaTiO_3$ 介电常数
a）和介电损耗 b）与电场频率及温度的关系

均晶粒为69nm）的介电常数和介电损耗与电场频率和温度的关系。由图可知，该样品的相对介电常数在居里点附近不到2700，远低于粗晶 BaTiO₃ 的峰值（10000）。由 DSC 分析表明，该样品的居里点仍在120℃附近。在室温附近，样品的相对介电常数小于1700，与粗晶的介电常数基本上无区别。图4-27 还表明，电场频率在100～100kHz 范围内对 BaTiO₃ 的介电常数和介电损耗无明显的影响，随着频率的升高，介电常数略有下降。

近年来吉林大学研究者用直径为13.2mm、厚为0.8mm 的 BaTiO₃ 样品研究了室温下晶粒大小对介电常数的影响，结果如图4-28 所示。由图可知，在12Hz 的条件下，当晶粒从约95nm 降至50nm 时，BaTiO₃ 的相对介电常数从约1000 升至2000 左右，晶粒降至小于50nm 以后，介电常数急剧上升，在晶粒尺寸约为26nm 时，介电常数达到8000 以上的峰值；然

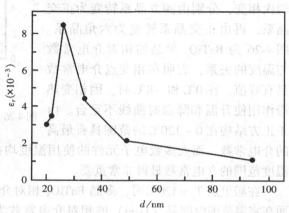

图4-28　12Hz 条件下纳米 BaTiO₃ 的室温介电常数与平均晶粒的关系

后，随着晶粒的减小介电常数急剧下降，晶粒降至20nm 时介电常数降至3000左右。图4-29 为650℃烧结样品的介电常数，介电损耗随频率对数的变化。由图可知，随着测量频率的升高，样品介电常数的实部逐渐降低，介电损耗的频率谱出现峰值，说明在外电场作用下材料内部存在弛豫极化现象。文献中未说明图

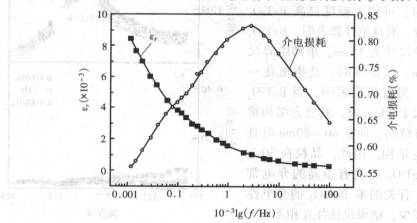

图4-29　650℃烧结样品的介电常数、介电损耗与电场频率的关系

4-29 中样品的晶粒尺寸，对照图 4-28 可推测样品的晶粒尺寸应为 26nm。

比较图 4-27～图 4-29 可以发现，这两个实验结果有明显的差别。样品密度的不同可能是造成这种差别的主要原因之一，图 4-27 所用样品的密度仅为理论密度的 0.96（$5.8g/cm^3$），样品的低密度可能是造成纳米 $BaTiO_3$ 较低介电常数的主要原因。图 4-28 所用样品的密度文献中未注明，两者的结果缺乏可比性。但这两个实验结果亦有共同点，即 50～100nm 晶粒的 $BaTiO_3$ 的介电常数仅相当于或小于粗晶的介电常数（1500～2000），远小于 1μm 晶粒的样品的介电常数值（约4000）。因此，期望纳米晶 $BaTiO_3$ 的介电常数的提高，必须控制晶粒尺寸处于立方相-四方相转变的临界尺寸 26nm 左右的一个很窄的范围，这在技术上是十分困难的。

如前所述，由于 $BaTiO_3$ 的 A 位和 B 位离子可在很大的范围用其他离子取代，因此，采用多组元掺杂的方法可望大幅度地提高 $BaTiO_3$ 的介电性能。例如用 Sr 和 La 掺杂，可使 $BaTiO_3$ 的室温下相对介电常数提高到 10000～19000。常用的掺杂方法有固相法，但掺杂不均匀，对器件各项参数的改善并不明显。采用 Sol-Gel 方法掺杂可较好地解决均匀性问题，但因原料醇盐等价值昂贵而限制了其应用。我国研究者采用软化学合成方法在 100～170℃ 的水溶液中对 $BaTiO_3$ 进行了掺杂改性实验。由于掺杂在分子尺寸范围进行，掺杂离子能均匀进入母体晶格，产物为立方钙钛矿盐结构的完全互溶取代固溶体，粒子为均匀球形，平均粒径 70nm，解决了固相掺杂不均匀的问题。掺杂元素有 Zr、Sn、Sr、Zn、Ce 等，所用原料均为国产分析纯试剂，而非价格昂贵的金属醇盐，解决了原料昂贵的问题。合成的粉末添加适量的粘结剂，压成直径为 15mm，厚为 2mm 的薄片，在 1200℃ 烧结成瓷，可制备成一系列纳米晶 $BaTiO_3$ 基样品。图 4-30 为有掺杂的 $BaTiO_3$ 介电常数与温度的关系。由图可知，掺杂 Sr、Zr 的 $BaTiO_3$ 介电常数在室温附近最高，为 18000 左右；80℃时可达 8000，远高于未掺杂的 $BaTiO_3$ 介电常数。图 4-31 为 Zr、Sr 掺杂的 $BaTiO_3$ 介电损耗与掺杂量的关系。由图可知，掺杂量在 x（y）=0.1 时具有比纯 $BaTiO_3$ 低得多的介电损耗。研究者将有掺杂的 $BaTiO_3$ 介电性能的改善归因于居里点 T_c 由 120℃ 降低至 35℃。由于没有 T_c 的实测数据，而且低温低压水热合成的立方相纳米掺杂 $BaTiO_3$ 粒子在 800℃ 可以转变成稳定的四方相，由此可推测样品烧结时已具

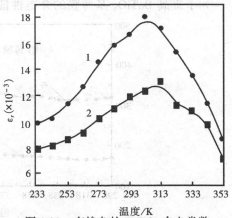

图 4-30　有掺杂的 $BaTiO_3$ 介电常数
与温度的关系

1—$Ba_{0.8}Sr_{0.2}Ti_{0.9}Zr_{0.1}O_3$　　2—$Ba_{0.8}Zn_{0.2}Ti_{0.9}Zr_{0.1}O_3$

有四方结构。因此，认为掺杂 BaTiO₃ 的 T_c 下降似乎证据不足。此外，图 4-30 是介电常数的温度谱，没有实验结果表明频率对介电常数和介电损耗的影响。尽管有这些不足，掺杂的纳米 BaTiO₃ 基介电材料是一种非常有前途的高性能介电材料。

近年来，由于 BaTiO₃ 基铁电薄膜可用于动态随机存贮器（DRAM）和精细复合材料以及电子元件小型化的需要，纳米 BaTiO₃ 薄膜的研究已受到广泛的关注。在镀 Pt 的 Si 基底上用 Sol-Gel 方法制备 0.5μm 厚的 BaTiO₃ 薄膜在 800℃ 退火后的晶粒为 30nm，在 1kHz 频率下薄膜的介电常数和介电损耗的温度谱如图 4-32 所示。由图可知，在 1kHz 的频率下，室温相对介电常数为 318，随着温度升高，介电常数缓慢上升，介电损耗亦随温度的上升而缓慢上升，由室温的 2.5% 上升至 200℃ 的 4.5%，在居里点 $T_c = 120℃$ 时不出现峰值，表明没有出现四方-立方相变。X-射线衍射分析结果表

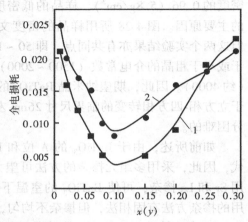

图 4-31　BaTiO₃ 的介电损耗
与掺杂量 x 的关系

1—$Ba_{0.8}Sr_{0.2}Ti_{1-y}Zr_yO_3$　2—$Ba_{0.8}Zn_{0.2}Ti_{1-y}Sn_yO_3$

面，薄膜的结构为立方相，这与前面所述 BaTiO₃ 晶粒小于 30~44nm 时具有立方结构的理论计算和实验观察结果是一致的。图 4-33 为同种 BaTiO₃ 膜的室温介电常数和介电损耗的频谱图。由图可知，室温介电常数在 100Hz~1MHz 的范围内变化很小，而介电损耗则随频率的升高而有较大幅度的下降。

为了提高 BaTiO₃ 基薄膜的介电性能和提高单位面积的存贮密度，采用各种

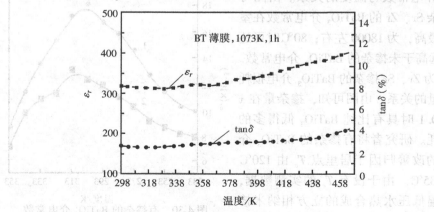

图 4-32　在 1kHz 频率下 BaTiO₃ 薄膜的介
电常数、介电损耗与温度的关系

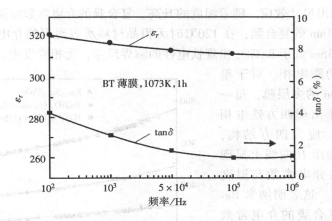

图 4-33　BaTiO₃ 薄膜的介电常数、介电损耗与频率的关系

实验手段如掺杂、人工调制铁电超晶格和多层膜等被广泛应用于提高薄膜的介电性能。周期为 1.6nm 的外延生长 BaTiO₃/SrTiO₃ 铁电超晶格的相对介电常数在频率为 10kHz 时可达 900 左右；周期为 40nm 的外延生长 PbTiO₃/PbLaTiO₃ 异质结构的相对介电常数在 1kHz 的频率时可达 420000。由于外延生长价格昂贵，许多研究者采用 Sol-Gel 方法制备薄膜。用于 DRAM 的铁电薄膜材料主要是 Pb(Zr, Ti)O₃(PZT)、(Ba, Sr)TiO₃(BST)、SBT(SrBi₂Ta₂O₉) 等。对于 PZT 薄膜的研究已进行了多年，但 PZT 中含有 Pb，在制备和使用过程中可能造成环境污染，因此对 BST 的研究已成为热点。用 Sol-Gel 方法制备的 BST 薄膜的介电常数与温度和频率的关系分别如图 4-34 和图 4-35 所示。可见，BST 薄膜的介电常数低于 BaTiO₃/SrTiO₃ 复合膜的介电常数。采用复合膜的方法可使介电常数得到明显的提高。例如将 BaTiO₃ 和 BST 膜交替复合，控制每层膜的厚度或调节周期，

可使复合膜的介电常数比单层膜有明显的提高。图 4-34 和图 4-35 分别表达了用 Sol-Gel 法制备的 BaTiO₃（66nm）/SrTiO₃（66nm）和 BaTiO₃(33nm)/SrTiO₃(33nm) 复合膜的介电常数与温度和频率（室温下）的关系。由图可知，复合膜的介电常数显著高于 BaTiO₃ 和 BST 单层膜的介电常数，且调制周期小的复合膜的介电常数显著大于调制周期大的复合膜的介

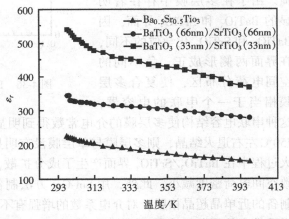

图 4-34　BST 及复合膜介电常数随温度的变化曲线

电常数，显示出尺寸效应。随着温度的升高，复合膜的介电常数略微下降。对于单层厚度为 33nm 的复合膜，在 120℃ 时无粗晶材料所表现出的介电常数峰值的现象。由于 33nm 低于 $BaTiO_3$ 出现铁电性的临界尺寸，无相变发生，薄膜应为立方晶体结构的顺电相。对于单层厚度为 66nm 的多层膜，每一单层厚度高于出现四方铁电相的临界尺寸，应为四方结构，在电容 C 和偏压 U 曲线上显现出双峰，但在介电常数与温度曲线上无峰值。这表明纳米 $BaTiO_3/SrTiO_3$ 复合膜的介电常数与温度的相关性较小。在纳米复合膜中，立方顺电相的介电常数高于四方铁电相的介电常数，这表明膜厚和晶体结构的变化均不是引起多层膜介电常数升高的因素。图 4-36 为 BST 均匀膜与复合膜在室温下的介电损耗与频率的关系。由图可知，当频率大于 100kHz 时，复合膜的介电损耗明显增加，大于 0.05。

多层膜介电增强效应的内在因素是内电场引起的空间电荷。由于在多层膜中存在着明显的 $BaTiO_3$ 和 $SrTiO_3$ 界面，因 $BaTiO_3$ 和 $SrTiO_3$ 化学位的不同，在界面两侧形成正、负不同的空间电荷分布区，使复合多层膜相当于一个串联的电容器，

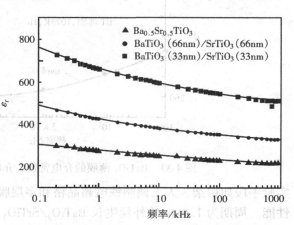

图 4-35　室温下 BST 及复合膜介电常数
随频率的变化曲线

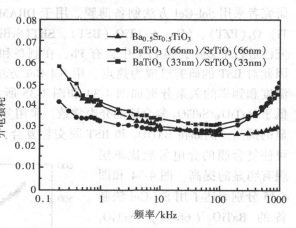

图 4-36　BST 及复合膜室温下介电损耗
随频率的变化曲线

这种串联电容结构使多层膜的介电常数得到明显的增强。如果将复合多层膜在 750℃ 左右退火结晶，则多层膜与单层膜没有明显的介电增强效应。其原因是退火过程中在 $BaTiO_3/SrTiO_3$ 界面产生了成分扩散，界面的化学位差减小，因而导致空间电荷密度减小。此外，用 Sol-Gel 方法制备的多晶复合膜和利用外延生长制备的近单晶超晶格膜，对介电系数的增强有不同的特点。超晶格膜观察到介电增强效应的周期尺寸明显要小，一般小于 10nm；而多层膜的周期尺寸要大得多，

大的周期尺寸会削弱空间电荷效应。此外，外延生长膜在每层的界面会存在一定的晶格失配，而这种晶格失配能加强空间电荷效应。因此，外延生长多层膜的介电增强效应要比用 Sol-Gel 方法制备的多层多晶膜的介电增强效应大。

三、纳米氧化物的介电性能

许多氧化物都具有低的介电常数和低的介电损耗、例如 Al_2O_3、MgO、CaO、BeO、TiO_2、Y_2O_3、ZrO_2 等，它们的相对介电常数一般在 10 以下，介电损耗在 $10^{-4} \sim 10^{-3}$ 数量级。TiO_2 的介电常数稍高，如金红石结构的 TiO_2 的相对介电常数在 $100 \sim 200$ 之间，锐钛矿结构的相对介电常数在 30 左右。

对 Al_2O_3、TiO_2、Fe_2O_3 等纳米金属氧化物介电常数的研究表明，频率和氧化物的粒径对介电常数有较大的影响。图 4-37 为频率和锐钛矿相 TiO_2 的粒径对介电常数的影响。由图可知，介电常数随着测量频率的降低迅速增加。同时，介电常数具有尺寸效应，即 $10nm$、$29nm$ 和 $1\mu m$ 粒度的 TiO_2 具有非常相近的介电常数，而 $18nm$ 粒径的 TiO_2 的介电常数显著高于前三者的

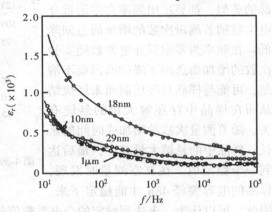

图 4-37 室温下锐钛矿相 TiO_2 的粒径与介电常数和频率的关系

介电常数。温度对锐钛矿相 TiO_2 的介电性能亦有显著的影响。例如频率为 $96kHz$ 时，$18nm$ 粒径的 TiO_2 在 $75℃$ 附近具有峰值，而介电损耗在 $50℃$ 左右具有峰值 1.0，而在 $0℃$ 附近的介电损耗小于 0.1。在低频率的范围内（$f < 0.1kHz$），通过氧化过程制备的平均粒度为 $12nm$ 的金红石相 TiO_2 的介电常数比常规粗晶的介电常数高出 $1 \sim 2$ 个数量级，但介电损耗亦高达 $5 \sim 20$。

通过反应离子镀方法制备平均晶粒尺寸为 $8.5nm$ 的金红石相 TiO_2 粉末，在 $890MPa$ 的压力下将粉末压制成 $\phi 10mm$ 的样品，可用于测量金红石相 TiO_2 的介电性能。图 4-38 为样品在真空中和在空气中室温介电常数与测量频率的关系。由图可知，测量频率和气压对样

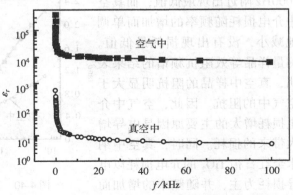

图 4-38 纳米金红石相 TiO_2 介电常数与频率的关系

品的介电常数有显著的影响。真空中在测量频率为零附近，介电常数的变化高达2~3个数量级，同时，在空气中的介电常数较在真空中高出三个数量级。图4-39 为纳米 γ-Fe_2O_3 样品的介电常数虚部在空气中和真空中（插图）的频率谱。该样品由平均粒度为 12nmγ-Fe_2O_3 粉末在 20MPa 的压力下压制而成，其介电常数的实部的频谱图与虚部的类似，都显示出频率在零附近介电常数随着测量次数的增加而急剧降低。在频率为零附近介电常数随实验次数的增加而急剧下降的原因尚不清楚，可能与样品只经压制而未经烧结从而在样品中存在着大量的悬键有关。随着测量次数的增加或时间的延长，样品中的悬键大量减少，最后达到一个稳定值。在真空测量时发现，样品的电容要经 48h 才能稳定下来。

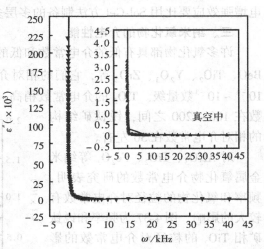

图 4-39 纳米 γ-Fe_2O_3 样品的介电常数虚部在空气和真空中（插图）的频率谱

因此，可以认为，未达到稳定的介电常数值是没有实用价值的。除悬键外，压制成型的样品的界面中还存在大量的缺陷。在大气中纳米金红石相 TiO_2 介电常数异常变大，主要是由于材料界面中的缺陷和悬键对大气中极化分子的物理吸附或化学吸附所致。在真空中，由于不能吸附大气中的极化分子，纳米金红石相 TiO_2 的介电常数 ε_r 已小于 10，远低于普通粗晶 TiO_2 的介电常数。

图 4-40 为在真空和空气中纳米金红石相 TiO_2 的介电损耗频谱图。由图可知，在低频区和高频区，空气中的介电损耗远大于真空中的介电损耗，在1000Hz 附近出现最低值，而真空中介电损耗随频率的增加而单调地减小，没有出现损耗最低值。测量样品等效阻抗频谱的结果表明，真空中样品的阻抗明显大于空气中的阻抗。因此，空气中介电损耗增大的主要原因是电导增大带来的损耗。同时，真空中纳米金红石相 TiO_2 的介电损耗以电导损耗为主，并随频率的增加而单调减小，不出现峰值。纳米 γ-

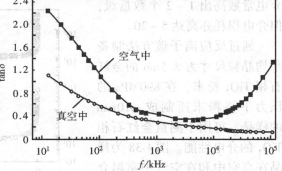

图 4-40 真空和空气中纳米金红石相 TiO_2 的介电损耗频谱图

Fe_2O_3 样品在真空中的介电损耗亦远小于在空气中的损耗，其原因也是样品在真空中的电导比在空气中的电导小，真空中的介电损耗以电导损耗为主所致。而纳米 TiO_2 在大气中的损耗除了介电损耗之外，还有极化弛豫导致的损耗，如电矩转向和离子从一平衡位置过渡到另一平衡位置所必须克服的势垒，从而部分能量以热能的方式被消耗。至于损耗是以哪种机制为主，由于影响因素复杂并且缺乏足够的实验数据，还不能对此下明确的结论。

第四节 纳米复合阴极材料分散电弧的特性

一、真空中的电击穿及真空电弧的阴极斑点

在真空中放置一对相距一定距离的金属电极，再将这对电极接到高压直流电源上，并慢慢提高加在这对电极上的电压。开始时，两个电极之间没有电流或只有极小的电流通过。但当电压升到某一临界值时，两个电极之间便会突然产生火花，伴随火花的出现电极之间随即就有相当大的电弧电流通过。这种现象称为真空间隙的电击穿，也称为真空中的电击穿，电击穿后产生的电弧称为真空电弧。

正常情况下，金属中的电子受正离子的约束而不能离开金属表面，只有在外界提供的能量大于逸出功 φ 时，电子才能脱离金属表面。在强电场的作用下，阻止电子逃逸出金属表面的势垒 φ 的高度降低，同时势垒的厚度变窄。这时阴极中的电子就会因隧道效应而产生一定的几率穿越势垒，产生电子的场致发射。场致发射的电流可由经典的 Fowler-Nordheim 公式计算。因此，在小间隙（例如 1mm）情况下，引起真空电击穿的主要原因是电子的场致发射。逸出功的大小是决定场致发射电流密度大小的主要因素之一。

场致发射主要集中在阴极的某些局部区域。表面微突起是造成真空电击穿的一个主要原因，即使经过抛光的阴极表面，用高倍率显微镜亦可观察到许多微小的凸出部分。因此，在阴极上加高电压时，将在某些微凸出的部分的端部形成极高的电场引起场致发射。尽管场致发射电流极小，但因发射端部的面积亦极小，因而形成的电流密度可高达 $10^9 \sim 10^{18} A/m^2$。这样高的电流密度可在瞬间使发射点熔化和气化而产生大量的金属蒸气。当电子通过蒸气云时又使金属原子电离，最终导致发射点熔池的"爆破"而产生火花（电击穿）和真空电弧。因此，真空电弧实际上是真空中金属蒸气的电弧，而阴极上的场致发射点便演变成直径为 $1 \sim 100\mu m$ 的"阴极斑点"。阴极斑点是电子的发射源，对于 Cu 阴极，阴极斑点的发射密度为 $5 \times 10^9 A/m^2$，表面温度为 3940K。单个阴极斑点的寿命在亚微秒至微秒的范围内，一个阴极斑点熄灭后，新的阴极斑点又在原阴极斑点的边缘产生，这可理解为阴极斑点在阴极上不断地运动，其运动速度在 $1 \sim 1000m/s$ 的范围内。因此，用高速摄影可观察到，阴极斑点为在阴极上快速运动的小亮点。

场致发射还可以集中在阴极表面的晶界或分布在阴极表面的第二相以及夹杂物的表面。晶界处由于富集了大量的杂质元素的原子可具有较低的逸出功，因而成为理想的场致发射点。然而对于粗晶阴极材料，由于晶界数量少，晶界成为发射点的几率很小。由于纳米晶阴极具有大量的晶界，晶界作为场致发射点的几率就很大，因此，利用纳米晶电极的界面效应，可望改变场致发射点的分布，从而改变阴极斑点的分布。此外，阴极表面上分布的第二相由于化学位、热导率、电导率的不同，相界往往成为理想的场致发射位置。对 CuCr、WCu、W-ThO$_2$ 阴极的真空电击穿的实验结果表明，真空电击穿均首先发生在 Cu-Cr、W-Cu、W-ThO$_2$ 的相界上。因此，细化复合阴极材料中的第二相至纳米数量级，可以强烈地改变场致发射的位置及特性，从而改变阴极斑点的分布，使之具有与粗晶阴极完全不同的特点。

二、真空电弧在纳米晶阴极表面的分布

将用快淬法制备的 Cu-Zr-Ti 非晶带在温度 740K 退火 40min，可得到纳米晶和非晶的复合组织。图 4-41 为 Cu-Zr-Ti 非晶带退火后的 TEM 照片，表明退火后非晶中结晶出大量的直径约为 20nm 的第二相。由 X-射线和 SAED 分析表明，第二相大部分为 Cu$_{10}$Zr$_7$ 和 Cu$_3$Ti$_2$。将纳米晶化后的样品放入真空灭弧室中作为阴极，在阴极上方（<1mm）放置 φ1mm 的纯 W 棒作为阳极，直至产生电击穿引发真空电弧。用 12μF 的电容器放电，峰值电流为 10A，放电时间约为 4.5ms。放电后取出样品，用肉眼可观察到电弧分布在 4mm（带宽）×

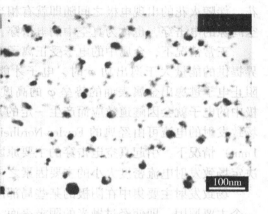

图 4-41　Cu-Zr-Ti 非晶退火后结晶出的粒状 Cu$_{10}$Zr$_7$ 和 Cu$_3$Ti$_2$

20mm 的大面积上。图 4-42a 为纳米晶 Cu-Zr-Ti 阴极真空放电后的阴极表面形貌；图 b 为粗晶 Cu-Zr-Ti 在相同条件下放电后阴极的表面形貌，表明电弧集中分布在约 500μm × 500μm 的狭窄区域。对比图 4-42a 和 b 可知，纳米晶 Cu-Zr-Ti 阴极具有显著的分散电弧的特性。

纳米 CuCr50 触头材料同样具有显著的分散电弧的特性。采用高能球磨和真空缓慢热压的方法可制备出晶粒小于 100nm、致密度大于 95% 的 φ35mm 的 CuCr50 触头。分别以抛光过的 φ35mm 的纳米 CuCr50 和粗晶 CuCr50（晶粒大于 100μm）做为阴极，在真空中放电 100 次，放电后阴极的形貌如图 4-43 所示。图 4-43a 为纳米晶 CuCr50 阴极表面形貌，表明电弧分布在几乎整个阴极表面，

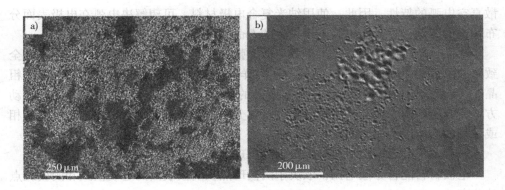

图 4-42　Cu-Zr-Ti 阴极真空放电后的表面形貌

a）纳米晶　b）粗晶

阴极表面烧蚀轻微；图 b 表明在粗晶 CuCr50 阴极表面，电弧几乎集中在与阳极对应的约 φ5mm 的局部区域烧蚀，造成很深的烧蚀坑。此外，采用高能球磨和缓慢真空热压方法制备的纳米复合 W-20% Cu、W-2% ThO₂，阴极同样具有很强的分散真空电弧的特性。

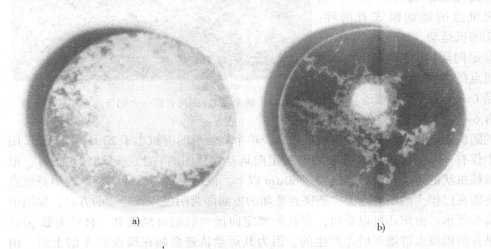

图 4-43　CuCr50 阴极真空放电后的表面形貌

a）纳米晶　b）粗晶

电器等设备的许多重要性能，如分断电流能力、绝缘强度、电弧烧蚀速率及抗熔焊能力，都取决于电极间产生的电弧在阴极表面的分布是否均匀。当电弧在阴极表面分布不均匀或聚集时，将使电极表面产生严重的局部熔化，因而引起电流分断失败、电极烧蚀严重、电极熔焊等故障和失效。因此，如何使电弧在电极表面分布均匀一直是电弧研究者的研究目标。由于多种纳米复合电极材料具有分散真空电弧的特性，因此，使用纳米复合电极材料，可望解决电弧在电极表面分布均匀的问题，这对于提高电器设备的寿命和可靠性是十分有益的。

然而，单相纳米晶电极不具备分散电弧的特性。例如用电解沉积法制备的全致密、晶粒为 20nm 的纯 Cu 阴极，在同样的实验条件下仅显示出稍大于普通粗晶 Cu 阴极的的电弧扩散区，不具有明显的分散电弧的特性，仅阴极斑点的运动方式亦有所不同。因此，纳米晶电极材料分散电弧的条件是，电极必须具有两相或多相的均匀混合显微组织。

三、纳米复合电极材料分散电弧的机理

电极材料能否分散电弧，取决于阴极斑点在阴极表面的运动模式和阴极斑点的分布。

如前所述，所谓阴极斑点的运动，是指旧的斑点熄灭和新的斑点形成的连续过程，新的斑点在旧斑点上不断叠加，表现出斑点在运动。在无外加磁场的情况下，阴极斑点的运动模式有两种：①随机运动（Random Walk）；②定向运动。图 4-44 为阴极斑点的两种运动模式在纳米晶 Cu 表面留下的痕迹。图中有 6～7 个阴极斑点作转圈式

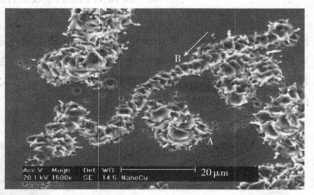

图 4-44　纳米晶 Cu 阴极表面一个阴极斑点的运动轨迹

的随机运动在阴极表面留下烧蚀群 A，单个烧蚀群的面积小于 $20\mu m \times 20\mu m$。图中仅有一个阴极斑点 B 作长距离的定向运动，从图的右上方运动到左下方，形成蠕虫状的运动轨迹，轨迹长达 $60\mu m$ 以上。该蠕虫状的轨迹清楚地表明新斑点叠加在已熄灭的旧斑点上，新斑点叠加的方向即为阴极斑点运动的方向，如图中箭头所示。由图还可以看出，作长距离定向运动的阴极斑点 B（直径为数 μm）是在阴极斑点群熄灭后才产生的，因为其运动轨迹叠加在斑点群 A 的上面。由于仅有少数阴极斑点能作长距离的定向运动，纳米晶纯 Cu 与粗晶 Cu 相比，不具有明显的分散真空电弧的能力。因此，要使电极材料具有分散电弧的能力，多数阴极斑点必须具有长距离的定向运动的能力。然而，迄今为止仅在 Pt、W 等少数电极中发现极少量的阴极斑点定向运动的轨迹，且定向运动的距离仅为数 μm，远小于图 4-44 所示纳米纯 Cu 中阴极斑点定向运动的距离。

西安交通大学电极材料课题组研究了 Cu-Zr-Ti 非晶阴极材料分散真空电弧的特性，证实了大多数阴极斑点的长距离定向运动能均匀地分散电弧，且实验结果

具有很好地重复性。图 4-45 为燃弧后 Cu-Zr-Ti 非晶阴极的表面形貌，其中电弧的峰值电流为 10A，放电时间为 3.3ms。由图可知，两个直径约为 5μm 的阴极斑点作定向运动形成了长约 20μm 的蠕虫状的运动轨迹，斑点的运动方向如图中箭头所示。图 4-45 不能说明这两个阴极斑点是同时存在的，因为阴极斑点在自生磁场作用下互相排斥作反向运动，而不能作互相吸引的相互靠近的相对运动。在这两个阴极斑点的运动轨迹的下方，还有两个斑点的定向运动形成的蠕虫状轨迹，其中一个长而细且呈弯曲状。目前，为什么能在 Cu-Zr-Ti 等非晶阴极上形成大量蠕虫状阴极斑点的运动轨迹的机理尚不清楚，虽然阴极斑点的定向运动能使非晶阴极分散真空电弧，但定向运动的机制并不适用于纳米晶复合电极。

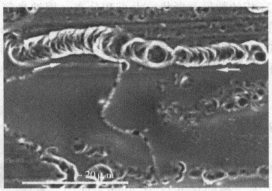

图 4-45　Cu-Zr-Ti 非晶阴极表面蠕虫状的
阴极斑点运动轨迹

经典场致发射理论认为，阴极表面的微凸起或毛刺往往是场致发射点。然而，对于具有多相组织的合金阴极，相界往往是场致发射点。当合金相分布不均匀或存在严重的偏析时，偏析处往往成为场致发射的首击穿相。图 4-46a 为用粉末烧结加熔渗方法制备的商用 WCu20 触头材料真空放电时，电击穿集中点（Cu 偏析处）的表面形貌，电弧烧蚀严重。采用高能球磨和真空缓慢热压烧结的方法制备的纳米复合 WCu20 触头材料在同样的一次放电条件下，电弧分布在约占触头 25%～30% 的面积上，电弧

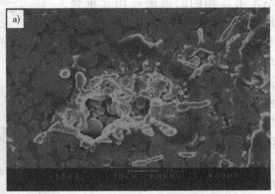

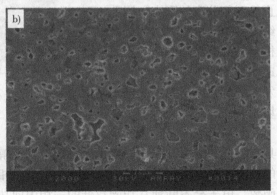

图 4-46　粗晶、纳米晶 WCu20 在真空中
一次击穿后的电极表面形貌
a) 粗晶　b) 纳米晶

分散区的放大如图 4-46b 所示。阴极斑点的数目、形状、大小和分布，取决于富 Cu 相的数目、形状、大小和分布。用纳米复合 W-ThO$_2$ 阴极进行放电实验，也能得出类似的结果。图 4-47 为纳米复合 W-ThO$_2$ 阴极真空放电三次之后的表面形貌。由图可知，阴极斑点的形状、大小和分布完全取决于 ThO$_2$ 相的形状、大小和分布，图中少数直径较大的斑点是由于三次放电重复烧蚀的结果。

进一步细化纳米第二相的尺寸，可完全改变真空电弧在阴极表面留下的灼痕。图 4-48 为纳米晶 Cu-Zr-Ti 阴极一次真空放电后的表面形貌，是图 4-42a 的放大图。由于第二相的尺寸仅为 20nm，远小于 WCu20 中 Cu 相的尺寸和 W-ThO$_2$ 中 ThO$_2$ 相的尺寸，故产生在纳米第二相的阴极斑点相互重叠，形成相互连接的阴极斑点。图中可观察到数个直径为几 μm 的"火山口"或"牵牛花"状的阴极斑点。这种斑点有很深的喉部，熔化的液体从喉部翻出凝固后形成火山口。由于这些火山口大都重叠在原阴极斑点的灼痕上，故这些斑点是在电弧熄灭前的最后阶段在已凝固的旧斑点上形成的，因而呈现出静止的互相分离的形态。因此，对于纳米多相阴极材料，其分散电弧的机制与阴极斑点的运动模式和运动速度相关性不大，而与在相界电子发射的过程或与相界的电子结构密切相关。

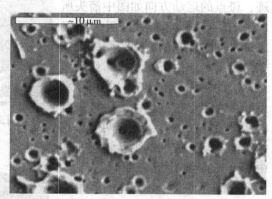

图 4-47　纳米晶 W-ThO$_2$ 放电三次后阴极表面形貌的 SEM 照片

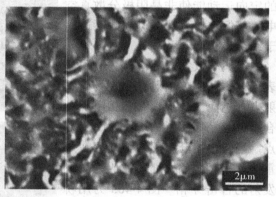

图 4-48　纳米晶 Cu-Zr-Ti 阴极一次真空放电后的表面形貌

利用 Gleiter 提出的纳米材料具有可调节的电子结构的概念，可以较好地解释纳米复合电极材料分散真空电弧的特性。当电极中的一个纳米相和另一纳米相相接触时，由于二者具有不同的功函数，电子会不断地从功函数低的一相中向功函数高的一相中迁移，一直到二者的费米能级相等为止。这样，在接触的相界上形成类似于如第一章第五节图 1-32d 所示的 Schottky 能垒，功函数低的一相的能带向上弯曲，形成电子耗尽层。

因此，在外电场的作用下捕获了大量电子的相界能垒就成为场致发射点而使相界发展成为阴极斑点。由于阴极斑点边缘呈微突起状态，因而对于普通粗晶材料新的斑点，在等离子体电场作用下在旧斑点的边缘会随机产生，使阴极斑点以随机的模式运动。然而对于纳米复合材料，由于旧斑点边缘外部存在大量的晶界能垒，其电子发射能力超过旧斑点边缘微突起部位的电子发射能力，于是新斑点会不断地在旧斑点周围的相界产生，引起电弧的快速向外扩展而形成分散的电弧。因此，控制电极材料中纳米第二相的形状、大小和分布，就能控制阴极斑点的形状、大小和分布，使纳米复合阴极材料具有分散电弧的特性。由于控制第二相的形状、大小和分布较控制阴极斑点的运动模式容易得多，同时工艺上的难度不太大，因此，用该方法来实现对真空电弧分布的控制具有很好的工程应用前景。

思 考 题

1. 纳米材料的电导（电阻）有什么不同于粗晶材料电导的特点？为什么？

2. 什么是量子电导？在介观体系中用什么实验可以观测到金属导体的电导平台和巨导振荡？

3. 什么是单电子效应？产生单电子效应的原理是什么？在什么条件下可观察到单电子效应？

4. 什么是库仑台阶、库仑振荡和旋转门效应？

5. 纳米介电材料具有哪些不同于粗晶介电材料的特点？

6. 纳米复合 BT/ST 为什么具有较单一 BST 薄膜更高的介电常数？

7. 纳米复合 CuCr、WCu 等电极材料为什么具有分散真空电弧的特性？

第五章　纳米材料的磁学性能

第一节　磁学性能的尺寸效应

当磁性物质的粒度或晶粒进入纳米范围时，其磁学性能具有明显的尺寸效应。因此，纳米材料具有许多粗晶或微米晶材料所不具备的磁学特性。例如纳米丝，由于长度与直径比很大，具有很强的形状各向异性，当其直径小于某一临界值时，在零磁场下具有沿丝轴方向磁化的特性。此外，矫顽力、饱和磁化强度、居里温度等磁学参数都与晶粒尺寸相关。

一、矫顽力

在磁学性能中，矫顽力的大小受晶粒尺寸变化的影响最为强烈。对于大致球形的晶粒，矫顽力随晶粒尺寸的减小而增加，达到一最大值后，随着晶粒的进一步减小矫顽力反而下降。对应于最大矫顽力的晶粒尺寸相当于单畴的尺寸，对于不同的合金系统，其尺寸范围在十几至几百纳米。当晶粒尺寸大于单畴尺寸时，矫顽力 H_c 与平均晶粒尺寸 D 的关系为：

$$H_c = C/D \tag{5-1}$$

式中，C 是与材料有关的常数。可见，纳米材料的晶粒尺寸大于单畴尺寸时，矫顽力亦随晶粒尺寸 D 的减小而增加，符合式（5-1）。当纳米材料的晶粒尺寸小于某一尺寸后，矫顽力随晶粒的减小急剧降低。此时矫顽力与晶粒尺寸的关系为：

$$H_c = C'D^6 \tag{5-2}$$

式中，C' 为与材料有关的常数。式（5-2）与实测数据符合很好。图 5-1 显示了一些 Fe 基合金的 H_c 与晶粒尺寸 D 的关系。图 5-2 补充了 Fe 和 Fe-Co 合金微粒在 $1\sim1000nm$ 范围内矫顽力 H_c 与微粒平均尺寸 D 之间的关系，图中同时给出了剩磁比 M_R/M_s 与 D 的关系。

矫顽力的尺寸效应可用图 5-3 来定性解释。图中横坐标上直径 D 有三个临界尺寸。当 $D > D_{crit}$ 时，粒子为多畴，其反磁化为畴壁位移过程，H_c 相对较小；当 $D < D_{crit}$ 时，粒子为单畴，但在 $d_{crit} < D < D_{crit}$ 时，出现非均匀转动，H_c 随 D 的减小而增大；当 $d_{th} < D < d_{crit}$ 时，为均匀转动区，H_c 达极大值。当 $D < d_{th}$ 时，H_c 随 D 的减小而急剧降低，这是由于热运动能 k_BT 大于磁化反转需要克服的势垒时，微粒的磁化方向做"磁布朗运动"，热激发导致超顺磁性所致。

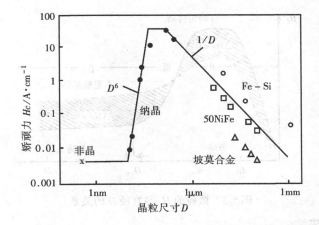

图 5-1　矫顽力 H_c 与晶粒尺寸 D 的关系

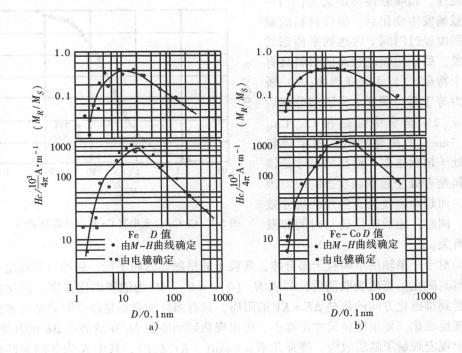

图 5-2　Fe 和 Fe-Co 合金微粒 H_c 与 D 之间关系

a) Fe　b) Fe-Co

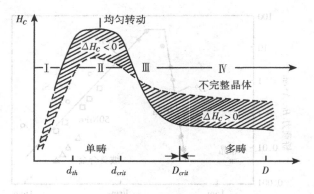

图 5-3　微粒的 H_c 与直径 D 的关系

二、超顺磁性

超顺磁性是当微粒体积足够小时，热运动能对微粒自发磁化方向的影响引起的磁性。超顺磁性可定义为：当一任意场发生变化后，磁性材料的磁化强度经过时间 t 后达到平衡态的现象。处于超顺磁状态的材料具有两个特点：1）无磁滞迥线；2）矫顽力等于零。图 5-4 为脱溶分解后 Co-x_{Cu} 2% 合金中强磁相 $Co_{90}Cu_{10}$ （2.7nm）的磁化曲线，显示该粒子处于超顺磁态。材料的尺寸是该材料是否处于超顺磁状态的决定因素，而超顺磁性具有强烈的尺寸效应。同时，超顺磁性还与时间和温度有关。

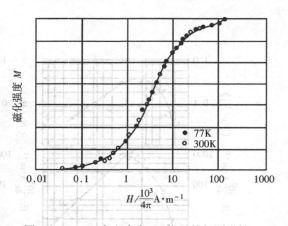

图 5-4　Co-Cu 合金中富 Co 粒子的超顺磁性

对于一单轴的单畴粒子集合体，各粒子的易磁化方向平行，磁场沿易磁化方向将其磁化。当磁场取消后，剩磁 $M_r(0) = M_s$，M_s 为饱和磁化强度。磁化反转受到难磁化方向的势垒 $\Delta E = KV$ 的阻碍，只有当外加磁场足以克服势垒时才能实现反磁化。如果微粒尺寸足够小，可出现热运动能使 M_s 穿越势垒 ΔE 的几率，即出现宏观量子隧道效应，隧穿几率 $p \approx \exp(-KV/k_BT)$，其中 K 为各向异性常数，V 为微粒的体积。若经过足够长的时间 t 后剩磁 M_r 趋于零，其衰减过程为：

$$M_r(t) = M_r(0)\exp(-t/\tau) \tag{5-3}$$

式中，τ 为弛豫时间。τ 可表示如下：

$$\tau = \tau_0 \exp\left(\frac{KV}{k_B T}\right) = f_0^{-1} \exp\left(\frac{KV}{k_B T}\right) \tag{5-4}$$

式中，f_0 为频率因子，其值约为 $10^9 \, s^{-1}$。

根据驰豫时间 τ 与所设定的退磁时间 t_m（实验观察时间）的相对大小不同，对超顺磁性可有不同的实验结论：

1）当 $\tau \leqslant t_m$ 时，在实验观察时间内超顺磁性有充分的表现。设 $t_m \approx 100 s$，将 $\tau = t_m = 100 s$ 代入式（5-4），可计算出具有超顺磁性的临界体积 V_c：

$$V_c = \frac{25 k_B T}{K} \tag{5-5}$$

当粒子的体积 $V < V_c$ 时，粒子处于超顺磁状态。对于给定的体积 V，上式可确定超顺磁性的冻结温度 T_B（Blocking Temperature）。当 $T < T_B$ 时，$\tau > t_m$，超顺磁性不明显。当温度确定时，则可利用上式计算出超顺磁性的临界尺寸。如设 $T = 300K$，根据不同材料各向异性常数 K 的不同，可计算出 Fe 的临界直径为 12.5nm，hcp-Co 的临界直径为 4nm，fcc-Co 的临界直径为 14nm。

2）当 $\tau \gg t_m$ 时，在实验中观察不到热起伏效应，微粒为通常的稳定单畴。如令 $\tau = 10^7 s$（1 年），则 $V_c = 37 k_B T / K$，微粒体积大于 V_c 时才为稳定的单畴。

超顺磁性限制对于磁存贮材料是至关重要的。如果 1bit 的信息要在一球形粒子中存贮 10 年，则要求微粒的体积 $V > 40 k_B T / K$。对于典型的薄膜记录介质，其有效各向异性常数 $K_{eff} = 0.2 J/cm^3$。在室温下，微粒的体积应大于 $828 nm^3$；对于立方晶粒，其边长应大于 9nm。此外，超顺磁性是制备磁性液体的条件。

三、饱和磁化强度、居里温度与磁化率

微米晶的饱和磁化强度对晶粒或粒子的尺寸不敏感。然而，当尺寸降到 20nm 或以下时，由于位于表面或界面的原子占据相当大的比例，而表面原子的原子结构和对称性不同于内部的原子，因而将强烈地降低饱和磁化强度 M_s。例如 6nm Fe 的 M_s 比粗晶块体 Fe 的 M_s 降低了近 40%。图 5-5 为不同晶粒尺寸的铁酸镍软磁材料的磁化曲线。图中纵坐标为比饱和磁化强度 σ_s，a、b、c、d 分别代表晶粒为 8、13、23 和 54nm 的样品。由图可知，样品的比饱和磁化强度 σ_s 随着晶粒尺寸的减小而急剧下降。图中样品 a、b、c、d 的比表

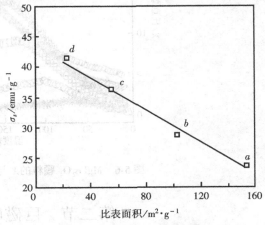

图 5-5　不同晶粒铁酸镍的磁化曲线

（$emu \cdot g^{-1} = 4\pi \times 10^{-7} Wb \cdot m \cdot kg^{-1}$）

面积分别为153.5、103.2、55.8和23.7m²/g，因此，晶粒越小，比表面积越大，σ_s 减小得越多。因此庞大的表面对磁化是非常不利的。

纳米材料通常具有较低的居里温度，例如 70nm 的 Ni 的居里温度 T_c 要比粗晶的 Ni 低 40℃。也有研究报导，直径在 2～25nm 时 MnFeO₄ 微粒的 T_c 升高。纳米材料中存在的庞大的表面或界面是引起 T_c 下降的主要原因。T_c 的下降对于纳米磁性材料的应用是不利的。

纳米颗粒磁化率 χ 与温度和颗粒中电子数的奇偶性相关。一般而言，二价简单金属微粒的传导电子总数 N 为偶数；一价简单金属微粒则可能一半为奇数，一半为偶数。统计理论表明，N 为奇数时，χ 服从居里-外斯定律，χ 与 T 成反比；N 为偶数时，微粒的磁化率则随温度的上升而上升。图 5-6 为 MgFe₂O₄ 颗粒在不同测量温度下 χ 与粒径的关系，直观地表明了粒径对 χ 的影响。图中曲线从下到上分别代表 6nm、7nm、8nm、11nm、13nm 和 18nm 粒径的测量值。由图可知，每一粒径的颗粒均有一对应最大值 χ 值的温度，称"冻结或截至"温度 T_B，高于 T_B，χ 值开始下降。T_B 对应于热激活能的门槛值。温度高于 T_B 时，纳米颗粒的晶体各向异性被热激活能克服，显示出超顺磁特性。粒径越小，冻结温度越低。

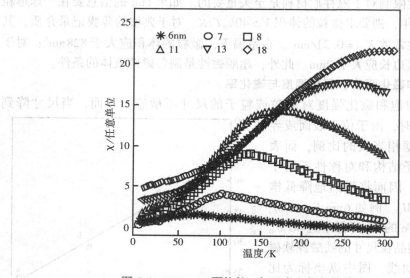

图 5-6　MgFe₂O₄ 颗粒的 χ 与温度和粒径的关系

第二节　巨磁电阻效应

由磁场引起材料电阻变化的现象称为磁电阻或磁阻（Magnetoresistance,

MR）效应。磁电阻效应用磁场强度为 H 时的电阻 R（H）和零磁场时的电阻 R（0）之差 ΔR 与零磁场的电阻值 R（0）之比或电阻率 ρ 之比来描述：

$$\text{MR} = \frac{\Delta R}{R(0)} = \frac{\rho(H) - \rho(0)}{\rho(0)} \tag{5-6}$$

普通材料的磁阻效应很小，如工业上有使用价值的坡莫尔合金的各向异性磁阻（AMR）效应最大值也未突破 2.5%。1988 年 Baibich 等人在由 Fe、Cr 交替沉积而形成的纳米多层膜中，发现了超过 50% 的 MR，且为各向同性，负效应，这种现象被称为巨磁电阻（Giant Magntoresistance，GMR）效应。1992 年，Berkowitz 等人在 Cu-Co 等颗粒膜中也观察到 GMR 效应。1993 年，Helmolt 等人在类钙钛矿结构的稀土 Mn 氧化物中观察到 $\Delta R/R$ 可达 $10^3 \sim 10^6$ 的超巨磁阻效应，又称庞磁阻效应（Colossal Magnetoresistance，CMR）。1995 年，Moodera 等人观察到磁性隧道结在室温下大于 10% 的 TMR 效应。对 GMR 的研究工作，在不长的时间内取得了令人瞩目的研究成果，1995 年美国物理学会已将 GMR 效应列为当年凝聚态物理中五个研究热点的首位。

目前，已发现具有 GMR 效应的材料主要有多层膜、自旋阀、颗粒膜、非连续多层膜、氧化物超巨磁电阻薄膜等五大类。GMR、CMR、TMR 效应，将在小型化和微型化高密度磁记录读出头、随机存储器和传感器中获得应用。

一、多层膜的 GMR 效应

由 3d 过渡族金属铁磁性元素或其合金和 Cu、Cr、Ag、Au 等导体构成的金属超晶格多层膜，在满足下述三个条件的前提下，具有 GMR 效应：

1）铁磁性导体/非铁磁性导体超晶格中，铁磁性导体层之间构成自发磁化矢量的反平行结构（零磁场），相邻磁层磁矩的相对取向能够在外磁场作用下发生改变，如图 5-7 所示。

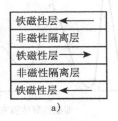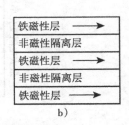

a)   b)

图 5-7　GMR 多层膜的结构
a) 零磁场时　b) 超过饱和磁场 H_s 时

2）金属超晶格的周期（每一重复的厚度）应比载流电子的平均自由程短。例如 Cu 中电子的平均自由程大致在 34nm 左右，实际上，Fe/Cr 及 Cu/Co 等非磁性导体层磁性导体的单元厚度一般都在几纳米以下。

3）自旋取向不同的两种电子（向上和向下），在磁性原子上的散射差别必须很大。

Fe/Cr 金属超晶格巨磁阻效应如图 5-8 所示。图中纵轴是外加磁场为零时的电阻 $R(H=0)$ 为基准归一化的相对阻值，横轴为外加磁场。若 Fe 膜厚 3nm，Cr 膜厚 0.9nm，积层周期为 60，构成超晶格，通过外加磁场，其电阻值降低达大约50%。

Co/Cu 超晶格系统的 MR 效应更高、饱和磁场强度 H_s 更低，因此对它的研究日趋活跃。典型的金属超晶格系统有：Co/Cu、(Co-Fe)/Cu、Co/Ag、(Ni-Fe)/Cu、(Ni-Fe)/Ag、(Ni-Fe-Co)/Cu、(Ni-Fe-Co)/Cu/Co 等。

一般的磁电阻效应有纵效应和横效应之分，前者随着磁场的增强电阻增加，后者随磁场的增强电阻减小。而 GMR 效应则不然，无论 $H \perp I$，还是 $H // I$，磁场造成的效果都是使电阻减小，为负效应。

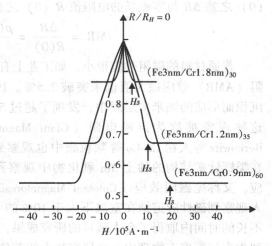

图5-8 Fe/Cr 多层膜的 GMR 效应（4.2K）

GMR 效应对于非磁性导体隔离层的厚度十分敏感。如图 5-9 所示，在任意单位下，相对于隔离层厚度，最大 MR 比呈现出振动特性。随非磁导体隔离层厚度的增加，电阻变化趋缓。对于 Co/Cu 系统来说，P_1、P_2、P_3 三个峰的位置分别在 1nm、2nm、3nm 附近，显示出较好的周期性。

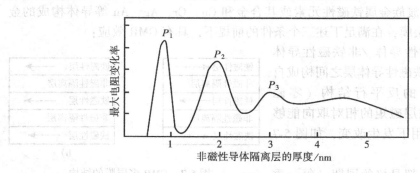

图5-9 非磁性导体隔离层对 GMR 的影响

GMR 的理论为 Mott 关于铁磁性金属电导的理论，即二流体模型。在铁磁金属中，导电的 s 电子要受到磁性原子磁矩的散射作用，散射的几率取决于导电的 s 电子自旋方向与固体中磁性原子磁矩方向的相对取向。自旋方向与磁矩方向一致的电子受到的散射作用很弱，自旋方向与磁矩方向相反的电子则受到强烈的散射作用，而传导电子受到散射作用的强弱直接影响到材料电阻的大小。图 5-10 是外场为零时电子的运动状态。多层膜中间同一磁层中原子的磁矩沿同一方向排列，而相邻磁层原子的磁矩反平行排列。根据 Mott 的二流体模型，传导电子分成自旋向上与自旋向下的两组，由于多膜层中非磁层对两组自旋状态不同的传导电子的影响是相同的，所以只考虑磁层产生的影响。

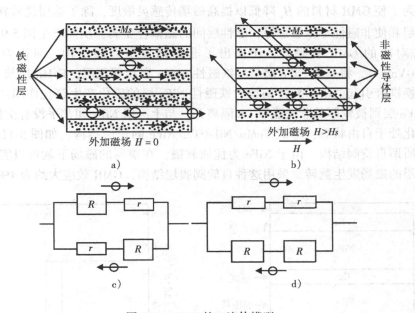

图 5-10　GMR 的二流体模型

a）相邻磁层磁矩反平行排列　b）相邻磁层磁矩平行排列
c）与 a）对应的电阻网络示意图　d）与 b）对应的电阻网络示意图

由图 5-10a 可见，两种自旋状态的传导电子都在穿过磁矩取向与其自旋方向相同的一个磁层后，遇到另一个磁矩取向与其自旋方向相反的磁层，并在那里受到强烈的散射作用，也就是说，没有哪种自旋状态的电子可以穿越两个或两个以上的磁层。在宏观上，多层膜处于高电阻状态，这可以由图 5-10c 的电阻网络来表示，其中 $R > r$。图 5-10b 是外加磁场足够大，原本反平行排列的各层磁矩都沿外场方向排列的情况。可以看出，在传导电子中，自旋方向与磁矩取向相同的那一半电子可以很容易地穿过许多磁层而只受到很弱的散射作用，而另一半自旋方向与磁矩取向相反的电子，则在每一磁层都受到强烈的散射作用。也就是说，有一半传导电子存在一低电阻通道。在宏观上，多层膜处于低电阻状态，图 5-10d 的电阻网络即表示这种情况，这样就产生了 GMR 现象。

上述模型的描述是非常粗略的，而且只考虑了电子在磁层内部的散射，即所谓的体散射。实际上，在磁层与非磁层界面处的自旋相关散射有时更为重要，尤其是在一些 GMR 较大的多膜层系统中，界面散射作用占主导地位。虽然多膜层具有很高的 GMR，但由于强反铁磁耦合使饱和磁场高（1T），其磁场传感灵敏

度 $S = \Delta R/ (RH_s)$ 低于 0.01%/Oe$^{\ominus}$，远小于玻莫尔合金的灵敏度 0.3%/Oe。

二、自旋阀的 GMR 效应

为了使 GMR 材料的 H_s 降低以提高磁场传感灵敏度，除了选用优质软磁铁为铁磁层和使非磁性导体层加厚，磁性层间的磁耦合变弱，从而产生图 5-9 第 2 个峰 P_2 对应的 GMR 效果外，还提出了非磁耦合型夹层结构，简称为自旋阀（Spin-Valve）。将一层 NiFe 层与反铁磁性 FeMn 层相邻积层，FeMn 层与 NiFe 层的交换耦合引起的单向异性偏场对铁磁性 NiFe 层的磁化产生钉扎作用；而另一层 NiFe 层则被较厚的非铁磁层 Cu 隔离开，与上一层 NiFe 间几乎没有交换耦合，其磁化处于自由状态，形成 FeMn/NiFe/Cu/NiFe 的积层结构，如图 5-11a 所示，构成所谓自旋阀结构。由于 NiFe 为优质软磁，在很弱的磁场下就可以实现仅使自由层的磁场发生翻转。采用这种自旋阀膜层结构，GMR 效应大约为 4%/Oe。

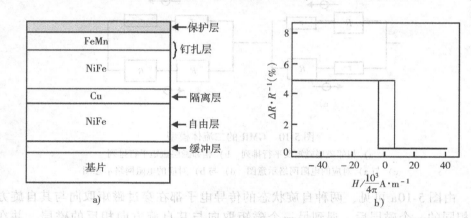

图 5-11　自旋阀结构示意图 a) 及其 $\Delta R/R$ 与外磁场的关系曲线 b)

三、纳米颗粒膜的 GMR 效应

纳米颗粒膜是指纳米量级的铁磁性相与非铁磁性导体相非均匀析出构成的合金膜。在铁磁颗粒的尺寸及其间距小于电子平均自由程的条件下，颗粒膜就有可能呈现 GMR 效应。

纳米颗粒合金中的 GMR 效应最早是在溅射 Cu-Co 合金单层膜（膜厚数百纳米）中发现的，它表现出比较大的负效应。在室温下，在 160kA/m 的磁场下，MR 比最大达 7%。从电流与磁场方向的关系看，纵效应、横效应是一致的，即显示出各向同性，这些与金属超晶格的 GMR 效应是一致的。Cu-Co 合金单层膜系统中的母相为 Cu，在母相中弥散分布着 Co 纳米颗粒相，后者具有磁矩。当传

$\ominus$　Oe 是非法定单位，$1\text{Oe} = \dfrac{10^3}{4\pi}\text{A} \cdot \text{m}^{-1} = 79.6\text{A} \cdot \text{m}^{-1}$。

导电子在 Cu 母相中流过时，电子的自旋会受到 Co 纳米颗粒相的散射作用。纳米颗粒膜中的巨磁阻效应主要源于磁性颗粒表面或界面散射，它与颗粒直径成反比，或者说与颗粒的比表面积成正比关系。

为了实现磁场对电子自旋散射的有效控制，在非磁性导体母相(Cu、Ag、Au) 中弥散析出铁磁性纳米颗粒(Fe、Co、Ni-Fe) 的过程中，需要对下述影响微观组织的因素进行精细控制：

1）磁性颗粒的平均粒径、形状、分布及平均间距。

2）电子在非磁性母相中的平均自由程。

3）电子在铁磁性颗粒相中的平均自由程，与电子自旋相关的散射系数。

4）相界面对不同自旋电子的散射系数。

5）合金成分。

颗粒粒径越小，其表面积越大，从而界面所起的散射作用越大。例如对 $Co_{20}Ag_{80}$ 纳米颗粒膜的巨磁电阻效应与 Co 颗粒半径的倒数 （$1/r$）成很好的线性关系，如图 5-12 所示。Co_xAg_{1-x} 颗粒膜的巨磁电阻与 Co 含量 （x_{Co}）之间的关系如图 5-13 所示，大约在 $x_{Co}=22\%$ 组成时呈现巨磁电阻效应极大值。不同系列颗粒膜产生巨磁阻效应极大值的组成范围大致在铁磁颗粒体积分数为 15% ~25% 之间。理论研究表明，当铁磁颗粒尺寸与电子平均自由程相当时，巨磁电阻效应最显著。除颗粒尺寸外，巨磁电阻效应还与颗粒形态相关，对合金进行退火处理可以促使进一步相分离，从而影响巨磁电阻效应。

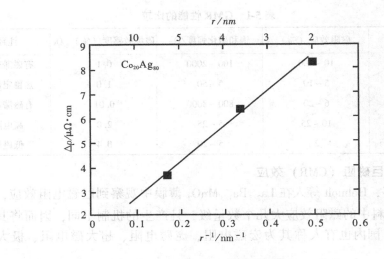

图 5-12 $Co_{20}Ag_{80}$ 纳米颗粒膜

的 GMR 效应与 Co 颗粒半径的关系

四、隧道磁电阻 TMR 效应

在金属膜之间夹有数纳米厚的绝缘层，构成三明治结构，在两金属之间加低电压，电子不是越过势垒，而是在能垒中穿过，这便是隧道贯穿现象。在绝缘层为非铁磁性绝缘体时，隧道电子在贯穿绝缘层前后其自旋并不改变。但如果积层为下述的三明治结构：铁磁性 A/非铁磁性绝缘层/铁磁性 B。则隧道电子的自旋要受到铁磁性 A、铁磁性 B 层发生自发磁化 M_s 的影响。换句话说，由于两铁磁性层自发磁化的作用，右旋自旋和左旋自旋电子穿过隧道的几率不同，由此产生巨磁电阻效应。

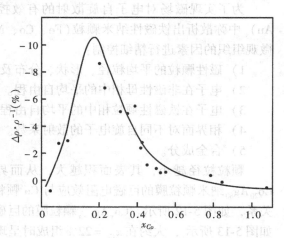

图 5-13 Co_xAg_{1-x} 颗粒膜的 GMR 效应与 Co 含量（摩尔分数 x）之间的关系

关于隧道效应的研究一直在进行中，自发现金属超晶格 GMR 之后，它再一次引起人们的注目。有人采用 $Fe/Al_2O_3/Fe$ 磁性三明治结构研究隧道型 TMR 效应，室温的 TMR 达到 18%。由于这种器件膜层较厚，制作容易，对于实用器件，意义很大。

表 5-1 为几种不同结构的 GMR 性能的比较。

表 5-1　GMR 性能的比较

材料	磁阻效应（%）	饱和磁化强度/Oe	磁场敏感度（%）/Oe	注释
多层膜	10～100	100～2000	0.1	有磁滞现象
自旋阀	5～10	5～50	1.0	热稳定性差
颗粒膜	6～20	800～8000	0.01	有磁滞现象
隧道结	10～25	5～25	2.0	高电阻
AMR	2	5～20	0.4	低磁场

五、超巨磁阻（CMR）效应

1993 年，Helmolt 等人在 $La_{2/3}Ba_{1/3}MnO_3$ 薄膜中观察到巨磁电阻效应，由于它比金属材料中的磁阻效应大几个数量级，且产生的机制不同，因而将其称为 CMR 效应，国内也有人称其为宏磁电阻、庞磁电阻、超大磁电阻、极大磁电阻等。

CMR 效应产生的物理机制至今仍不十分清楚。钙钛矿型稀土 Mn 氧化物 $LaMnO_3$（反铁磁性绝缘体）为非导体，当稀土 La 被二价碱土元素 Ba 部分代替后，形成稀土掺杂的 Mn 氧化物。当掺杂浓度为 0.2～0.5 时，这类氧化物具有铁磁性和金属性。同时，其结构随掺杂浓度的增加由低对称向高对称转变。因此，CMR 效应的产生是由于磁场使系统的绝缘体状态转变为金属特性的状态所致，这种状态的改变往往与磁场诱发的结构相变相关。

六、巨磁阻效应的应用

在巨磁阻效应发现后的不长时间内，不断开发出一系列崭新的磁电子学器件，使计算机外存储器的容量获得了突破性进展，并使家用电器、自动化技术和汽车工业中应用的传感器得以更新。例如，IBM 公司从 1994 年起利用 GMR 效应自旋阀（Spin Valve，简称 SV）制做出了硬盘驱动器（HDD）读出磁头，使 HDD 的面密度达到每平方英寸 10 亿位（1Gbt/in²），至 1996 年已达到 5Gbt/in²，将磁盘记录密度一下提高了 17 倍，其市场产值在 1998 年已达到 340 亿美元。在此基础上 1995 年又发现了室温下工作的隧道结（TMR）材料，其存储性能指标又有数量级的提高，对网络技术的影响将进一步增大。

第三节 纳米磁性材料

一、纳米软磁材料

软磁材料又称为高磁导率材料，具有高的磁导率，其基本功能是迅速响应外磁场的变化，低损耗地获得高的磁通密度或高磁化强度。为了迅速响应外磁场的变化，要求低的矫顽力，为了实现低损耗，要求具有高的电阻率。计算和实践都表明，磁导率 μ 正比于饱和磁化强度的平方，反比于磁性晶体的各向异性常数 K_1，或磁致伸缩常数 λ_s。因此，软磁材料还应具有高的 B_s 或 M_s 和低的 K_1 及 λ_s。工业上常用的软磁材料有电工软铁、硅钢、坡莫尔合金、磁性非晶等，被广泛用于制造发动机、发电机、变压器，在磁性材料中所占的比例最大。

1998 年以来，日本在非晶的基础上发展了三种型号的纳米软磁合金：FINEMET 合金、NANOPERM 合金和 HITPERM 合金。

1. FINEMET 合金

FINEMET 合金是 Fe-Cu-Ni-Si-B 纳米晶合金。首先用熔体快淬（单辊）的方法制备 $Fe_{74.5-x}Cu_xNb_3Si_{13.5}B_9$ 非晶带，然后在 763～833K 退火获得纳米晶。退火的温度取决于 Cu 的含量，当摩尔分数 $x_{Cu}=1$ 时，铁心损耗由 1200 降低至大约 200kW/m³，磁导率由 10000 增加到 100000，矫顽力由 1.5 降至 0.6A/m，饱和磁通密度 B_s 高达 1T。合金性能的大幅度提高来源于晶化后形成均匀分布的纳米 Fe 晶粒（10nm）和晶间分布的非晶体。Cu 和 Nb 加入后由于 Cu 与 Fe 不互溶而倾向于分离，因此富 Fe 的晶粒不能穿过富 Cu 区和富 Nb 区而长大，而非晶的富 Cu 区和富 Nb 区因具有更高的晶化温度而在退火时保持非晶态。进一步提高退火温度，分布于 Fe 晶粒间的非晶相将被晶化成铁磁相，晶粒间的耦合变坏，导致矫顽力升高。

2. NANOPERM 合金

NANOPERM 合金是 Fe-M-B（M = Zr、Hf 或 Nb）合金。该合金的制备亦是采用熔体快淬非晶晶化退火的方法，退火后的组织由 1 ~ 20nm 的 α-Fe 晶粒和分布于晶粒间的少量非晶层组成。由于具有高的 M 元素和 B 元素含量，非晶层具有高的居里温度。与 FINEMET 相比，由于 Fe 含量的提高，NANOPERM 的 B_s 值高达 1.5T。如果加入少量的 Cu，该合金会具有更好的性能。例如 Fe-Zr-Nb-B-Cu 合金的晶粒为 7nm 时，磁致伸缩基本为零，有效磁导率 μ_e 在 1kHz 时大于 10^5，矫顽力 $H_c < 2$ A/m，非晶相的居里温度 $T_c = 500$K。典型合金 $Fe_{85.6}Zr_{3.3}Nb_{3.3}B_{8.6}$ Cu 的 $\mu_e = 1.6 \times 10^5$，$B_s = 1.57$T，磁致伸缩率基本为零。

3. HITPERM 合金

HITPERM 合金是用 Co 部分取代 NANOPERM 合金中的 Fe 而形成的，饱和磁通密度较 NANOPERM 合金更高。典型合金为 $(Fe_{0.5}Co_{0.5})_{88}Zr_7B_4Cu_1$。图 5-14 为纳米软磁材料和其他几种常用软磁材料的 μ_e-B_s 关系，表明纳米软磁材料具有显著优越的性能。表 5-2 列出了一些常用的软磁材料及纳米软磁材料的性能。

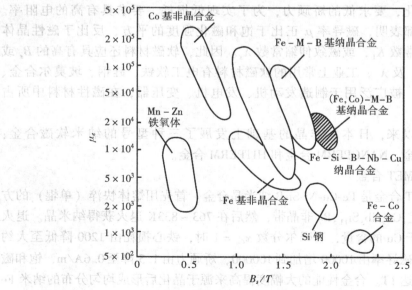

图 5-14　几种纳米软磁材料的 μ_e-B_s 关系

表 5-2 软磁材料的性能

材料	成分	最大磁导率 μ_{max}	矫顽力 $H_c/A \cdot m^{-1}$	最大磁通密度 B_{max}/T	电阻率 $\rho/(\mu\Omega \cdot m)$	居里温度 T_c/K
低碳钢	99.5% Fe	4000	100	2.14	1.12	~770
硅钢（有位向）	Fe-3% Si	50000	7	2.01	0.5	~720
坡莫合金	Fe-4% Mo-79% Ni	200000	1	0.8	0.58	400
Supermender	Fe-2% V-49% Co	100000	16	2.3	0.4	~980
金属玻璃（2605sc）	$Fe_{81}B_{13.5}Si_{13.5}C_2$	300000	3	1.61	1.35	~290
纳米合金	Fe-1% Cu-3% Nb-13.5% Si-9% B	>100000	<1	1.2~1.3	1.35	~600

二、纳米复合永磁材料

永磁材料亦称硬磁材料或高矫顽力材料，用于存贮静磁能，其性能用最大磁能积 $(BH)_{max}$ 来表示。为了获得最大磁能积，永磁材料必须具有高的剩磁 M_r，(B_r) 和高的矫顽力 H_c。磁能积的最大理论值为 $\mu_0 M_s^2/4$。如果只考虑磁化强度，则 α-Fe 的 $\mu_0 M_s = 2.15T$，最大磁能积可达 $920kJ/m^3$。实际上，α-Fe 的 H_c 很小，导致其最大磁能积仅为 $1kJ/m^3$ 的量级。目前，广泛使用的磁能积最高的是第三代稀土 NdFeB 永磁体，其主相为 $Nd_2Fe_{14}B$，$(BH)_{max} = 516kJ/m^3$（或 56MG·O_e）。由于受 M_s 上限的限制，进一步提高单相永磁体的磁能积是十分困难的。然而，可以设想将具有很高 M_s 的软磁材料和具有很高 H_c 的硬磁材料复合在一起，通过这两种纳米相或晶粒之间的交换耦合相互作用，从而获得具有极高磁能积的纳米复合永磁材料，如图 5-15 所示。晶粒交换耦合相互作用，是指两个相邻晶粒直接接触时晶界处取向不同的磁矩产生相互作用，阻止其磁矩沿各自易磁化方向取向，使界面处的磁矩取向从一个晶粒的易磁化方向连续改变为另一个晶粒的易磁化方向，使混乱取向的晶粒磁矩趋向于平行排列，从而导致磁矩沿外磁场方向的分量增

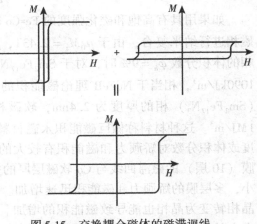

图 5-15 交换耦合磁体的磁滞迴线

加，产生剩磁增强效应。交换耦合作用削弱了每个晶粒磁晶各向异性的影响，使晶粒界面处的有效各向异性减小。交换耦合长度：

$$L_{ex} = (A/K)^{1/2} \tag{5-7}$$

式中，A 为交换积分或交换刚度（Exchange Stiffness）；K 为交换长度内各晶粒各向异性的平均值，即有效各向异性常数。L_{ex} 相当于磁畴壁的厚度 δ，因此交换耦合为短程作用。当晶粒尺寸 $D \ll L_{ex}$ 时，K 的影响可以忽略不计。

纳米复合永磁材料可具有极高磁能积的基础之一是硬磁相和软磁相之间的交换耦合使反磁化畴不能在软磁相内成核。假设半径为 R_0 的球状软磁体分布于硬磁基体内，软磁各向异性系数为零，反磁化畴成核时的临界磁场称做临界成核磁场强度 H_n：

$$H_n = H_a \frac{\delta_h^2}{R_0^2} \tag{5-8}$$

式中，H_a 为硬磁的各向异性磁场强度；δ_h 为硬磁相的畴壁厚度。如果硬磁相和软磁相之间转换平缓（Smooth Transition），则 H_n 与 R_0 的关系为 $1/R_0$。由于硬磁磁畴 δ_h 的厚度一般为 5nm 左右，因此为了保证软硬磁相之间的耦合，软磁相不能大于 2 倍的磁畴厚度，大于 10nm 时，软磁相将损害 H_c。根据 Skomski 模型，最大磁能积：

$$(BH)_{max} = \frac{1}{4} \mu_0 M_s^2 \left[1 - \frac{\mu_0(M_s - M_h)M_s}{2K_h} \right] \tag{5-9}$$

式中，M_s 和 M_h 分别为软、硬磁相的磁化强度；K_h 为硬磁的各向异性常数。由于 K_h 相对很大，故式中的第二项可忽略，相对应的硬磁相的体积分数：

$$\varphi_h = \frac{\mu_0 M_s^2}{4K_h} \tag{5-10}$$

如果用具有高饱和磁化强度的 Fe-Co 软磁相和具有高矫顽力的 $Sm_2Fe_{17}N_3$ 硬磁相进行纳米复合，由于 $\mu_0 M_s = 2.43T$，$\mu_0 M_h = 1.55T$，$K_h = 12MJ/m^3$，则硬磁相的体积分数 $\varphi_h = 9\%$ 时，对于 $Sm_2Fe_{17}N_3/Fe_{65}Co_{35}$ 两相磁体，其最大磁能积为 $1090kJ/m^3$，相当于 NdFeB 理论磁能积的两倍。对于多层膜复合组织，当硬磁（$Sm_2Fe_{17}N_3$）相的厚度为 2.4nm，软磁相的厚度为 9.0nm 时，磁能积亦超过 $1MJ/m^3$。这种材料称做巨磁能积永磁材料或兆焦耳磁体。多层膜中软磁相的厚度或体积分数对矫顽力和磁能积有较大的影响。图 5-16 为退火后 PtCo/Co 多层膜（10 层）的磁滞回线与 Co 软磁层厚的关系。由图可知，随着 Co 层厚度的减小，多层膜的矫顽力和磁能积迅速增加。此外，多层膜退火时层间的扩散或非晶相转变为晶相也能导致磁能积的增加。制备高剩磁硬、软相纳米复合永磁体合金的方法主要有三种：一是薄膜制备；二是快淬甩带；三是机械合金化。目前，用上述方法制备的纳米复合永磁体的最大磁能积一般不超过 200kJ/m³。其主要原因有：

1）晶粒大于软、硬磁晶粒交互耦合的临界尺寸。如前所述，当软磁相的尺寸大于 10nm 时将损害 H_c，而目前制备的磁体的晶粒尺寸一般大于 20nm，且范围波动大，降低了晶粒间的交换耦合作用，使磁能积下降。

2）软、硬磁两相的晶粒相互接触不好，分布不均匀。

3）纳米复合磁体的剩磁有很大提高，但矫顽力下降太多，限制了磁能积的提高。

4）纳米复合永磁体矫顽力的降低主要是由有效各向异性的减小所致。而有效各向异性随晶粒平均尺寸的减小和软磁相组成的增加而降低。

Skomski 模型是 1993 年提出的，经过 10 年的努力，实验值仍不到理论值的 1/5，就应当考虑 Skomski 模型是否正确。因此，要使巨磁能积永磁体具有实用价值，还需要做大量的研究工作。同时，由于目前纳米复合永磁材料的磁能积与理论相比有很大的差距，从而使复合永磁材料的研究更富有挑战性。

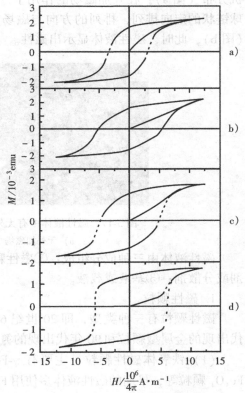

图 5-16 多层膜 PrCo30nm、
Co 厚度 x 的磁滞回线
a）$x=11$nm b）$x=10$nm c）$x=8$nm
d）$x=5$nm（单位：emu = $4\pi \times 10^7$wb·m）

第四节 磁 性 液 体

一、磁性液体的组成

磁性液体是经过表面活性剂处理的超细磁性颗粒高度分散在某种液体中而形成的一种磁性胶体溶液。这种胶体溶液在重力和磁场力的作用下不会出现凝聚和沉淀现象。磁性液体中的磁性颗粒的尺寸一般为 10nm 或更小，具有自发磁化的特性。然而，这些颗粒在液体中处于布朗运动状态，它们的磁矩是混乱无序的，处于超顺磁状态。磁性液体既有固体磁性材料的磁性，又具有液体的流动性。图

5-17 为施加磁场前后磁性液体中磁性颗粒的分布。无外加磁场时，磁性颗粒随机分布（图 a）；在外加磁场的作用下，原来随机分布的磁性颗粒沿磁场方向呈球链状的定向排列，排列的方向与磁场方向一致，磁球链之间形成一定的间距（图 b），此时，磁性液体显示出磁性。

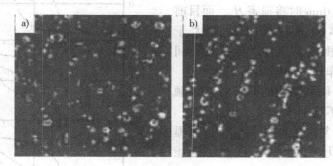

图 5-17 磁性液体中有无外加磁场时磁性颗粒的分布
a）无外加磁场 b）有外加磁场

磁性液体由三种成分组成：①磁性颗粒；②包覆在磁性颗粒表面的表面活性剂或分散剂；③基液或载液。

1. 磁性颗粒

磁性颗粒有三种类型，即 20 世纪 60 年代出现的第一代铁氧体颗粒，80 年代出现的金属型颗粒和 90 年代出现的氮化铁颗粒。

（1）铁氧体磁性颗粒 主要有 γ-Fe_2O_3、$MeFe_2O_4$（Me = Co，Ni，Mn）和 Fe_3O_4 颗粒等，早期的磁性液体多使用 Fe_3O_4。Fe_3O_4 极易氧化，即使被活性剂包覆使用，也因被氧化而使磁液逐渐变黑。同时，当 Fe_3O_4 被氧化成 γ-Fe_2O_3 时又将导致磁液的饱和磁化强度 M_s 明显下降和磁性液体胶体体系的破坏。因此，颗粒的抗氧化性是磁性液体稳定性的关键问题，也是磁性液体研究和应用的关键问题之一。

（2）金属型磁性液体颗粒 主要有 Fe、Co、Ni 及其合金颗粒。由于金属铁磁性材料的饱和磁化强度远高于铁氧体，因此使用金属型磁性颗粒的磁性液体具有较高的饱和磁感应强度（> 0.1T）及较低的粘度，但金属型磁性颗粒极易氧化。Co 和 Ni 微粒表面会形成保护型的氧化膜，但一遇水保护膜即被破坏，而加厚氧化膜又会使 M_s 值降低。用一层非晶态 SiO_2 包覆 Fe 等超细颗粒可使金属型磁性颗粒具有很好的抗氧化性。

（3）Fe-N 化合物 主要有 FeN、Fe_2N、ε-Fe_3N、$Fe_{16}N_2$ 等。Fe-N 系化合物在常温下为稳定相，同时具有高饱和磁化强度，其中薄膜中生成的 $Fe_{16}N_2$ 相可具有 2.83T 的巨磁化强度。ε-Fe_3N 磁液的饱和磁化强度可达 0.223T。因此用 Fe-N 化合物颗粒制备的磁性液体不仅具有稳定的化学特性，而且还具有优良的磁性能。

2. 表面活性剂

表面活性剂的作用是使磁性颗粒表面活性化，使微粒以理想的单颗粒形态分散在基液中并能在范德瓦尔斯等各种吸引能量作用下也不会发生凝聚。表面活性剂的作用机理是其官能团与颗粒表面通过化学键或静电力产生很强的吸附作用，而官能团所在链的部分与溶剂分子保持较强的亲和性，如图 5-18 所示。这样，

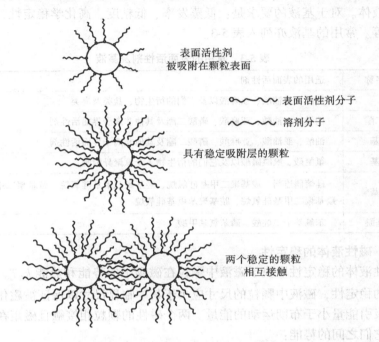

表面活性剂
被吸附在颗粒表面

〜〜〜〜 表面活性剂分子

⟨⟨⟨⟨⟨⟨ 溶剂分子

具有稳定吸附层的颗粒

两个稳定的颗粒
相互接触

图 5-18　磁性颗粒表面的活性剂层

被活化的微粒在相互靠近时能产生立体或空间的排斥力，以防止团聚。如图 5-19 所示，图中虚线代表排斥力和范德瓦尔斯吸引力联合作用的能量，虚线上最高点为颗粒发生团聚必须克服的势垒。对于以水为载液的磁液，表面活性剂的作用是微粒表面形成类似双电层的结构，保持较高的表面电荷，利用静电反作用力来防止凝聚。此外，表面活性剂还要与基液相适应，其分子的烃基尾端必须和基液相溶。

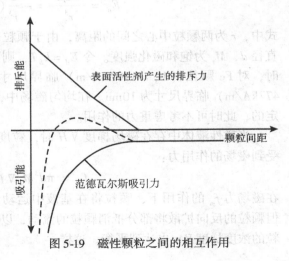

图 5-19　磁性颗粒之间的相互作用

常用的表面活性剂是油酸、亚油酸、亚麻酸以及它们的衍生物。常用的表面活性剂列于表5-3。

3. 基液

基液可以是水、各种油和碳氢化合物、酯及二酯等，此外，水银也可做基液制备成金属型磁液。将水和各种燃料混合配制，可制备成具有红、黄、绿等颜色的彩色液体。对于基液的要求是：低蒸发率、低粘度、高化学稳定性、耐高温和抗辐照等。常用的基液亦列入表5-3。

表5-3　常用的表面活性剂及基液

基液名称	适用的表面活性剂
水	油酸、亚油酸、亚麻酸以及它们的衍生物、盐类及皂类
酯及二酯	油酸、亚油酸、亚麻酸、磷酸二酯及其他非离子界面活性剂
碳氢基	油酸、亚油酸、亚麻酸、磷酸二酯及其他非离子界面活性剂
氟碳基	氟醚酸、氟醚磺酸以及它们的衍生物、全氟聚异丙醚
硅油基	硅熔偶连剂、羧基聚二甲基硅氧烷、羟基聚二甲基硅氧烷、胺基聚二甲基硅氧烷、羧基聚二甲基硅氧烷、胺基聚苯甲基硅氧烷
聚苯基醚	苯氧基十二烷酸、磷苯氧基甲酸

二、磁性液体的稳定性

磁性液体的稳定性取决于磁液中颗粒在磁场中的势能和热能 $k_B T$。为保证磁性液体的稳定性，磁液中颗粒的尺寸应小于某一临界尺寸以保证被磁化颗粒之间的相互吸引能量小于布朗运动的能量。两个磁性的颗粒相接触且磁矩在一条直线上时，它们之间的势能：

$$E_d = \frac{-2\mu^2}{r^3} = -\frac{2}{r^3}\left(\frac{\pi d^3 M_s}{6}\right)^2 \tag{5-11}$$

式中，r 为两颗粒中心之间的距离，由于颗粒表面包覆了活性剂，故 r 大于颗粒直径 d，M_s 为饱和磁化强度。令 $E_d = k_B T$，则可计算出颗粒临界尺寸。如在20℃时，对 Fe 颗粒（$M_s = 1707$ kA/m）临界尺寸为3nm；对于 Fe_3O_4 颗粒（$M_s = 477$ kA/m）临界尺寸为10nm。在均匀磁场中，小于颗粒临界尺寸时，磁液是稳定的，此时可不考虑重力的作用。

当磁性液体中存在磁场梯度 ∇H 时，粒度为 d，饱和磁化强度为 M_s 的颗粒受到磁场的作用力：

$$f_m = \pi d^3 M_s \nabla H/6 \tag{5-12}$$

在磁场力 f_m 的作用下，颗粒将在基液中运动，从而产生一定的颗粒流动通量。但颗粒的反向扩散将部分抵消颗粒的流动，以至达到平衡。此时，磁性液体中颗粒的浓度梯度 ∇n 也达到平衡。这样，

$$\frac{\nabla n}{n} = \frac{\pi d^3 M_s \nabla H}{6 k_B T} \tag{5-13}$$

式中，n 为磁性液体中颗粒的浓度。该式可用于计算磁性液体稳定性的颗粒尺寸、可允许的浓度梯度、颗粒材料的 M_s 与磁场梯度 ∇H 的关系。这样，可将颗粒浓度的变化限制在一定的范围内，以保证磁性液体的稳定性。

三、磁性液体的饱和磁化强度

由于磁液处于超顺磁状态，故它的磁学性能呈现典型的超顺磁性，即磁化时无磁滞迴线，矫顽力为零。图 5-20 为 Fe_3O_4 磁液在 293K 时的磁化曲线（标准离差 $\sigma = 0.05$），显示出超顺磁特性。图中的曲线形状取决于磁性颗粒的直径。颗粒的平均尺寸 d_v 和体积分数 φ_v 对磁性能的影响，可用描述磁液的初始磁化率 χ_i 和饱和磁化强度 M_s 的方程来描述：

$$\chi_i = \frac{\varphi_V M_p^2 d_V^3}{288 \pi k_B T} \exp(4.5\sigma^2) \tag{5-14}$$

$$M_s = \varphi_V M_p \left[1 - \frac{24 k_B T \exp(4.5\sigma^2)}{M_p d_V^3 H} \right] \tag{5-15}$$

式中，M_p 为磁性颗粒的饱和磁化强度，其值取决于微粒的材料；H 为外加磁场。颗粒尺寸的分布是体积分数的对数分布，平均直径为 d_V，标准离差为 σ。以上方程是建立在不考虑磁性颗粒之间相互作用的基础上，对于磁性液体，这种假设可以接受。

磁性粒子对外加磁场的响应有两种机制，一是布朗弛豫，弛豫时间：

$$t_B = 3V'\eta / k_B T \tag{5-16}$$

式中，V' 为粒子的动态体积，包括表面活性剂的厚度；η 为载液的粘度。

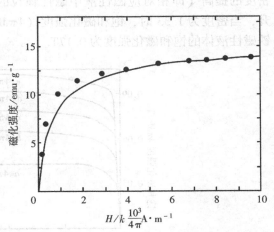

图 5-20 Fe_3O_4 磁性液体的磁化曲线（$\sigma = 0.05$）

另一机制是 Neel 弛豫，即粒子内部磁矩的旋转，弛豫时间：

$$\tau_N = \tau_0 \exp(\Delta E / k_B T) \tag{5-17}$$

式中，τ_0 通常为 10^{-9}；ΔE 为磁矩转动需克服的能垒。究竟哪种机制起作用取决于该机制是否有最小的弛豫时间。可以计算出根据这两种机制达到平衡时颗粒的临界尺寸 d_s，d_s 取决于基液的粘度、温度和各向异性常数 K_1。在290℃时，对于

Fe，d_s =8.5nm；对于 hcp-Co，d_s =4nm。对于粒径大于 d_s 的颗粒，布朗弛豫起主要作用；而粒径小于 d_s 的颗粒，内部磁矩转动起主导作用。

　　饱和磁化强度 M_s 是磁性液体性能的一项重要指标，而 M_s 值又主要取决于磁性颗粒的比饱和磁化强度及其稳定性。Fe_3O_4 的比饱和磁化强度为 92emu/g，铁氧体磁性液体的饱和磁化强度一般在 0.05T 左右。金属磁性颗粒具有高的比饱和磁化强度，如 Fe 的为 208emu/g，但由于金属颗粒极易氧化，使得金属磁性液体的 M_s 值在 0.10 ~ 0.17T，反而不如氮化铁磁性液体的 M_s 值高。ε-Fe_3N 的比饱和磁化强度为 160emu/g，相应

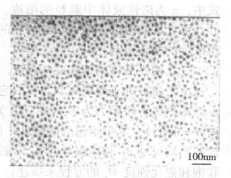

图 5-21　磁性液体的透射电镜照片

磁性液体的饱和磁化强度可达 0.223T。我国钢铁研究总院制备的金属（Fe）磁性液体的透射电镜照片如图 5-21 所示，由图可知，Fe 颗粒均匀、随机地分布在基液中。该磁性液体的饱和磁化强度如图 5-22 所示，由图可知，随着磁性液体密度的提高（即相对应磁性液中磁性颗粒的体积分数增加），饱和磁化强度上升，当密度为 1.33 时，饱和磁化强度（$4\pi M_s$）可达 0.1047T。该所制备的氮化铁磁性液体的饱和磁化强度为 0.17T。

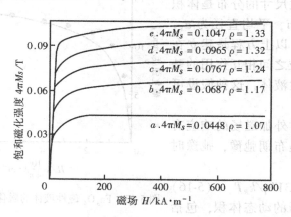

图 5-22　金属磁性液体的饱和磁化强度曲线

四、磁性液体的粘度

　　无外加磁场时，浓度较低的磁性液体呈现牛顿流动特性。当施加静态强磁场时，磁性液体的粘度一般会增加，并呈现非牛顿流动特性，粘度增加的程度因磁液的不同而异。外加磁场的方向对粘度有明显的影响，当外加磁场平行于磁液的流变方向时，磁液的粘度迅速增加；而当外加磁场垂直于磁液的流变方向时，磁

液的粘度增加不如前者明显，如图 5-23 所示，这种现象称为磁粘度。其产生原因是由于颗粒磁化后的各向异性沿磁场方向被固定所致。因此，磁液的流变沿磁场方向困难，而沿与磁场垂直的方向容易。此外，颗粒的团聚形成颗粒团（Cluster）也可造成磁液的粘度在平行磁场方向与垂直磁场方向上的差别。利用磁液的粘度随磁场的变化性质，可以制成各种阻尼装置。国外的大型载重汽车、高速列车及导弹发射器等都已采用磁性液体减振器。

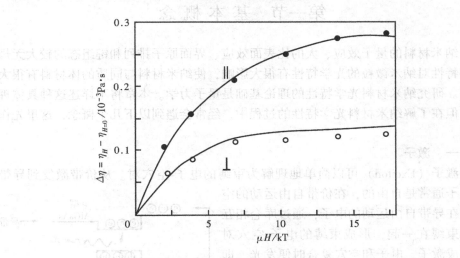

图 5-23　磁场方向对含 Co 磁性液体粘度的影响

此外，磁性液体内部压强具有随外磁场增大而增大的特性，利用这一性质可以进行混合物的分离，或制作新型的传感器、推进器等。

思 考 题

1. 纳米磁性材料的哪些磁学性能具有显著的尺寸效应？
2. 什么是超顺磁性？试计算 Fe 粒子在 300K 温度时的超顺磁性的临界尺寸。
3. 什么是巨磁阻效应？讨论产生巨磁阻效应的原理。
4. 讨论影响多层膜、自旋阀、颗粒膜、隧道结巨磁阻效应的主要因素。
5. 纳米软磁材料有哪些不同于普通软磁材料的特点？
6. 怎样才能进一步提高纳米复合永磁材料的磁性能？
7. 讨论影响磁性液体的稳定性及性能的主要因素。

第六章 纳米材料的光学性能

第一节 基本概念

纳米材料的量子效应、大的比表面效应、界面原子排列和键组态的较大无规则等特性对纳米微粒的光学特性有很大影响，使纳米材料与同质的体材料有很大不同。研究纳米材料光学特性的理论基础是量子力学。本章将不详述这种具体理论，但在了解纳米材料光学特性的过程中，经常会遇到以下几个概念，这里先作介绍。

一、激子

激子（Exciton）可以简单地理解为束缚的电子-空穴对。从价带激发到导带的电子通常是自由的，在价带自由运动的空穴和在导带自由运动的电子，通过库仑相互作用束缚在一起，形成束缚的电子-空穴对就形成激子。电子和空穴复合时便发光，即以光子的形式释放能量，如图 6-1 所示。根据电子与空穴相互作用的强弱，激子分为万尼尔（Wannier）激子（松束缚）和弗仑克尔（Frenkel）激子（紧束缚）。在半导体、

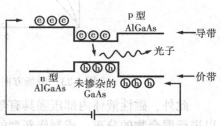

图 6-1 半导体激子及发光示意图

金属等纳米材料中通常遇到的多是万尼尔激子。这种激子能量 E_n 与波矢 $\vec{K}$ 的关系可写为：

$$E_n(K) = E_g + \frac{\hbar^2 K^2}{2m} - \frac{R^*}{n^2} \quad (n = 1,2,3,\cdots) \tag{6-1}$$

式中，E_g 为相应材料的能隙；$m = m_e^* + m_h^*$ 是电子和空穴的有效质量之和；R^* 是激子的等效里德伯能量。$R^* = 13.6\frac{\mu}{\varepsilon^2}\text{eV}$，$\varepsilon$ 是相对介电常数（有时直接称为介电常数），μ 是电子与空穴的折合质量，$\frac{1}{\mu} = \frac{1}{m_e^*} + \frac{1}{m_h^*}$。如果式（6-1）中 $K = 0$，则激子能量：

$$E_n(K) = E_g - \frac{R^*}{n^2} \quad (n = 1,2,3,\cdots) \tag{6-2}$$

$E_n(K)$ 比能隙小，所以允许带间直接跃迁时，激子光吸收过程所需光子的能量比本征吸收要小，亦即在本征吸收边的长波方向存在与激子光吸收相对应的吸收过程。

由于激子的本征方程与类氢原子类似，激子的半径也是量子化的，最小的激子半径称为激子玻尔半径，表示为：

$$a_B = 0.053 \frac{m_0 \varepsilon}{\mu} \qquad (6\text{-}3)$$

式中，m_0 是电子的静质量。在半导体发光材料中，当材料体系的尺寸与激子玻尔半径 a_B 相近时，就会出现量子限域效应，即系统中的能级出现一系列分立值，电子在能级出现量子化的系统中的运动受到了约束限制。

在元素周期表中，Ⅰ~Ⅶ族元素离子的激子玻尔半径 a_B 较小，如 CuCl 的 $a_B \approx 0.7\text{nm}$；对Ⅱ~Ⅵ族半导体，如 CdS 的 $a_B \approx 3.0\text{nm}$，CdSe 的 $a_B \approx 3.5\text{nm}$。它们在小尺寸时（小于 2nm）有较强的量子限域效应。但由于Ⅰ-Ⅶ和Ⅱ-Ⅵ族半导体很难作成小尺寸的微晶，它们也不适合作强的量子限域材料；而Ⅲ-Ⅴ族材料是理想的强量子限域材料，它们有较小的电子-空穴有效质量和大的介电常数。从式（6-3）可见Ⅲ~Ⅴ族有较大的激子玻尔半径，如 InAs 的 $a_B \approx 31.6\text{nm}$；室温下 InSb 有最窄的带隙，最小的电子-空穴有效质量，最大介电常数，InSb 的激子玻尔半径也最大，$a_B \approx 67.8\text{nm}$，所以 InSb 被广泛用来研究强量子限域作用。

在采用有效质量近似方法，研究纳米颗粒能级结构、处理球形对称无限深势阱中有抛物线型能带结构的球形粒子能级时，按照纳米颗粒半径 r 与激子玻尔半径 a_B 的关系，可将激子受限的情况分成 3 种类型：

（1）激子弱受限 $r \gg a_B$，体系的能量主要由库仑相互作用决定，此时量子尺寸限域附加的能量可近似表示为：

$$\Delta E \approx \frac{\hbar^2}{2(m_e^* + m_h^*)} \left(\frac{\pi}{r}\right)^2 n^2 \quad (n = 1, 2, 3, \cdots) \qquad (6\text{-}4)$$

从吸收和发光来看，激子基态能量向高能方向位移，出现激子能量的蓝移。由于电子的有效质量与电子的静止质量以及空穴有效质量与电子静止质量之比导致的附加能并不大，所以激子弱受限引起的蓝移量不大。

（2）激子中等受限 $r < a_B$，由于电子的有效质量小，空穴的有效质量大，电子受到的量子尺寸限域作用比空穴的大得多，在这种情况下主要是电子运动受限，空穴在强受限的电子云中运动，并与电子之间发生库仑相互作用，体系的附加能量近似表示为：

$$\Delta E \approx \frac{\hbar^2}{2m_e^*} \left(\frac{\pi}{r}\right)^2 \qquad (6\text{-}5)$$

（3）激子强受限 $r \ll a_B$，材料中的电子和空穴运动都将明显受到限制，

当 r 减小到一定尺寸，量子限域效应超过库仑作用，库仑作用仅仅作为微扰来处理，根据计算，量子尺寸限域产生的附加能量近似表示为：

$$\Delta E \approx \frac{\hbar^2}{2\mu}\left(\frac{\pi}{r}\right)^2 n^2 \qquad (n = 1,2,3,\cdots) \tag{6-6}$$

纳米半导体微粒增强的量子限域效应使它的光学性能不同于常规半导体。图 6-2 所示的曲线为不同尺寸的 CdS 纳米微粒的可见光-紫外吸收光谱比较。当微粒尺寸变小后出现明显的激子峰，并产生波长向短波方向移动，即所谓的谱线蓝移现象。

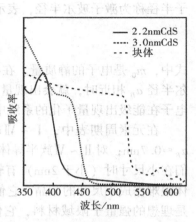

图 6-2 不同尺寸的 CdS 纳米微粒的可见光-紫外吸收光谱比较

二、光谱线及移动

1. 蓝移

当半导体粒子尺寸与其激子玻尔半径相近时，随着粒子尺寸的减小，半导体粒子的有效带隙增加，其相应的吸收光谱和荧光光谱发生蓝移，从而在能带中形成一系列分立的能级。纳米半导体粒子的吸收带隙 $E(r)$ 可用下列公式来描述：

$$E(r) = E_g + \frac{\hbar^2\pi^2}{2\mu r^2} - \frac{1.8e^2}{4\pi\varepsilon_0\varepsilon r} + 0.248R^* \tag{6-7}$$

式中，r 为纳米粒子半径；$E(r)$ 是 r 的函数，为相应半导体体材料的能隙。等式右边第二项为量子限域能，即为蓝移量；第三项为电子-空穴对的库仑作用能，即为引起谱线波长向长波方向平移的红移量；第四项是由于电子-空穴相互靠近出现的空间相关能，R^* 为激子等效里德伯能量。

与体材料相比，纳米微粒的吸收带普遍存在向短波方向移动，即蓝移现象。纳米微粒吸收带的蓝移可以用量子限域效应和大的比表面来解释。由于纳米颗粒尺寸下降，能隙变宽，这就导致光吸收带移向短波方向。已被电子占据能级与未被占据的宽度（能隙）随颗粒直径减小而增大，所以量子限域效应是产生纳米材料谱线"蓝移"和红外吸收带宽化现象的根本原因。由于纳米微粒颗粒小，大的表面张力使晶格畸变，晶格常数变小。如对纳米氧化物和氮化物小粒子研究表明，第一近邻和第二近邻的距离变短。键长的缩短导致纳米微粒的键本征振动频率增大，结果使红外光吸收带移向了高波数，界面效应引起纳米材料的谱线蓝移。

2. 红移

在有些情况下，粒径减小至纳米级时可以观察到光吸收带相对粗晶材料呈现

"红移"现象，即吸收带移向长波方向。从谱线的能级跃迁而言，谱线的红移是能隙减小，带隙、能级间距变窄，从而导致电子由低能级向高能级及半导体电子由价带到导带跃迁引起的光吸收带和吸收边发生红移。

纳米材料的每个光吸收带的峰位由蓝移和红移因素共同作用而确定，当蓝移因素大于红移因素时会导致光吸收带蓝移；反之，红移。例如，在 200～1400nm 波长范围，单晶 NiO 呈现 8 个光吸收带，它们的峰位蓝移分别为 3.52eV、3.25eV、2.95eV、2.75eV、2.15eV、1.95eV 和 1.13eV，纳米 NiO（粒径在 54～84nm 范围）不呈现 3.52eV 的吸收带，其他 7 个带的峰位分别为 3.30eV、2.93eV、2.78eV、2.25eV、1.92eV、1.72eV 和 1.07eV，前 4 个光吸收带相对单晶的吸收带发生蓝移，后 3 个光吸收带发生红移。

3. 吸收带的宽化

纳米结构材料在制备过程中要求颗粒均匀、粒径分布窄，但很难做到完全一致，其大小有一个分布，使得各个颗粒表面张力有差别，晶格畸变程度不同，引起纳米结构材料键长有一个分布，这就导致了红外吸收带的宽化。

纳米结构材料比表面相当大，界面中存在空洞等缺陷，原子配位数不足，失配键较多，这就使界面内的键长与颗粒内的键长有差别。就界面本身来说，较大比例的界面结构并不是完全一样，它们在能量、缺陷的密度、原子的排列等方面很可能有差异，这也导致界面中的键长有一个很宽的分布，以上这些因素都可能引起纳米结构材料红外吸收带的宽化。当然，分析纳米结构材料红外吸收带的蓝移和宽化现象要综合考虑。

三、人工纳米低维材料

半导体结构中常提及超晶格（Superlattice）、量子阱（Quantum Well）、量子线（Quantum Wires）、量子点（Quantum Dots）等人工制造的微结构材料，图 6-3 所示为其对应的电子态密度特性。在纳米结构半导体中，电子或电子空穴对的运动受到量子点、量子线的约束，出现了一系列与纳米结构半导体尺寸或形状有关的物理现象，均认为是量子限域效应的结果。

超晶格是指由交替生长两种半导体材料薄层组成的一维周期性结构，而其薄层厚度的周期小于电子的平均自由程的人造材料。超晶格概念的提出及实现，标志着人工低维、纳米结构研究与应用的开端与迅速兴起。超晶格材料的发光波长比相应体材

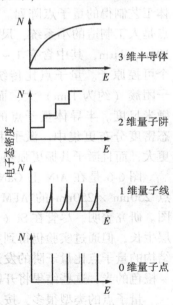

图 6-3　量子点、线、阱、块体的电子态密度

料的发光波长蓝移，为量子尺寸限域效应提供了有力证据。图 6-4a 显示用电子衍射成像方法得到的 AlGaAs/GaAs/AlGaAs 量子阱高分辨照片，可清楚看出 6nm厚的 GaAs 层由 27 层原子组成。

图 6-4b 表示化学成分控制的精度，在 1~2 个原子层内 Al 的浓度由 0（GaAs 层内）变到 40%（AlGaAs 层内）。在这种纳米结构中，传导电子被约束在 GaAs 层内，只能在超薄层内作二维运动，常称这种二维半导体为量子阱，量子阱的势垒厚度远大于波函数的穿透深度。

量子线是在两个维度上给电子体系施加量子限制，使电子仅能在一个维度上自由运动。量子点则是在三个维度上施加量子限制，使电子体系具有类原子能级的能量状态。图 6-5 表示用半导体工艺制得的量子点阵列。量子点是人工制造的小系统，尺寸为 10nm~1μm，其中含有 1~1000 个可控原子。量子点比传统的分子团簇（约为 1nm）大，而小于微米尺度。半导体量子点的电子态密度分布更集中，激子束缚能更大，而且激子共振更强烈。

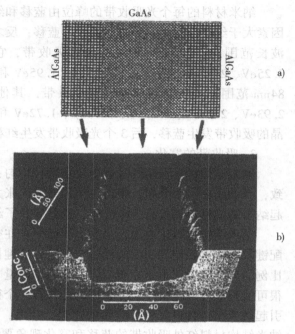

图 6-4　AlGaAs/GaAs 量子阱结构

图 6-6 是在 AlN 上 GaN 量子点 250nm × 250nm 的 AFM 扫描

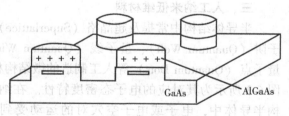

图 6-5　量子点阵列

图。研究表明，尽管在 Si（111）和蓝宝石（0001）上大的位错密度会影响外延层生长，但通过实验仍得到室温下 GaN 和 GaInN 量子点强的可见光光谱。相同结构的量子点比量子阱的发光好。量子点的发射波长随量子点的尺寸能发出从蓝~橙色的光，这些结果将开辟在 Si 基质上组建新的高效可见光波段的器件。

量子点的类型很多，按几何形状分为箱形、盘形、球形、四面体形以及外场（电磁场）诱导形；按材料组成分为元素半导体、化合物半导体及金属量子点。另外，分子团簇、微晶、超细粒子也属于量子点范畴。

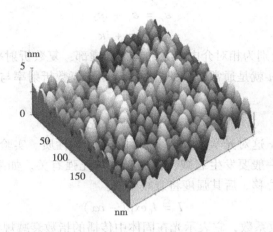

图 6-6　在 AlN 上 GaN 量子点的 AFM 扫描图

四、光谱图上的相关单位

在本章的以后几节中，常常见到光谱图，图中横坐标波长的单位往往不采用国际单位 SI 制，而是研究人员根据实验情况，常常采用 nm、eV、cm^{-1}、波数等单位直接等价代用。它们之间的换算关系为 $E = hc/\lambda$，$1eV = 1.602 \times 10^{-19}$J。例如能量为 1.25eV 的入射光，波长约为 $1\mu m$，用上述几个单位表示可见光波段为 $390 \sim 760nm$、$3.18 \sim 1.63eV$、$(2.56 \sim 1.32) \times 10^4 cm^{-1}$。

第二节　纳米材料的光吸收特性

光通过物质时，某些波长的光被物质吸收产生的光谱，叫做吸收光谱。原子发光时，各种原子吸收光谱的每一条暗线和该原子的发射光谱中的一条明线相对应。不论是纳米的半导体材料还是金属材料，只要外界所给的光子能量满足其能级跃迁的条件，就可以促使光子跃迁，从而探测到吸收谱线。

固体材料的光学性质与其内部的微结构，特别是与电子态、缺陷态和能级结构有密切的关系。传统的光学理论大都建立在能带有平移周期的晶态基础上。20世纪 70 年代以来，对非晶态光学性质的研究又建立了描述无序系统光学现象理论。纳米结构材料在结构上与常规的晶态和非晶态有很大的差别，小的量子尺寸颗粒和大的比表面、界面原子排列和键组态的无规则性较大，就使得纳米结构材料的光学性质出现一些不同于常规晶态和非晶态的新现象。

一、光吸收简介

一般而言，在研究固体材料的光学性质过程中，往往需要引入相对介电常数 ε_r 和折射率 N 的复数形式：

$$\varepsilon_r = \varepsilon_1 + i\varepsilon_2 \qquad (6\text{-}8)$$

$$N = n + i\kappa \qquad (6\text{-}9)$$

式中，ε_1 和 ε_2 分别为相对介电常数的实部和虚部；复数折射率 N 的虚部 κ 叫做消光系数；实部 n 就是通常所说的折射率。由于复数折射率与介电常数的关系 $N = \sqrt{\varepsilon_r}$，因此有：

$$n^2 - \kappa^2 = \varepsilon_1, \quad 2n\kappa = \varepsilon_2 \qquad (6\text{-}10)$$

人们通常用 n 和 κ 这对光学常数来表征固体的光学性质。实验发现，光在固体中传播时，其强度一般要发生衰减，光的吸收与光强有关。如果强度为 I_0 的入射光，通过固体内位移 x 后其强度将衰减变为：

$$I = I_0 \exp(-\alpha x) \qquad (6\text{-}11)$$

式中，α 叫做吸收系数，它表示光在固体中传播的指数衰减规律。

消光系数 κ 也表示物质的吸收，它与吸收系数 α 的关系为：

$$\alpha = 2\omega\kappa/c = 4\pi\kappa/\lambda_0 \qquad (6\text{-}12)$$

式中，λ_0 为真空中光的波长；ω 为入射光的频率；c 为真空中光速。

吸收系数的倒数叫做光在固体中的穿透深度，以 d 表示，则

$$d = \frac{1}{\alpha} = \frac{\lambda_0}{4\pi\kappa} \qquad (6\text{-}13)$$

消光系数大的介质，其光的穿透深度浅，表明物质的吸收强，而长波光比短波光的穿透深度大。

用适当波长的光照射固体材料，可将固体材料中的电子从价带激发到导带，而在价带中留下空穴。这种光激发的电子空穴对，可以用不同方式复合发射光子，在光谱上产生对应的发射峰，从实验上得到的光谱细节则反映固体材料的信息。

若只需考虑电子、空穴同电磁波之间的偶极矩相互作用，在一级微扰论下，电子空穴对的复合几率正比于吸收峰（或发射峰）的强度 $A(\omega)$，按量子力学中的黄金规则有：

$$A(\omega) = \frac{2\pi}{\hbar} \sum_f |\langle f|\vec{e}\cdot\vec{P}|i\rangle|^2 \delta(E_f - E_i - \hbar\omega) \qquad (6\text{-}14)$$

式中，$|i\rangle$ 和 $\langle f|$ 表示系统的始态与末态，式中要求对所有可能的末态求和，对光吸收情况而言，$|i\rangle$ 态为空的量子态，$\langle f|$ 为单粒子激发态；$\vec{e}\cdot\vec{P}$ 为偶极矩算符，$\vec{e}$ 为电磁场矢势，$\vec{P}$ 为动量算符；$\hbar\omega$ 为光子能量，δ 函数中的 " $-$ " 号对应着吸收光子跃迁。$\langle f|\vec{e}\cdot\vec{p}|i\rangle$ 为偶极矩矩阵元。

光吸收强度正比于在末态时发现一个电子和一个空穴存在于同一位置的几率。

二、金属纳米颗粒的光吸收

大块金属具有不同颜色的光泽，表明它们对可见光范围内各种波长光的反射和吸收能力不同。当金（Au）粒子尺寸小于光波波长时，会失去原有的光泽而呈现黑色。实际上，所有的金属超微粒子均为黑色，尺寸越小，色彩越黑。银白色的铂（白金）变为铂黑，铬变为铬黑等，这表明金属超微粒对光的反射率很低，一般低于1%。大约几nm厚度的微粒即可消光，金纳米粒子的反射率小于10%。粒子对可见光低反射率、强吸收率，导致粒子变黑。

金属纳米颗粒的一个特点是它有导电电子的表面等离子激元，表现为可见光区的一个强吸收带。金属纳米颗粒吸收系数的表达式为：

$$\alpha = K\varepsilon_m^{3/2}\frac{\omega}{c}\left(\frac{4\pi}{3}\right)r^3\frac{\varepsilon_2}{(\varepsilon_1 + 2\varepsilon_m)^2 + \varepsilon_2^2} \tag{6-15}$$

式中，ε_m 为周围介质的介电常数；ε_1 和 ε_2 分别为金属纳米颗粒介电常数的实部和虚部。金属中自由电子对 ε_1 和 ε_2 的贡献分别为：

$$\varepsilon_1 = 1 - \frac{\omega_N^2}{\omega^2 + \gamma^2} \tag{6-16}$$

$$\varepsilon_2 = \frac{\omega_N^2}{\omega(\omega^2 + \gamma^2)} \tag{6-17}$$

式中，γ 为与频率无关的阻尼系数；ω 为入射光频率；ω_N 为自由电子的等离子激元频率，其表达式为：

$$\omega_N = \left(\frac{N_e e^2}{\varepsilon_0 m_e^*}\right)^{1/2} \tag{6-18}$$

式中，N_e 是自由载流子浓度；ε_0 为真空介电常数；m_e^* 为电子有效质量。

三、半导体纳米材料的吸收谱

常规块体 TiO_2 是一种过渡金属氧化物，带隙宽度为 3.2eV，为间接允许跃迁带隙，在低温下可由杂质或束缚态发光。但是，用硬脂酸包敷的 TiO_2 超微粒可均匀分散到甲苯相中，直到 2400nm 仍有很强的光吸收，其吸收谱满足直接跃迁半导体小粒子的 Urbach 关系：

$$(\alpha h\gamma)^2 = B(h\nu - E_g) \tag{6-19}$$

式中，$h\nu$ 为光子能量；α 为吸收系数；E_g 为带隙；B 为材料特征常数。与块体 TiO_2 不同的是，TiO_2 微粒在室温下由 380~510nm 波长的光激发可产生 540nm 附近的宽带发射峰，且随粒子尺寸减小而出现吸收的红移。出现室温可见荧光和吸收红移的理论解释为：包敷的硬脂酸在粒子表面形成一偶极层，偶极层的库仑作用引起的红移大于粒子尺寸的量子限域效应引起的蓝移，结果吸收谱呈红移现象；表面形成束缚激子从而导致发光。但是另一方面，实验观测到 TiO_2 纳米薄膜随着温度的降低，薄膜吸收边位置又向短波方向移动，即发生了蓝移，如图6-7 所示为 TiO_2 纳米薄膜光吸收曲线。

按量子力学观点，能形成离散量子能级的原子、分子的势场就相当于一个天然的量子阱。从图6-8所示的实验发现，GaN 纳米材料从紫外—可见光区域的吸收光谱在 $1.5 \sim 5.8eV$ 范围内，GaN 纳米材料的基本吸收边的吸收系数也证实了满足式（6-19）的要求，即 $\alpha \propto (h\nu - E_g)^{1/2}$。

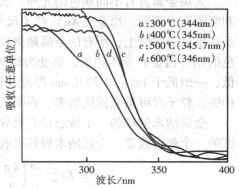

图 6-7　TiO_2 纳米薄膜光吸收曲线

从纳米微粒的光学性质可以获得半导体材料的一些其他特性，这也是用光学方法研究材料性质的原因，同时也是

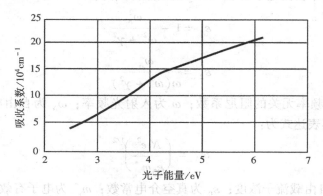

图 6-8　纳米 GaN 的紫外-可见光区域吸收光谱

对纳米材料特性的补充。例如，20世纪80年代发展起来的一项基于光热效应用于测量固体、液体、气体样品光吸收的新技术——光热转换谱（PDS）技术，它被公认是一种高灵敏度、非破坏性测量低吸收样品的手段。纳米结构材料在吸收光后，由于光热效应引起局部温度的升高，在周围形成温度梯度 ΔT，热量从高温向低温传播，形成热波。因为物质的折射率与温度有关，从而在纳米材料周围产生一个折射率的梯度 Δn，用另一探测光通过 Δn 区，传播方向将偏离一个 $\Delta\phi$ 角，通过测量这一偏转，可以获得纳米材料的吸收和热传导特性。由于偏转角的探测具有很高的灵敏度，因此光热偏转谱测量弱吸收的精度更高，可得到 $1cm^{-1}$ ~ $10^{-5}cm^{-1}$ 的弱吸收。GaInN-GaN 异质结的光热转换谱（PDS）已由实验证实。而 Brillson 等人通过高真空表面分析技术，从 III 族氮化物混合半导体表面和它们的纳米界面，用低能电子激发纳米发光谱（LEEN）技术获得电子的带隙、禁态

和深能级的信息，发现局域态在 GaN/InGaN 量子阱、GaN 超薄薄膜中确实存在，而且发现这两种结构局限于 30nm GaN 的自由表面。随着GaN/In$_{0.28}$Ga$_{0.72}$N/GaN

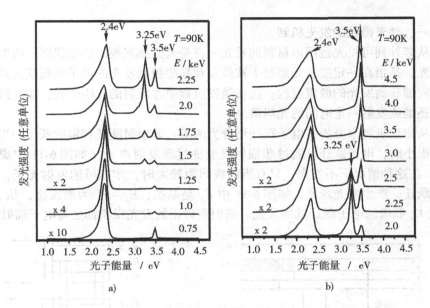

a)   b)

图 6-9　自由 GaN 表面下与深度有关的 LEEN GaN/In$_{0.28}$Ga$_{0.72}$N/GaN
双异质结 30nm 的光谱

异质结浓度随相对高度的变化，激发延伸到量子阱范围，在 3.25 eV 处附加激发的深度局限于量子阱界面，如图 6-9 示为与深度有关的 LEEN GaN/In$_{0.28}$Ga$_{0.72}$N/GaN 光谱。由此来看，通过 PDS 谱与 LEEN 谱不同研究方法的综合比较，可以获得物质的更多信息，不断推动纳米技术的发展。

由于纳米颗粒、量子点、量子阱等纳米材料是镶嵌、散布在玻璃、聚合物或溶液等光学透明介质中，要探测纳米材料的光谱，其难度可想而知。吸收光谱的研究需要注意谱线良好的信噪比，E. V. Alieva 在其实验中论证了这一点。图 6-10 所示上面曲线为 Cu 的十八烷基酚（octadecylphenol）单层朗格缪尔-伯朗基特（Langmuir-Blodgett）膜的吸收系数谱线，图下面实验线是计算 Cu 的背景吸收系数。

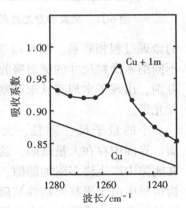

图 6-10　Cu 上的 octadecylphenol
单层 Langmuir-Blodgett
膜的吸收系数谱线

第三节 纳米材料的光发射特性

一、纳米微粒的发光机制

从紫外到可见光范围内材料的发光一直是人们感兴趣的热点课题。所谓的光致发光，是指在一定波长光照射下被激发到高能级激发态的电子重新跃入低能级被空穴捕获而发光的微观过程。仅在激发过程中才发射的光叫荧光，而在激发停止后还继续发射一定时间的光叫磷光。

从物理机制来分析，电子跃迁可分为两类：非辐射跃迁和辐射跃迁。当能级间距很小时，电子跃迁可通过非辐射性衰变过程发射声子（如图 6-11 中虚线箭头），在这种情况下不发光，只有当能级间距较大时，才有可能发射光子，实现辐射跃迁，产生发光现象。如图 6-11 中 E_0 是基态，$E_1 \sim E_6$ 为激发态，从 E_2 到 E_1 或 E_0 能级的电子跃迁就能发光。我们要讨论的发光现象都是与电子辐射跃迁

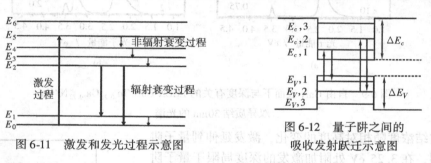

图 6-11 激发和发光过程示意图

图 6-12 量子阱之间的吸收发射跃迁示意图

的微观过程相联系。图 6-12 为量子阱之间的吸收发射跃迁示意图。从图 6-13 的不同纳米微粒尺寸的透射吸收率，能发现纳米结构材料的发光谱与常规态有很大差别，出现了常规态从未观察到新的发光带。

小的量子尺寸颗粒、大的比表面、界面中存在大量缺陷，这就可能在能隙中产生许多附加能隙；纳米结构材料中由于平移周期性被破坏，在动量 $\vec{k}$ 空间中常规材料电子跃迁的选择定则对纳米材料很可能不适用，在光激发下纳米态所产生的发光带就是在常规材料中受选择定则限制而不可能出现的发光；量子限域效应使纳米材料激子发光很容易出现，激子发光

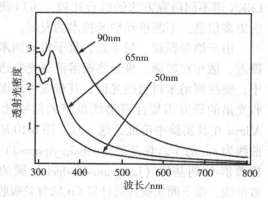

图 6-13 不同纳米微粒尺寸的透射光密度（吸收率）

带的强度随颗粒的减小而增加。缺陷能级使纳米结构材料庞大的比表面及悬键、不饱和键等对发光的贡献，也是常规材料很少能观察到的新的发光现象；某些过渡族元素（Fe^{3+}、Cr^{3+}、V^{3+}、Mn^{3+}、Mo^{3+}、Ni^{3+}、Er^{3+} 等）在无序系统会引起一些发光，纳米晶体材料中所存在的庞大的比表面有序度很低的界面，很可能为过渡族杂质偏聚提供了有利的位置，这就导致纳米材料能隙中形成杂质能级、产生杂质发光。一般来说，杂质发光带位于较低的能量位置，发光带比较宽。

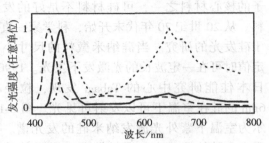

图 6-14　CdS 纳米微粒的发射光谱

下面以 CdS 为例来具体分析纳米微粒的发光特性。CdS 纳米微粒分散于聚合物薄膜中的发射光谱如图 6-14 所示，三条曲线分别对应于不同方法制得的不同尺寸的样品。CdS 纳米微粒的几种可能发光机制如图 6-15 所示。半导体纳米微粒受光激发后产生电子–空穴对，电子与空穴复合发光的途径有三种情况：

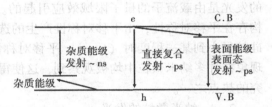

图 6-15　CdS 纳米微粒的可能发光机制

（1）电子和空穴直接复合，产生激子态发光　由于量子尺寸效应的作用，发射波长随着微粒尺寸的减小向高能方向移动（蓝移）。

（2）通过表面缺陷态间接复合发光　在纳米微粒的表面存在着许多悬键、吸附类等，从而形成许多表面缺陷态。微粒受光激发后，光生载流子以极快的速度受限于表面缺陷态，产生表面态发光。微粒表面越完好，表面对载流子的陷获能力越弱，表面态发光就越弱。

（3）通过杂质能级复合发光。

上述三种情况相互竞争。如果微粒表面存在着许多缺陷，对电子、空穴的俘获能力很强，一经产生就被其俘获，它们直接复合的几率很小，则激子态发光很弱，甚至可能观察不到，而只有表面缺陷态发光。要想有效地产生激子态发光，就要设法制备表面完好的纳米微粒，或通过表面修饰来减少其表面缺陷，使电子和空穴能够有效地直接辐射复合。

二、纳米发光材料举例

在纳米材料的发展中，人们发现有些原来不发光的材料，当使其粒子小到纳米尺寸后可以观察到从近紫外到近红外范围内的某处发光现象，尽管发光强度不算高，但纳米材料的发光效应却为设计新的发光体系和发展新型发光材料提供了一条新的途径，特别是纳米复合材料更显优势，研究人员还在不断地探索中，下面举例说明。

1. 硅纳米材料的发光

硅是具有良好半导体特性的材料，是微电子的核心材料之一，可硅材料不是好的发光材料。从 20 世纪 70 年代末开始，科学家一直致力于硅发光的研究。当硅纳米微粒的尺寸小到一定值时可在一定波长的光激发下发光。1990 年，日本佳能研究中心的 Tabagi 发现，粒径小于 6nm 的硅在室温下可以发射可见光。图 6-16 所示为室温下紫外光激发纳米硅的发光谱。可以

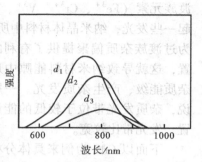

图 6-16　不同颗粒纳米 Si 室温下的发光（粒径 $d_1 < d_2 < d_3$）

看出，随粒径减小，发射带强度增强并移向短波方向。当粒径大于 6nm 时，这种光发射现象消失。Tabagi 认为，硅纳米微粒的发光是由载流子的量子限域效应引起的。Brusl 认为，大块硅不发光是它的结构存在平移对称性，由平移对称性产生的选择定则使得大尺寸硅不可能发光，当硅粒径小到某一程度时（6nm），平移对称性消失，因此出现发光现象。类似的现象在许多纳米微粒中均被观察到，这使得纳米微粒的光学性质成为纳米科学研究的热点之一。

2. Ag 纳米微粒的发光

2000 年北京大学报道了埋藏于 BaO 介质中的 Ag 纳米微粒在可见光波段光致荧光增强现象。作为比较，实验中 Ag 薄膜和 Ag-BaO 薄膜中的 Ag 含量相同，两种薄膜中的 Ag 微粒平均直径都是 20nm，采用紫外光激发。从图 6-17 看到，纯 Ag 纳米薄膜的光致荧光谱有两个峰值，峰的中心分别位于红光波段 1.75 eV 处和蓝紫光波段 3.0 eV 处，在室温下 Ag-BaO 薄膜的光致荧光发射谱相对于纯 Ag 纳米薄膜有明显增强，红光波段增强 9 倍，蓝紫光波段增强 19 倍。这两种纳米薄膜的荧光发射均是 Ag 纳米微粒起"主角"作用，而当 Ag

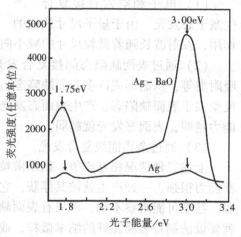

图 6-17　埋于 BaO 介质中 Ag 纳米微粒的光致荧光增强

纳米微粒受到 BaO 介质围绕后，更有利于对光子的吸收并转换为荧光发射。

3. TiO_2 纳米材料的发光

如前所述，TiO_2 是一种重要的半导体材料，便宜、安全、无环境污染且稳

定，能隙宽为 3.2eV。常规 TiO₂ 单晶的发光对温度极为敏感。利用改进的溶胶—凝胶法制备了锐钛矿型 TiO₂ 的纳米粉沫（4~15nm），测量了 TiO₂ 的漫反射光谱（DRS）和光致发光谱（PL）。结果表明，在波长为 250~400nm 的紫外光范围内有强吸收；纳米 TiO₂ 在波长为 420nm、461nm、485nm、530nm、573nm 和 609nm 有强发光带，这些发光带分别为自由激子发光，束缚激子发光以及由缺陷能级和表面态引起的发光。

人们对常规 TiO₂ 晶体的发光现象已经进行了一些探索。在低温（4.8K）下，在紫外到可见光范围内发现 TiO₂ 存在一个很锐的发光峰（412nm 处）和一个很宽的发光带（450~600nm）。这种单晶 TiO₂ 发光现象对温度极为敏感，当温度从 4.8K 上升到 12K，412nm 处的发光峰立刻消失，而在可见光范围的宽荧光带强度迅速下降，12K 时的发光强度仅仅是 4.8K 时的 35%，在室温下从未观察到任何发光现象。常规多晶薄膜在 77K 温度下也观察到一个很宽的荧光带（约 520nm 处），但在室温下发光现象消失。对非晶 TiO₂ 薄膜的研究表明，非晶 TiO₂ 的能隙约为 4.0eV，这个数值大于常规晶态 TiO₂ 能隙宽度（约 3.2eV）。纳米 TiO₂ 的发光与常规 TiO₂ 粗晶和非晶不同，观察到经硬脂酸包敷的纳米 TiO₂ 粒子在室温下呈现光致发光现象，发光带的峰位在 540nm，该发光现象是由大量表面束缚激子所致；由纳米 TiO₂ 粒子形成的纳米固体在室温下不发光。

用溶胶-凝胶方法制备了纳米级 TiO₂ 粉晶，在室温到 900℃ 的热处理范围内发生了从无定形到锐钛矿再到金红石相的结构转变，粒子尺寸亦随着热处理温度的升高而增大，随着 TiO₂ 粒子尺寸的减小，其红外吸收带同时发生蓝移和红移，而紫外吸收边则发生蓝移，如图 6-18 所示。

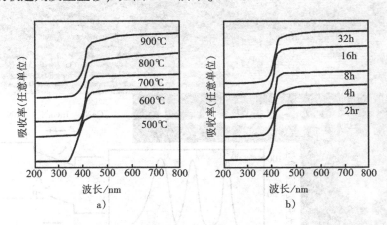

图 6-18　TiO₂ 粒子的紫外吸收光谱

a）2h 退火　b）700℃ 下退火

4. InGaN 合金多量子阱发光

不同材料的量子阱发光一直是研究的前沿，InGaN/GaN 材料系统的重要性在于它是紫外—蓝色激光发展过程中 LED 应用的代表。为了研究纳米性能，B. Monemar 通过简单改变 InGaN 的成分，得到 InGaN 合金多量子阱（MQW）的光致发光谱，发现 InGaN 合金量子阱具有改变发射波长的灵活性。图 6-19 所示为 InGaN 合金多量子阱的光谱图，温度为 2K，三种不同的 $In_{0.15}Ga_{0.85}$ N：GaN 3nm MQW 的光致发光谱。与添加 Si 样品的量子阱不同，图线 1、2、3 分别表示样品添加量为 $1 \times 10^{17} cm^{-3}$、$4 \times 10^{17} cm^{-3}$、$2 \times 10^{18} cm^{-3}$。图 6-20 为观察到的 InGaN/GaN 的异质结区域的高分辨率的 TEM 图像，中间衬度里的区域为 InGaN（图左上部），右

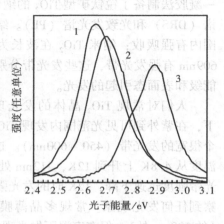

图 6-19　InGaN 合金多量子阱的光谱图

上部为其放大的图像，图中水平面位于（0001）面的 0.51nm 纤锌矿结构，量子阱宽度 1.5nm，水平方向上间隔相当于 0.276nm。图的右下部是量子阱的示意图。被捕获在阱内的电子被外加的电场激发后，产生发光效应。发出的光的颜色取决于阱的宽度。图的中下部为发光的波长（颜色）与发光强度的关系，图的

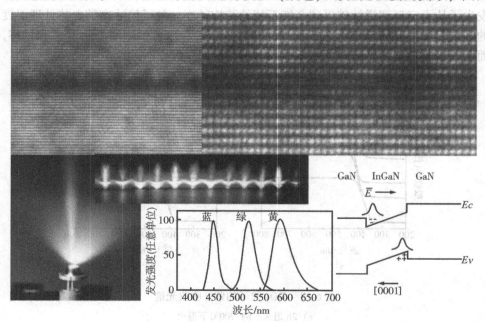

图 6-20　InGaN/GaN 原子间隔的高分辨率的 TEM 图像

左下部为 LED 发光的照片。在美国纽约时代广场，用 1.9×10^6 个 LED 组成的 "NASDAQ" 标志广告，构成了一道亮丽的风景线。

三、掺杂引起的荧光

近年来，通过不同粒子注入获得纳米材料的研究成果也引起人们的重视。如将 Zn 作为添加剂扩散到 InP、GaAs、InGaAs/InGaAsP 和 GaN 中的研究工作已经广泛开展起来。F. – R. Ding 等人将 Zn 输送注入到 GaN 中引起格子失调，带来一系列的光学性质变化。

加 Cr 的 α-Al_2O_3 单晶（红宝石）具有荧光现象，实验观察到在波数为 $14400cm^{-1}$ 附近出现两条发射峰（P_1 和 P_2）。20 世纪 80 年代中期开始，许多研究人员把注意力转向含 Cr 超微粒 Al_2O_3 粉体的荧光现象，对 α-Al_2O_3、δ-Al_2O_3 同样观察到在波数约 $14400cm^{-1}$ 附近出现荧光。把荧光出现的机制归结为八面体晶场中 Cr^{3+} 离子的荧光。用紫外光激发纳米结构 Al_2O_3 块体，在可见光范围观察到新的荧光现象，对于勃母石 η 相和 γ 相有两个较宽的荧光带（P_1 和 P_2）出现，

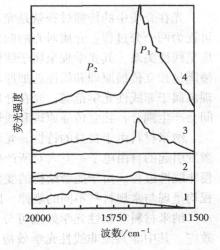

图 6-21　不同热处理 Al_2O_3 块体试样的荧光谱

1—原始试样勃母石　2—873K×2h，η 相，15nm + 勃母石　3—1073K×2h，η 相 15nm　4—1273K×2h，$\alpha + \gamma$ 相，大约 15nm

它们的波数范围分别为 $14500 \sim 11500cm^{-1}$ 和 $20000 \sim 14500cm^{-1}$，如图 6-21 所示。这两个荧光带在 $873K \sim 1273K$ 温度范围退火均存在，这表明，纳米结构的 Al_2O_3 块体在可见光的荧光现象有很好的热稳定性。当热处理温度升高到 1473K 时，P_2 带消失，P_1 已不是一个宽的"鼓包"，有明显的精细结构出现，即变成了两条锐而强的荧光峰，它们的峰位分别为 $14430cm^{-1}$ 和 $14400cm^{-1}$，在它们附近还出现一些小的卫星峰，如图 6-22 所示。仔细观察这时的荧光现象，发现基本与加 Cr 的 α-Al_2O_3 单晶的荧光谱相类似。也就是说，1473K 退火试样所出现的荧光现象已基本上失去了纳米结构 Al_2O_3 块体的荧光谱的特征。

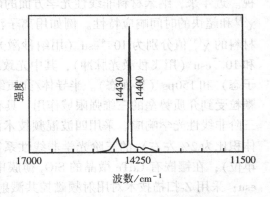

图 6-22　1473K 退火的纳米 Al_2O_3 块体试样的荧光谱

（α 相 180nm 粒径）

第四节　纳米材料的非线性光学效应

　　光在介质中的传播过程就是光与介质相互作用的过程。这是一个动态过程，可视为两个分过程：介质对光的响应过程和介质的辐射过程。如果介质对光的响应呈线性关系，其光学现象属于线性光学范畴，在这个范畴内，光在介质中的传播满足独立传播原理和线性迭加原理；如果介质对光的响应呈非线性关系，光学现象属于非线性光学范畴，光在介质中传播会产生新的频率，不同频率的光波之间会产生耦合，独立传播原理和线性迭加原理不再成立。

　　纳米材料由于自身的特性，光激发引起的吸收变化一般可分为两部分：由光激发引起的自由电子—空穴对所产生的快速非线性部分；受陷阱作用的载流子的慢非线性过程。由于能带结构的变化，纳米晶体中载流子的迁移、跃迁和复合过程均呈现与常规材料不同的规律，因而其具有不同的非线性光学效应。

　　纳米材料非线性光学效应可分为共振非线性光学效应和非共振非线性光学效应。其中非共振非线性光学效应，是指用高于纳米材料的光吸收边的光照射样品后导致的非线性效应。共振非线性光学效应，是指用低于共振吸收区的光照射样品而导致的光学非线性效应，来源于电子在不同能级的分布而引起电子结构的非线性，电子结构的非线性使纳米材料的非线性响应明显增大。测量纳米材料的光学非线性，主要采用 Z-扫描（Z-scan）和简并四波混频（DFWM）技术。

　　1983 年 Jarin 等人在由半导体微晶掺杂的有色滤光片中，测得了很大的非线性光学极化率和快速的响应，从而纳米颗粒中的非线性光学效应引起了人们的重视。近年来，纳米材料非线性光学方面的研究，主要在于增强三阶非线性极化率 $\chi^{(3)}$ 和超快的时间响应特性。例如用离子注入技术制备的 Si/SiO_2 纳米颗粒镶嵌材料的 $\chi^{(3)}$ 值分别为 10^{-4}esu（用纳秒激光脉冲）、10^{-5}esu（用皮秒激光脉冲）和 10^{-7}esu（用飞秒激光脉冲），其中光致载流子的寿命为 $2.3ps$（纳米硅中的量子态）和 $150ps$（界面态）。半导体/介质纳米镶嵌复合膜由于嵌埋的半导体纳米颗粒受到介质势垒的三维强限域作用，具有准零维的量子点特征，表现出增强的三阶非线性光学响应。采用四波混频技术测量到含有 $CdSe_xS_{1-x}$ 微晶玻璃（微晶体积比为 2% 左右）的三阶光学非线性系数为 10^{-9}esu（electro static unit，静电单位）；在镶嵌有 CdTe 微晶的 SiO_2 薄膜中测得三阶光学非线性系数为 4×10^{-7} esu；采用 Z-扫描技术对用射频磁控共溅射技术制备的 $GaAs/SiO_2$ 颗粒镶嵌薄膜进行测量，在吸收边附近得到 10^{-3}esu 量级的三阶非线性折射率，这比 GaAs 体材料的相应值增强了 7 个量级。这些研究均表明半导体/介质纳米镶嵌复合膜具有增强的非线性光学效应。

一、非线性光学的基本概念

在非线性光学中，通常采用光在介质中引起的极化响应过程来描述光与介质的相互作用以及光在介质中的传播特性。光在介质中传播会产生新的频率，不同频率的光之间会产生耦合，光在介质中引起的极化强度 $\vec{P}$ 与光电场 $\vec{E}$ 的关系为：

$$\vec{P} = \varepsilon_0 \chi(\vec{E}) \cdot \vec{E} \tag{6-20}$$

极化率张量 χ 与 $\vec{E}$ 有关。

对于非线性光学过程，当入射光频率远离介质共振区域或入射光较弱时，极化强度与入射光场之间的关系可以采用下面式子表示：

$$\vec{P} = \varepsilon_0 \chi^{(1)} \cdot \vec{E} + \varepsilon_0 \chi^{(2)} : \vec{E}\vec{E} + \varepsilon_0 \chi^{(3)} \vdots \vec{E}\vec{E}\vec{E} + \cdots \tag{6-21}$$

式中，$\chi^{(1)}$ 是一阶极化率，它是一阶张量；$\chi^{(2)}$ 是二阶极化率，它是二阶张量；$\chi^{(3)}$ 是三阶极化率，它是三阶张量；…。

在激子共振波长附近，在低维半导体样品中可以观察到不同类型的非线性光学效应，如激子共振的瞬态四波混合非线性现象。它是介质中四个光波相互作用所引起的非线性光学现象，起因于介质的三阶非线性极化。

非线性光学自从激光出现后得到突飞猛进的发展，表现在对二次谐波的产生、和频、差频、双光子吸收、受激拉曼散射、光子回波、光学悬浮、双光子吸收光谱技术、非线性相位共轭、光的压缩态等内容的研究；开拓了新的相干光波段，提供了从远红外（8~14μm）到亚毫米波，从真空紫外到 X-射线的各种波段的相干光源；使用非线性光学技术大大提高光谱分辨率，使其向其他学科渗透，促进了它们的发展；表面、界面与多量子阱非线性光学过程的研究，也已经成为探测表面物理及纳米材料的工具。

二、纳米材料的非线性光学现象简介

现以 ZnO 等材料为例来介绍纳米微粒的非线性光学特性。ZnO 是一种宽带隙（3.37eV）的化合物半导体，适于蓝光光电子应用，已有无序粒子和薄膜中紫外激射行为的报道。对于宽带隙半导体材料，通常需要载流子高度集中，才能达到足够高的光学增益，以电子—空穴等离子体（EHP）形式发生激射。电子—空穴等离子体机理普遍适用于普通激光二极管，它激光阈值高。半导体激子复合是比电子—空穴等离子体更有效的辐射过程，可促进低阈值受激辐射。要在室温下实现有效的激子激光辐射，激子结合能必须远大于室温下的热能（26meV）。ZnO 的结合能约为 60meV，远远超过 ZnSe 的 22meV 和 GaN 的 25meV，因此 ZnO 可以实现室温紫外纳米激光器。

用 He-Cd 激光器（325nm）作激发光源，测量 ZnO 纳米线的光致发光谱，观察到波长 377nm 附近强的近边带辐射。为研究可能由纳米线发出的受激辐射，

测量了功率相关辐射。在室温下用 Nd：YAG 的四次谐波（266nm，脉宽 3ns）对样品进行光抽运。抽运光以与纳米线对称轴成 10° 的入射角汇聚在纳米线上。在垂直于纳米线端平面的方向（即沿对称轴方向）收集光辐射。在不用反射镜的情况下，在辐射光谱随抽运功率的增加而变化的过程中观察到 ZnO 纳米线中激光发射（图 6-23a 和 b）。图 6-23a 所示为纳米线阵列在低于（曲线 1）和高于（曲线 2 及插图）激射阈值时的辐射光谱。抽运功率分别为 20kW/cm²、100kW/cm² 和 150kW/cm²。为便于比较，光谱经过偏置。低激励强度时，光谱由单一的宽自发辐射峰构成，半高宽约 17nm。此自发辐射是 140meV，低于带隙（3.37eV），将其解释为通过激子—激子碰撞过程实现的激子复合的结果，在该过程中，两激子之一通过辐射复合产生一个光子。抽运功率增加，辐射峰变窄，因为接近增益谱极大值的频率优先放大。当激励强度超过某一阈值（约 40 kW/cm²）时，辐射光谱呈现锐峰，其线宽小于 0.3nm，还不到低于阈值时的自发辐射峰的 1/50。图 6-23b 所示为纳米线累积辐射强度与光抽运能量强度的关系。图 6-23c 所示为纳米线示意图，其中纳米线形成了具有自然形成的作为反射镜的两个六角形端面的谐振腔。沿纳米线端平面法向即对称轴方向，用单色仪和珀尔帖冷却式电荷辐合器件收集纳米线的受激辐射，266nm 抽运光以与端平面法线成 10° 的入射角聚焦到纳米线阵列上。实验在室温下进行。在阈值以上，随着抽运功率的增加，累积辐射强度迅速增长。这个现象表明纳米线中发生了受激辐射。观察到单个或多个锐峰代表波长在 370～400nm 间的不同激发模。与无序粒子或薄膜中自由激射值（约 300 kW/cm²）相比，这个阈值相当低。这种短波长激光

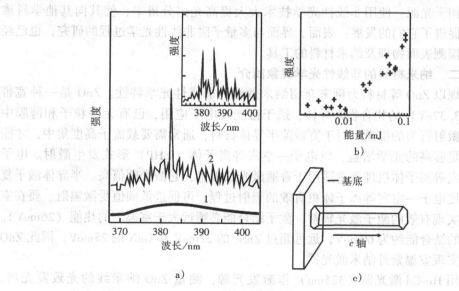

图 6-23　ZnO 纳米线中激光发射

器在室温运行，而纳米激光器的面密度稳定地达到 $1.1 \times 10^{10} \, \mathrm{cm}^{-2}$。面形良好的单晶纳米线可看作是天然的谐振腔（图 6-23c），在尺度大于激子玻尔半径、但小于光波长的高质量纳米线晶体中，有可能发生巨振荡强度效应，进而在纳米线阵列中产生激子受激辐射。在纳米线中产生激射时，其模式频率间距可按 $\nu_F = c/2nl$ 计算，其中 c 为光速，n 为折射率，l 为谐振腔长。

通常半导体微粒分散于一定的基质材料（如玻璃、聚合物、有机溶剂等）中，周围介质的介电常数（ε_2）一般小于微粒本身的介电常数（ε_1），即 $\varepsilon_2 < \varepsilon_1$，而折射率一般是 $n_2 < n_1$。当光照射时，纳米微粒表面附近处的光场就被增强，用增强因子 Q_{nf} 来表示微粒边缘场的增强，三阶非线性极化率 $\chi^{(3)}$ 与增强因子有关：$\chi^{(3)} \propto Q_{nf}^{3/2}$；增强因子 Q_{nf} 与入射光波长有关。当微粒尺寸较小时，增强因子 Q_{nf} 随着微粒尺寸的增大而增大，因此 $\chi^{(3)}$ 随着微粒尺寸的增大而增大。表 6-1 是 CdS 的纳米微粒非共振非线性极化率，可见 CdS 的纳米微粒的非共振非线性极化率比体材料的大了两个数量级，而且理论与实验符合得相当好。

表 6-1　CdS 的纳米微粒非共振非线性极化率

粒径/nm	非线性极化率/esu[①]
1.5	3.0×10^{-10}
0.75	2.5×10^{-11}
体材料	$\sim 10^{-12}$

① esu 为静电单位。

因为 ε_2 与 ε_1 之差越大，增强因子 Q_{nf} 就越大，因此可以用增大 ε_2、减小 ε_1 的办法来增大纳米微粒的三阶极化率 $\chi^{(3)}$。实验发现用有机分子包覆的 SnO_2、Fe_2O_3 纳米微粒，其 $\chi^{(3)}$ 比裸的纳米微粒有明显增大，这为提高纳米微粒的 $\chi^{(3)}$ 提供了一种有效途径。

采用简并四波混频（DFWM）技术研究晶化 a-Si：H/a-SiN$_x$：H$_x$：H 多层纳米硅复合膜的非线性光学性质，测试样品的三阶非线性极化率 $\chi^{(3)}$ 的实验光路如图 6-24 所示。光源为 Nd：YAG 激光的倍频光泵浦诺丹明 6G 获得 589nm 激光束，激光脉冲宽度为 6nm，重复频率为 10Hz，单脉冲能量为 210μJ，激光器输出总功率为 $3.5 \times 10^4 \mathrm{W}$。激光束经分束器 B_1 和 B_2 分别形成探测光 I_p、前向泵浦光 I_f 和后向泵浦光 I_b（$=I_f$）。前向泵浦光与探测光之间夹角约为 2°，探测光强度约为泵浦光强度的 1/10。当这三束光同时作用于样品时，产生与探测光反向传播的共轭信号光 I_s。该信号光经光阑消除杂散光后，由光二极管接收，并送入 Boxcar 和计算机进行处理。

图 6-25 为实验样品所得到的 Raman 谱，谱峰位于 514.0cm^{-1} 处。

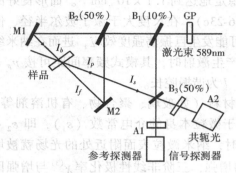

图 6-24 简并四波混频（DFWM）
实验装置示意图

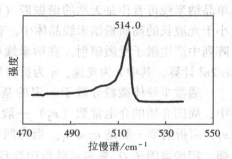

图 6-25 (nc-Si/a-Si：H) /a-
SiNx：H 样品的 Raman 谱

对半导体化合物量子点材料和过渡金属氧化物半导体/介质纳米颗粒复合膜材料的光学非线性响应已有比较充分的研究。硅元素半导体是非极性共价键材料，晶体结构对称性好，又是间接带结构。体硅由于它的晶体结构使得其光学非线性效应弱，但当硅形成纳米颗粒镶嵌于不相溶介质中，其尺寸小于体硅激子玻尔半径（$a_B = 4.3nm$）而处于强限域量子点状态时，具有较强的非线性光学效应，可解释如下：

由于纳米微粒具有很大的比表面，导致其表面原子的平均配位数下降，不饱和键和悬挂键增多，硅纳米微粒不再具有典型的共价键特征，界面键结构将出现部分极化，尤其是硅微粒的介电常数与镶嵌介质的介电常数相差较大时，界面键结构极化的强度更高，表现出极强的表面活性。纳米微粒只包含有限数目的晶胞，不再具有周期性的边界条件，硅材料的晶格结构对称性在纳米相时将受到严重破坏。另外，硅纳米微粒受到介质势垒的三维强限域作用，纳米范围内的电子、空穴犹如处于"无限深势阱"中，使得纳米硅材料的能带将发生明显分裂，导带和价带中将产生众多子带，子带与子带间的跃迁将呈现准直接带隙光跃迁的特征，这将使得光跃迁得以增强，使之更容易与入射光子发生共振，因而可以大大提高硅基材料的光学非线性。因此，硅量子点材料使光学非线性响应得以极大的增强。

第五节 纳米光学材料的应用

纳米微粒具有如前所述的光吸收、光反射、光学非线性等光学特性，都与纳米微粒的尺寸有很强的依赖关系，利用纳米微粒的这些光学特性制成的各种光学材料与器件将在日常生活和高技术领域得到广泛的应用。如金属超微粒对光的反射率很低（低于1%），大约有几 nm 的厚度即可消光，利用此特性可制作高效光热、光电转换材料，可高效地将太阳能转化为热、电能，还可作红外敏感组件、红外隐身材料等。下面简要介绍纳米材料的一些应用。

一、红外反射材料

纳米微粒用于红外反射材料可以制成薄膜和多层膜。由纳米微粒制成的红外反射膜的种类列于表6-2，表中各种膜的构造如图6-26所示，各种膜的特性见表6-3。

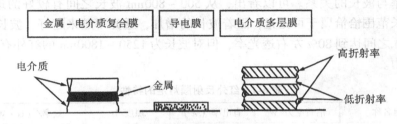

图 6-26 红外线反射膜的构成

表6-2 红外线反射膜的种类、组成及制造方法

种　　类	组　成	材　料	制造方法
金属薄膜	Au、Ag、Cu	金属	真空
透明电导膜	SiO_2、In_2O_3	金属、氧化物、其他化合物	真空蒸镀法、溅射法、喷雾法
多层干涉膜（1）	$ZnS\text{-}MgF_2$、$TiO_2\text{-}SiO_2$、$Ta_2O_3\text{-}SiO_2$	有机化合物、氧化物、其他化合物	真空蒸镀法、CVD法、浸渍法
多层干涉膜（2）	$TiO_2\text{-}Ag\text{-}TiO_2$、$TiO_2\text{-}MgF_2$	氧化物、金属	真空蒸镀法、浸渍法

表6-3 红外线反射膜的特性

	金属-电介质复合膜	导电膜	电介质多层膜
光学性质	优	中	良
耐热性	差	良	优
成本	中	低	高

从上述图与表可见，在结构上导电膜为单层膜，最简单且成本低。金属-电介质复合膜和电介质多层膜均属于多层膜，成本稍高。在性能上，金属-电介质复合膜的红外反射性能最好，耐热度在200℃以上。电介质多层膜红外反射性良好，并且可在很高的温度下使用（<900℃）。导电膜虽然有较好的耐热性能，但其红外反射性能稍差。

纳米微粒的膜材料在灯泡工业上有很好的应用前景。高压钠灯以及各种用于摄影的碘弧灯都要求强照明，但是电能的69%转化为红外线，这表明有相当多的电能转化为热能而被消耗掉，仅有一少部分电能转化为光能来照明，由此引起灯管发热而影响灯具的寿命。因此，提高发光效率，增加照明度一直是照明行业急待解决的关键问题，纳米微粒的诞生为解决这个问题提供了一个新途径。20世纪80年代以来，人们用纳米SiO_2和纳米TiO_2微粒制成了多层干涉膜，总厚度为微米级，衬在有灯丝的灯泡罩的内壁，结果不但透光率好，而且有很强的红外线反射能力。表6-4为红外反射膜灯泡的特性。图6-27为SiO_2-TiO_2的红外反射膜透光率与波长的关系。可以看出，从500~800nm波长之间有较好的透光性，这个波长范围恰恰属于可见光，随着波长的增加，透光率越来越好，波长在750~800nm之间达到80%左右透光率，但对波长为1250~1800nm的红外有极强的反射能力。

表6-4　红外反射膜灯泡的特性

灯泡名称	消费电力/W	省电率（%）	照度/lx	效率/（lx·W^{-1}）
75W JD100V65WN-E	65	13.3	1120	17.2
100WJD100V85WN-E	85	15.0	1600	18.8
150WJD100V130WN-E	130	13.3	2400	18.5

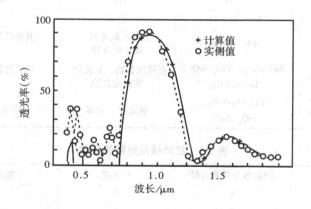

图6-27　SiO_2-TiO_2的红外反射膜的透光率

二、光吸收材料

1. 紫外吸收

量子尺寸效应使纳米光学材料对某种波长的光吸收带有蓝移现象，纳米微粒粉体对各种波长光的吸收带有宽化现象，纳米微粒的紫外吸收材料就是利用这两个特性。通常的纳米微粒紫外吸收材料是将纳米微粒分散到树脂中制成膜，这种膜对紫外的吸收能力与纳米粒子的尺寸和树脂中纳米粒子的掺加量和组分有关。

通过前面几节对纳米材料光学特性的讨论，可以看出对紫外吸收好的有三种材料：300～400nm 的 TiO_2 纳米粒子的树脂膜、Fe_2O_3 纳米微粒的聚固醇树脂膜和纳米 Al_2O_3 粉体。纳米 TiO_2 对 400nm 波长以下的紫外光有极强的吸收，吸收率达 90% 以上；后者对 600nm 以下的光有良好的吸收，可用作半导体器件的紫外线过滤器；纳米 Al_2O_3 粉体对 250nm 以下的紫外光有很强的吸收。利用纳米材料对紫外吸收特性，可运用到日光灯的寿命、防晒油和化妆品、塑料制品的防老化等方面。

日光灯管是利用水银的紫外谱线来激发灯管壁的荧光粉导致高亮度照明。一般来说，185nm 的短波紫外光对灯管的寿命有影响，而且灯管的紫外线泄漏对人体有害，这一直是困绕日光灯管工业的主要问题。如果把几个纳米的 Al_2O_3 粉掺合到稀土荧光粉中，利用纳米紫外吸收的蓝移现象将有可能吸收掉这种有害的紫外光，而且不降低荧光粉的发光效率。这方面的试验工作正在进行。

大气中的紫外线在 300～400nm 波段，在防晒油、化妆品中加入纳米微粒，对这个波段的紫外光线进行强吸收，可减少进入人体的紫外线。最近研究表明，前面几节介绍的纳米 TiO_2、ZnO、SiO_2、Al_2O_3 及云母、氧化铁等纳米材料均有在这个波段吸收紫外光的特性，可根据吸收波段对其进行利用。

在紫外线照射下塑料制品很容易老化变脆，如果在塑料表面上涂一层含有纳米微粒的透明涂层，这种涂层对波长 300～400nm 范围有强的紫外吸收性能，这样就可以防止塑料老化。汽车、舰船的表面上都需涂上油漆，底漆主要是由氯丁橡胶、双酚树脂或者环氧树脂为主要原料，这些树脂和橡胶类的高聚物在阳光的紫外线照射下很容易老化变脆，致使油漆脱落，如果在面漆中加入能强烈吸收紫外线的纳米微粒就可起到保护底漆的作用，因此研制添加纳米微粒而具有对紫外吸收的油漆是十分重要的。

2. 红外吸收

红外吸收材料在日常生活和高科技领域都有重要的应用背景。人体释放的红外线大致在 4～16μm 的中红外波段，在战争中如果不对这个波段的红外线进行屏蔽，很容易被非常灵敏的中红外探测器所发现，尤其是在夜间人身安全将受到威胁。从这个意义上来说，研制具有对人体红外线进行屏蔽的衣服很有必要。一些经济比较发达的国家已经开始用具有红外吸收功能的纤维制成军服武装部队，这种纤维对人体释放的红外线有很好的屏蔽作用。纳米微粒小很容易填充到纤维中，在拉纤维时不会堵喷头，而且纳米 Al_2O_3、TiO_2、SiO_2 和 Fe_2O_3 的复合粉就具有很强的吸收中红外波段的特性。另外，纳米添加的纤维还有对人体红外线强吸收作用，这可以增加保暖作用，减轻衣服的质量。有人估计用添加红外吸收纳米粉的纤维做成的保暖衣服，其质量可以减轻 30%。

3. 隐身材料

随着科学技术的发展，各种探测手段越来越先进。例如，用雷达发射电磁波可以探测飞机；利用红外探测器可以发现放射红外线的物体。当前，世界各国为了适应现代化战争的需要，提高在军事对抗中竞争的实力，也将隐身技术作为一个重要的研究对象，其中隐身材料在隐身技术中占有重要的地位。在 1991 年海湾战争中，美国战斗机 F117A 型机身表面上包覆了多种超微粒子的红外与微波隐身材料，它们对不同波段的电磁波有强烈而优异的宽频带微波吸收能力，可以逃避雷达的监视；而伊拉克的军事目标和坦克等武器表面没有防御红外线探测的隐身材料，很容易被美国战斗机上灵敏红外线探测器所发现，被先进的激光制导武器很容易地击中目标。

纳米粒子对红外和电磁波有隐身作用，仍起因于纳米材料的量子尺寸效应和大的比表面：由于纳米微粒尺寸远小于红外及雷达波波长，因此纳米微粒材料对这种波的透过率比常规材料要强得多，这就大大减少波的反射率，使得红外探测器和雷达接收到的反射信号变得很微弱，从而达到隐身的作用。

纳米微粒材料的比表面积比常规粗粉大 3～4 个数量级，对红外光和电磁波的吸收率也比常规材料大得多，这就使得红外探测器及雷达得到的反射信号强度大大降低，因此很难发现被探测目标，起到了隐身作用。目前，隐身材料虽在很多方面都有广阔的应用前景，但当前真正发挥作用的隐身材料大多使用在航空航天与军事有密切关系的部件上。对于航空航天上的光学材料有一个质量轻的要求，在这方面纳米材料具有优势。例如纳米氧化铝、氧化铁、氧化硅和氧化钛的复合粉体与高分子纤维结合，对中红外波段有很强的吸收性能，这种复合体对这个波段的红外探测器有很好的屏蔽作用，特别是由轻元素组成的纳米材料在航空隐身材料方面应用十分广泛。

三、光吸收过滤器和调制器

光过滤是指在一定波长范围之内通过对光的控制。光过滤现象在光通信等方面有广泛的应用前景。目前，光过滤用的产品有窄带过滤器、截止过滤器。纳米材料的诞生为设计高效光过滤器提供了新的机遇，除了纳米材料尺寸小，可以把光过滤器尺寸缩小外，更重要的是可以利用纳米材料的尺寸效应，在同一种类材料上可实现波段可调的光过滤器。用于光过滤器的材料有 TiO_2/SiO_2 和 TiO_2/Ta_2O_3 等多层膜。

纳米阵列体系是 21 世纪很有前途的光过滤器，它的最大特点是可以通过模板孔洞内金属纳米粒子的含量，以及柱形孔洞内纳米颗粒形成的纳米棒的纵横比来控制组装体系吸收边或吸收带的位置，实现光过滤的人工调制。已经在 Ag/SiO_2 介孔组装体系中观察到随着 Ag 纳米粒子的含量从 0.35% 增加到 3.5%，体系吸收边由紫外红移到红光范围。可以通过控制介孔固体内 Ag 的含量，使体系的颜色从黑色向黄红色变化，这为设计纳米光过滤器提供了依据。

四、其他应用

近年来，阻碍全色显示应用的主要问题是难以获得实用的蓝光，利用无机体材料制备蓝色电致发光器件存在着发光弱、色度不纯等问题；有机薄膜电致发光器件虽然发光效率高但存在寿命短的缺点。然而，半导体纳米材料却表现出独特的性质，如量子尺寸效应、非定域量子相干效应、量子涨落和混沌、多体关联效应和非线性光学效应等，在超高速的光运算、光开关、光信息存储以及发光显示等领域具有广阔的应用前景，为制备高效率、高亮度、稳定性好的蓝色电致发光器件提供了可能。如 Ga_2O_3 纳米线具有 4.9eV 很宽的带隙和大的比表面，在光电探测方面有巨大的潜在应用；以 ZnSe 为代表的 Ⅱ~Ⅵ族化合物和以 GaN 为代表的 Ⅲ~Ⅴ族化合物，几乎都在 20 世纪 90 年代初先后实现蓝绿色和蓝色 LED（发光二极管）和 LD（激光二极管）；纳米 SiO_2 光学纤维对波长大于 600nm 光的传输损耗小于 10dB/km，比 SiO_2 体材料的光传输损耗小许多倍，近年来也得到青睐。

纳米材料涂层具有广泛变化的光学性能。它的光学透射谱可从紫外波段一直延伸到远红外波段；纳米多层组合涂层经过处理后在可见光范围内出现荧光，可用于多种光学器件，如传感器等。在各种标牌上施以纳米材料涂层，成为发光、反光标牌；改变纳米涂层的组成和特性，可得到光致变色、温致变色、电致变色等效应，产生特殊的防伪、识别手段。在诸如玻璃等产品表面上涂纳米材料涂层，可以达到减少光的透射和热传递效果，产生隔热作用；在涂料中加入纳米材料，能够起到阻燃、隔热、防火作用。

纳米带的研制为纳米传感器与纳电子器件的发展提供新途径：2001 年 3 月，美国乔治亚技术学院纳米科学与纳米技术中心的王中林教授、潘正伟博士和戴祖荣博士三位留美科学家创造了一种新型的纳米级结构，这种结构是廉价生产纳米传感器、平面显示器以及其他电子纳米器件的基础。这种超薄的扁平结构，称之为纳米带（Nanobelts），是由半导体金属氧化物制成，它比已受到广泛研究的"纳米线"和碳纳米管有更佳的特性。

这种丝带状"纳米带"是纯化合物，结构单一，在很大的尺度上无缺馅，其表面不需要抗氧化的防护涂层。它完全是由单晶组成的，具有特定的表面和形状。"纳米带"所具有的均一结构适合于大批量生产纳米级电子器件和光电子器件。据介绍，当前有关一维系统的研究主要集中在碳纳米管上，如今"纳米带"的出现使得一维系统的研究有了另一种选择，这对于纳米级功能材料与智能相材料的广阔应用至关重要。这组华裔研究人员，已经制作出氧化锌、氧化锡、氧化铟、氧化钙和氧化镓的纳米带，这些材料是透明的半导体氧化物，是当今制备功能器件和智能器件的基础。

2000 年美国加州大学 San Diego（University of California at San Diego，UCSD）

分校 D. Smith 研究小组，根据 John Pendry 的建议，利用以铜为主的复合材料首次制造出在微波波段具有负介电常数、负磁导率的物质。几位专家完成了一系列实验，在采用纳米导线进行光子试验时发现，在实际系统中可以实现负折射率。

近两年来，随着负折射率材料、左手材料在世界范围内研究的极大兴趣的升温，开发负折射率纳米结构的光学特性将引起了广泛的关注。常规的光学镜头不能将光线聚焦到小于光线波长的区域内，但是采用纳米光学负折射率材料便可达到，这些金属纳米结构甚至可以检测单个物质分子，这是常规光学技术根本不可能做到的。这些发现和研究，将有望开创物理学的新学科，这种材料也有着广泛的商业化应用前景。

普度大学电气和计算机工程学院教授 Vladimir Shalaev 认为，寻求突破自然界定律的负折射率材料光子技术成了一项竞赛，世界上还有大约 20 个其他的实验室正在努力开发可见光及通信波长范围内的第一个原型机，希望 2004 年早些时候可以完成原型机。

五、展望

自纳米材料诞生以后，人们对原来不发光的材料，当使其颗粒尺寸达到纳米量级时，观察到从紫外一直到近红外范围新的发光现象。近年来，纳米材料光学特性及其应用的研究仍是人们关注的热点，尽管发光强度和效率尚未达到使用水平，但是纳米材料的发光却为设计新的发光体系，发展新型发光材料提出了一个新的思路，纳米复合材料将为开拓新型发光材料提供一个途径。

尽管纳米材料的光学特性研究已取得了一些进展，对其光学特性的应用也取得了一定的成果，但还有许多问题需要继续深入系统地研究，如：纳米材料不同于体材料的吸收、发光的非线性等特性产生的机理；纳米材料的非线性强度如何在受限条件下随颗粒尺寸变化；如何通过表面修饰来获得所具有一定光学特性的纳米材料等。通过纳米材料各种谱学的研究，探讨和揭示纳米材料结构上的特点，如连续能带结构、杂质能级等，建立模型，从理论上探讨其光学特性产生的根源，以获得具有特殊性能和用途的纳米复合材料。自组织设计纳米结构，形成规则阵列的量子点超微型纳米阵列激光器是 21 世纪重要的发展方向，它不需要平板印刷，也不需要通过腐刻来获得，可以代替价格昂贵的外延生长技术，大大降低激光器成本，可以预计它将发展成为制造下一代激光器的主导技术。从 2003 年上半年负折射率材料研究的强劲势头来看，负折射率纳米材料的光学特性、开发和利用将是一个研究的热点。

思 考 题

1. 纳米微粒材料与相同块体材料的光学性质有什么差异？
2. 在化妆品中加入纳米微粒能起到防晒作用的基本原理是什么？

3. 解释超晶格、量子阱、量子线、量子点等概念。

4. 纳米结构材料的发光谱与常规态有很大差别，出现常规态从未观察到的新发光带，应该从哪些方面理解该问题？

5. 有人从电子科学技术角度说，20 世纪是微米世纪，21 世纪将是纳米世纪，您如何理解？

6. 为了更好地了解激子玻尔半径 a_B 的概念，试根据如下的相关参数，计算出Ⅲ-Ⅴ半导体的激子玻尔半径，并填入表格的最后一列：

Ⅲ~Ⅴ半导体	带隙/eV（300K）	有效质量		相对介电常数	激子玻尔半径 a_B/nm
		m_e^*/m_0	m_h^*/m_0		
GaN	3.36	0.19	0.6	12.2	
GaP	2.26	0.82	0.6	11.1	
GaAs	1.42	0.067	0.5	13.1	
InP	1.35	0.077	0.64	12.4	
InN	2.05	0.12	0.5	15.3	
InSb	0.17	0.0145	0.4	17.9	

第七章　纳米材料的热学性质

纳米材料是指晶粒尺寸在纳米数量级的多晶体材料，具有很高比例的内界面（包括晶界、相界、畴界等）。由于界面原子的振动焓、熵和组态焓、熵值明显不同于点阵原子，使纳米材料表现出一系列与普通多晶体材料明显不同的热学特性，如比热容值升高、热膨胀系数增大、熔点降低等。

材料的热性能是材料最重要的物理性能之一。目前，人们关于纳米材料热性能的研究主要集中在纳米材料的熔化温度，纳米晶态—液态和纳米晶态—玻璃态转变的热力学、动力学，纳米相或纳米晶生长动力学，纳米材料的热容、热膨胀以及纳米材料的界面焓等。纳米材料的热学性质与其晶粒尺寸直接相关。

第一节　纳米材料的热学性质及尺寸效应

一、纳米材料的熔点及内能

材料热性能与材料中分子、原子运动行为有着不可分割的联系。当热载子（电子、声子及光子）的各种特征尺寸与材料的特征尺寸（晶粒尺寸、颗粒尺寸或薄膜厚度）相当时，反应物质热性能的物性参数如熔化温度、热容等会体现出鲜明的尺寸依赖性。特别是，低温下热载子的平均自由程将变长，使材料热学性质的尺寸效应更为明显。

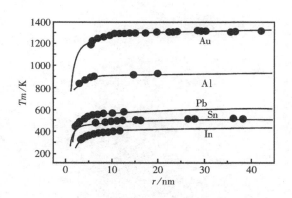

图 7-1　几种纳米金属粒子的熔点降低现象

图 7-1 为几种金属纳米颗粒熔点的尺寸效应。随粒子尺寸的减小，熔点降低。当金属粒子尺寸小于 10nm 后熔点急剧下降，其中 3nm 左右的金微粒子的熔

点只有其块体材料熔点的一半。用高倍率电子显微镜观察尺寸 2nm 的纳米金粒子结构可以发现，纳米金颗粒形态可以在单晶、多晶与孪晶间连续转变。这种行为与传统材料在固定熔点熔化的行为完全不同。伴随着纳米材料的熔点降低，单位质量粒子熔化时的潜热吸收（焓变）也随尺寸的减小而减少。人们在具有自由表面的共价半导体的纳米晶体、惰性气体和分子晶体也发现了熔化的尺寸效应现象。

根据固体物理的基本原理，可以说明材料热学性质出现尺寸效应的根本原因。一般情况下，晶体材料的内能 U 可依据其晶格振动的波特性在德拜假设下估计出，即：

$$U = 3 \sum_k \frac{\hbar \Theta k}{\exp\left(\dfrac{\hbar \Theta k}{k_B T}\right) - 1} \tag{7-1}$$

式中，Θ 为德拜温度；k 为波矢；T 为热力学温度；$\hbar$ 为普朗克常数；k_B 为玻尔兹曼常数。求和是对于所有可能的 k 值进行的。k 的允许值由其分量表示为：

$$k_x = 0, \pm \frac{2\pi}{L_x}, \pm \frac{4\pi}{L_x}, \cdots, \pm \frac{N\pi}{L_x}, \Delta k_x = \frac{2\pi}{L_x} = \frac{2\pi}{N_x a} \tag{7-2}$$

式中，L 为晶格长度；N 为状态度；Δk_x 为特定方向上连续波矢的差。在其他方向的 k 分量也存在类似关系。

在块体材料内，式 (7-1) 通常简化为：

$$u_{bulk} = 9nk_B T\left(\frac{T}{\Theta}\right)^3 \int_0^{x_D} \frac{x^3}{\exp(x) - 1} \mathrm{d}x \tag{7-3}$$

式中，u_{bulk} 是块体材料单位容积的 U 值；n 为原子数密度；x_D 为与德拜温度对应的积分限。上述关于 u 的表述只给出了来自块体材料声子模式的贡献，而表面声子的贡献则被忽略了。在块体材料中，表面声子的贡献确实可以忽略；但当材料至少一维尺寸大幅减少至纳米量级时，这种简化并不正确，即对于纳米材料有必要考虑尺寸效应。

随材料尺度的降低，用式 (7-3) 计算内能 u 及热容的方法不再有效，此时应直接采用最初的求和表达式 (7-1)。若材料至少一个方向的原子数显著降低时，则此方向 k 的改变量与所有容许 k 值相比不再小到可以忽略，于是该方向上的 k 将会在 $2\pi/L$ 范围内以相当大的离散步长增加，使得式 (7-3) 采用积分近似式代替离散步长的方法不能应用，从而导致两种效应：①k 空间内点的精确数目不同于固体材料的值；②k 空间体积 Ω 必须通过离散求和来计算。于是，k 空间一定区域内点的精确数目必须通过离散求和确定。由此可以得出微小体积晶格的内能：

$$u_{micro} = 3\frac{\varepsilon\hbar c}{(2\pi)^3}\cdot\sum_{k_x}\sum_{k_y}\sum_{k_z}\frac{\sqrt{k_x^2+k_y^2+k_z^2}}{\exp(\dfrac{\hbar c\sqrt{k_x^2+k_y^2+k_z^2}}{k_B T})-1}\Delta k_x\Delta k_y\Delta k_z$$

$$(7\text{-}4)$$

其中：

$$\varepsilon = \frac{3}{N_x^3}\sum_{i=0}^{N_x/2}(N_x^2-4i^2) \tag{7-5}$$

这里 u_{micro} 表示由加和求得的内能，即微小晶格体积的内能。可见，由于晶格内能存在尺寸效应，将不可避免地导致材料基本热学性质对晶体尺寸的依赖性。

二、纳米晶体的热容及特征温度

热容是指材料分子或原子热运动的能量 Q 随温度 T 的变化率，在温度 T 时材料的热容量 C 的表达式为：

$$C = (\frac{\partial Q}{\partial T})_T \tag{7-6}$$

若加热过程中材料的体积不变，则测得的热容量为定容热容（C_V）；若加热过程中材料的压强不变，则测得的为定压热容（C_p）。即

$$C_V = (\frac{\partial Q}{\partial T})_V = (\frac{\partial U}{\partial T})_V \tag{7-7}$$

$$C_p = (\frac{\partial Q}{\partial T})_p = (\frac{\partial U}{\partial T})_p \tag{7-8}$$

将式（7-4）代入式（7-7）和式（7-8）中，即可计算得出纳米晶体的热容。

图 7-2 为计算得出的几种纳米薄膜材料定容热容 C_{nano} 与相应块体热容 C_{bulk} 比

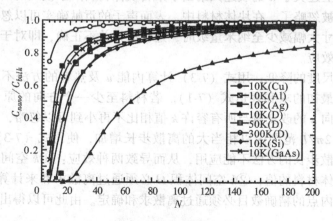

图 7-2 C_{nano} 与 C_{bulk} 的比值（图中符号"D"指金刚石）

值与原子层数 N 的关系。可见，纳米薄膜热容小于块体热容，而对厚一些的薄膜，二者等价。值得指出的是，上述计算时假定纳米晶体尺寸极小时仍然保持完整的晶格结构，忽略了表面声子软化效应，计算得到的热容值会较实际值小。

表 7-1 列出了非晶晶化、高能球磨和惰性气体冷凝方法制备的几种纳米晶体材料定压热容 C_p^{nc} 相对其粗晶材料定压热容 C_p^c 的变化 ΔC_p^{nc}（$\Delta C_p^{nc} = (C_p^{nc} - C_p^c)/C_p^c$）。从测量结果可以看出，惰性气体冷凝法和高能球磨法制备的纳米晶体材料的过剩热容 ΔC_p^{nc} 很大，如惰性气体冷凝法制备的纳米晶体 Pd 的 ΔC_p^{nc} 高达 48%；而非晶晶化和电解沉积法制备的纳米晶体材料的 ΔC_p^{nc} 却很小，通常小于 5%。

表 7-1　不同方法制备的纳米晶体材料的过剩热容

纳米晶体	制备方法	平均晶粒尺寸/nm	ΔC_p^{nc}（%）
Cr	高能球磨	9	10
Cu	惰性气体冷凝	8	8.3
Hf	高能球磨	13	9
Ru	高能球磨	11	20
Pd	惰性气体冷凝	8	48
Zr	高能球磨	13	20
AlRu	高能球磨	11	15
Ni	电解沉积	20	2.5～5
Se	非晶晶化	10	1.7
$Ni_{80}P_{20}$	非晶晶化	6	0.9

造成这种差异的原因，在于不同制备方法在材料中引入的缺陷密度不同所致。对于惰性气体冷凝和高能球磨方法制备的纳米材料，材料中存在大量的微孔、杂质和结构缺陷，使材料具有很大 ΔC_p^{nc}，这种极大的差异不能代表纳米材料的本征热容差别。对于非晶晶化和电解沉积方法制备的纳米晶体，材料是在接近平衡态的条件下形成，所以其内部结构缺陷较少，且很少有微孔和杂质，其热容与粗晶相比增加不大。特别是非晶晶化法还相当于对材料进行了一次退火处理，纳米晶中的界面和晶粒都处于一种弛豫状态，纳米晶内部的显微应变极小（要比其他方法所获得的纳米晶内部的应力小一个数量级），使非晶晶化纳米材料的过剩热容最小，从而也可以得出晶界组元的过剩热容是很小的。

材料的热容与该材料的结构，或者说与振动熵及组态熵密切相关，而其振动熵和组态熵受到最近邻原子构型的强烈影响。在纳米材料中很大一部分原子处于晶界上，界面原子的最近邻原子构型与晶粒原子的最近邻原子构型显著不同，或者说晶界相对于完整晶格来说存在一定的过剩体积。热力学计算表明纳米晶的热容随着晶界过剩体积的增加而增加，因而亦随着晶界能的增加而增加。晶界组元的过剩热容值越低，其所对应的晶界过剩体积和界面能都将越低。由于高比例晶界组元的贡献，纳米材料的比热容会比其对应的粗晶材料的高。

根据固体物理理论，德拜特征温度的定义为：

$$\Theta = \frac{\hbar \omega_m}{k_B} \qquad (7-9)$$

式中，ω_m 表征了晶格振动的最高频率；k_B 为玻尔兹曼常数。因此，德拜特征温度与材料的晶格振动有关，同时还反映原子间结合力的强弱。

表7-2列出了不同方法制备的纳米晶体材料特征温度 Θ 相对于粗晶值的变化率。表中 $\Delta\Theta_{nc} = (\Theta_{nc} - \Theta_c)/\Theta_c$，其中 Θ_{nc}、Θ_c 分别为纳米晶体和粗晶体的特征温度。可见，各方法制备的纳米晶体的特征温度都要小于其粗晶体的值，减小的范围为 5% ~ 71%。另外，超细粉 Ni 和 Pd 的特征温度也表现出减小趋势。通常认为，纳米晶体材料的特征温度减小是其结构缺陷（如点阵静畸变、晶界等）使原子振动的非谐效应减弱所致，但目前还无定量解释。

三、纳米晶体的热膨胀

热膨胀是指材料的长度或体积在不加压力时随温度的升高而变大的现象。固体材料热膨胀的本质在于材料晶格点阵的非简谐振动。由于晶格振动中相邻质点间作用力是非线性的，点阵能曲线也是非对称的，使得加热过程材料发生热膨胀。一般来讲，结构致密的晶体比结构疏松的材料的热膨胀系数大。表7-2同时给出了用不同方法制备的纳米晶材料的热膨胀系数相对于粗晶的变化。表中 $\Delta\alpha_l^{nc} = (\alpha_l^{nc} - \alpha_l^c)/\alpha_l^c$，$\alpha_l^{nc}$ 和 α_l^c 分别为纳米晶、粗晶的线膨胀系数。

表7-2　纳米晶体材料的特征温度和热膨胀系数的变化率

样品	平均晶粒尺寸/nm	制备方法	$\Delta\Theta_{nc}$（%）	$\Delta\alpha_l^{nc}$（%）
Al	—	磁控溅射	—	0
Cu	8	惰性气体冷凝	—	94
Cu	21	磁控溅射	—	0
Pd	8.3	惰性气体冷凝	−5	0
Ni-P	7.5	非晶晶化	—	51
Se	13	非晶晶化	−12	61（$\Delta\alpha_v$）
Ni	20	电解沉积	—	−2.6
Ni	152	严重塑性变形	−22	180
Fe	8	高能球磨	−17	130
Cr	11	惰性气体冷凝	−22	—
Sn	7	惰性气体冷凝	−17	—
FeF$_2$	8	惰性气体冷凝	−71	—
Au[①]	10	电子束蒸发沉积	−15	0
Ag[①]	15	电子束蒸发沉积	−25	—
Pb[①]	14.4	化学沉淀	−13	—

① 超细粉末。

迄今为止，对纳米晶体材料的热膨胀行为的研究较少，仅有的几例报道结果亦不一致（见表 7-2）。Birringer 报道惰性气体冷凝方法制备的纳米晶体 Cu（8nm）的线膨胀系数（α_l^{nc}）是粗晶 Cu 的 1.94 倍；而 Eastman 用原位 X-射线衍射研究发现，惰性气体冷凝法制备的纳米晶体 Pd（8.3nm）在 16~300K 的温度范围内的 α_l^{nc} 同粗晶体相比没有明显的变化；用非晶晶化法制备的纳米 Ni-P 和 Se 的膨胀系数比各自粗晶体分别增加了 51% 和 61%；用 SPD 法制备的纳米 Ni 的 α_l^{nc} 比粗晶 Ni 增加了 1.8 倍；而用电解沉积法制备的无孔纳米晶体 Ni（20nm）的 α_l^{nc} 在 205~500K 之间却低于粗晶 Ni（100μm）的膨胀系数，在 500K 时 $\alpha_l^{nc} = -2.6\%$；用磁控溅射法沉积的 Cu 薄膜的膨胀系数也与粗晶的 Cu 相同。此外，发现气体蒸发的超细纳米粉 Au 和 Pt 的热膨胀系数与粗晶体的相同。显然，α_l^{nc} 与纳米样品的制备方法和结构尤其是微孔有密切关系。

第二节　纳米晶体的熔化

一、概述

熔化是最基本的自然现象之一，也是材料科学研究的一个重要相变过程。熔化是指晶体从固态长程有序结构到液态无序结构的相转变。除了常见的升温过程中晶体转变成液体的熔化外，晶体低温退火时的非晶化过程也是熔化的一种表现。

在近平衡状态下，晶体转变成液体时温度不变，并伴随潜热的吸收和体积变化。这时，热力学平衡的固相和液相具有相同的吉布斯自由能：

$$G_s = G_l \tag{7-10}$$

熔化时体积变化 ΔV_f 和熵变 ΔS_f 可分别表示为：

$$\Delta V_f = \left(\frac{\partial G_l}{\partial p}\right)_T - \left(\frac{\partial G_s}{\partial p}\right)_T \tag{7-11}$$

$$-\Delta S_f = \left(\frac{\partial G_l}{\partial T}\right)_p - \left(\frac{\partial G_s}{\partial T}\right)_p \tag{7-12}$$

常压下，固液相自由能相互独立，可以表示为图 7-3 所示的固液吉布斯（Gibbs）自由能曲线（其中 T_f 是两相平衡温度，也是平衡熔化温度）。两条曲线的交点就是两相的平衡点，式（7-11）、式（7-12）表示的是吉布斯自由能曲线的斜率差。图示曲线隐含着固液转变时熵（或体积）变化的不连续性，这是一级相变的典型特征。

理论上讲，如果能阻止另一相的产生，就可以研究固相在高于熔点的温度区间或液相低于熔点温度区间的吉布斯自由能变化。实际上，过冷液态容易获得，对其已有很多的研究，但使固体过热非常困难，其研究还处于初始阶段。

实际上，晶体不能以无缺陷的理想状态存在，晶体中会有不溶于固液相的杂质，固体自身也存在如晶界、位错等缺陷。因异质相界面（固/气或固/固）和同质相界面（晶界）的存在，改变了固相或液相局部的热力学状态，使熔化过程发生变化而呈现多样性。由于晶体的自由表面和内界面（如晶界、相界等）处原子的排布与晶体内部的完整晶格有很大差异，且界面原子具有较高的自由能，因此熔化通常源于具有较高能量的晶体表面或同质异质界面。当晶体的界面增多如颗粒尺寸减小使表面

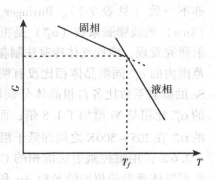

图 7-3　固液相吉布斯（Gibbs）自由能曲线

积增大、或多晶体晶粒减小使内晶界增多时，熔化的非均匀形核位置增多，从而导致熔化在较低温度下开始，即熔点降低。这就是发生在纳米材料中的熔点降低现象。

二、纳米材料的熔点降低

早在 20 世纪初人们就从热力学上预言了小尺寸粒子的熔点降低，但真正从实验上观察到熔化的尺寸效应还是在 1954 年。人们首先在 Pb、Sn、Bi 膜中观察到熔点的降低，后来相继采用许多方法研究了不同技术制备的小颗粒金属的熔化。大量的实验表明，随着粒子尺寸的减小，熔点呈现单调下降趋势，而且在小尺寸区比大尺寸区熔点降低得更明显。

典型的纳米金属粒子熔点与尺寸的关系如图 7-1 所示。当粒子尺寸大于 10nm 时熔点下降幅度较小，而小于 10nm 后熔点急剧下降。图 7-4 为原位 X 射线衍射测定的冷轧 Pb/Al 多层膜及轧制的自由铅薄膜样品的熔化行为，图中虚线为块体 Pb 平衡熔点。可以看出，自由铅薄膜的四个特征衍射的强度到大约 326℃ 开始急剧降低，并在 329℃ 之前均下降为零。Pb/Al 多层膜样品中铅膜的四个特征衍射的强度在 326 ~ 329℃ 也会降低，但并未降到零，而是在高于 329℃ 不同的温度降低到零，其中的（111）衍射直到 340℃ 才完全消失。这说明，Pb/Al 多层膜样品中部分铅膜在达到 334℃ 时依然存在，其熔化温度超过了自由铅薄膜的熔化温度，夹在铝中的部分铅薄膜出现了过热现象。

根据经典热力学理论，我们可以近似得出纳米材料熔点与晶粒尺寸的关系。将固体金属表面的金属蒸气作为理想气体，则金属体系吉布斯自由能可以表示为：

$$G = G^0 + RT\ln p \tag{7-13}$$

式中，G^0 为积分常数；p 为温度 T 时金属的蒸气压；R 为气体常数。

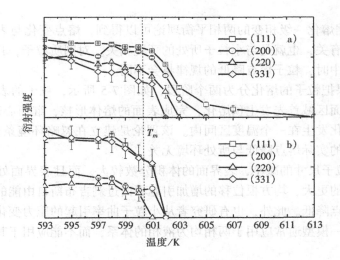

图 7-4　铅的特征 X-射线衍射强度随温度的变化情况

a）受约束铅纳米薄膜　b）自由铅薄膜

根据小粒子表面的 Gibbs-Thompson 方程：

$$\ln p = \frac{2\sigma V}{RT}\left(\frac{1}{D_1} + \frac{1}{D_2}\right) \tag{7-14}$$

式中，σ 为粒子的表面张力；V 为摩尔体积；D_1 和 D_2 分别为粒子晶粒表面的两个主曲率半径。得出小粒子较平面粒子的吉布斯自由能升高为：

$$\Delta G = 2\sigma V\left(\frac{1}{D_1} + \frac{1}{D_2}\right) \tag{7-15}$$

由于

$$\Delta G = H_m\left(1 - \frac{T_m(D)}{T_m(\infty)}\right) \tag{7-16}$$

式中，$T_m(D)$ 为尺寸依赖的熔化温度；D 是纳米晶体的等效直径；$T_m(\infty)$ 表示块体的熔化温度；H_m 为 $T_m(D)$ 温度时的熔化焓。因此得出：

$$T_m(D)/T_m(\infty) = 1 - 2\left(\frac{1}{D_1} + \frac{1}{D_2}\right)V\sigma/H_m \tag{7-17}$$

对于球形颗粒，$D_1 = D_2$，则可以得到：

$$T_m(D)/T_m(\infty) = 1 - \frac{V\sigma}{DH_m} \tag{7-18}$$

从式（7-18）中可见，小粒子的熔化温度变化 $T_m(D)/T_m(\infty)$ 与粒子尺寸的倒数是线性关系。这一关系式可以近似描述纳米材料的熔化规律。

考虑到实际熔化过程，人们提出了几种熔化机制来描述纳米粒子的熔化过程：

1）根据熔化一级相变的两相平衡理论可以得到，熔点变化与表界面熔化前后的能量差有关，也就是与小粒子所处的环境相关。对同质粒子，自由态和镶嵌于不同基体中时，粒子熔点降低的规律将会不同。

2）如果把粒子的熔化分为两个阶段，如图 7-5 所示，粒子的表面或与异质相接触的界面区域首先发生预熔化，完成表面的熔体形核，继而心部发生熔化，则粒子的熔化发生在一个温度区间内。该理论是建立在忽略环境条件的基础上，所以小粒子的实际熔点降低与所处环境无关。

3）随粒子尺寸的减小，表界面的体积分数较大，而且表界面处的原子振幅比心部原子的更大，均方根位移的增加引起界面过剩吉布斯自由能的增大，会使小粒子的熔点降低。此外，也有研究者从小粒子曲率引起的压力变化讨论熔点的降低，但这一模型通常应用于两相均为液相的体系，而不能应用于其中之一是固相的体系。

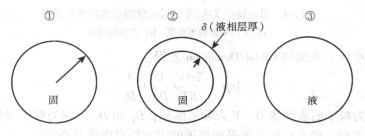

图 7-5　小粒子熔化过程示意图

无论是自由态还是被基体束缚的状态，处于表界面原子的组态与组成块体材料原子的组态不同，熵也因此不同。伴随着粒子熔点降低，熔化热随之减少。如纳米 In 粒子（5.6 nm）的熔化热比块体材料减少了 2/3，Sn 在 Ge/Sn 纳米材料中的熔化焓消失。根据经典热力学计算熔化焓的变化量 $\Delta L_m = (1 - T_m(\infty)/T_m(D))L_0$，比实验值小得多。因此，有人认为纳米晶体的界面熔化与心部不同。纳米晶体界面为非晶态（或熔化层），熔化时界面层原子不吸收或很少吸收熔化热。尺寸的降低使表界面原子的特性变得突出。目前，人们正在仔细研究液相层的结构、厚度、形成过程中的熔化焓变，进一步探讨纳米粒子真实的熔化机制。初步结果表明，表界面熔化并非严格意义上的一级相变（二级相变无潜热的变化），表界面层预熔化的焓变也会随距表界面距离的不同呈梯度变化。

三、纳米材料的过热

纳米材料熔点降低在很多情况下限制了其应用领域，人们经常希望提高纳米材料热稳定性。例如，随着微电子器件的小型化、高集成度，金属连接线的厚度和线宽已进入纳米尺度。根据摩尔定律可以知道，集成电路从诞生之日起就以每年每平方英寸集成的晶体管翻一番的速度增长，而数据密度则以每十八个月翻一番的速度发展。纳米材料熔点降低对工艺线宽的降低极为不利。在电子器件的使用中不可避免会带来温度的升高。纳米金属热稳定性的降低对器件的稳定工作和寿命将产生不利影响，并直接影响系统的安全性。同时，金属薄膜材料在现代信息工业和新技术中获得了广泛应用，实现金属纳米薄膜的过热也非常重要。因此，提高纳米材料热稳定性成为急待解决的问题，而实现纳米材料过热是解决这一问题的可行途径。

导致金属粒子熔点降低的本质原因是表面和内界面上具有未完全配位的悬空键，从而使界面的过剩体积增大，能量升高，降低了熔体形核的能垒。最近的实验结果表明，金属粒子界面的德拜（Debye）温度明显低于相应大块材料的平衡德拜（Debye）温度，也进一步说明界面上原子相互作用力减弱，过剩体积增大，受热时更易于熔化。

近几年来人们尝试以适当约束粒子的自由表面来实现晶体的过热并使熔点升高。人们最先发现用 Au 包覆的 Ag 单晶粒子，可以过热 24K，并维持 1min。对于用熔体急冷法获得均匀分布于 Al 基体中的纳米 In 粒子，原位电镜观察和热分析均发现部分 In 粒子可以过热，过热的 In 粒子与 Al 基体形成了外延取向关系，且过热度与粒子尺寸成反比。采用相同方法，人们发现了 Pb 和 In 在 Al 基体中的过热。采用离子注入方法形成的 Pb 纳米粒子镶嵌于 Al 单晶中结构，同样实现了 Pb 的过热，也类似地实现了 In、Tl 注入 Al 中的过热。在 Al 基体中能被过热的纳米粒子与 Al 均形成二元不互溶体系，液相区存在互溶度间隙，固态明显相分离；被束缚的纳米粒子与 Al 基体形成 Cube-Cube 取向关系，界面为半共格界面；即使基体材料为非密排结构的 In（斜方）被 fcc-Al 基体束缚，则显示出 fcc 密排结构特征。

用熔体急冷和球磨的方法分别制备的 In/Al 镶嵌粒子/基体的样品，急冷样品结构表征显示存在半共格界面，而球磨样品只有随机取向的界面。界面结构不同的两种样品中粒子的熔化行为完全不同，急冷样品观察到粒子过热，球磨样品粒子熔点降低。随粒子尺寸的变化，过热熔化温度和熔点降低表现出相反的变化趋势，如图 7-6 所示。这些结果证明了界面结构对熔化的控制作用。人们随后的分子动力学模拟实验对 Pb/Al 体系的研究得到了同样的结论。

采用熔体激冷技术使纳米 Ag 粒子形成规则的多边体，并均匀分布镶嵌在 Ni 基体上，使 Ag/Ni 界面呈半共格低能界面，经热分析和原位 XRD 测试发现 Ag 纳米粒子（20nm）可大幅度过热，过热度达 60℃，且随粒子的尺寸减小，过热度增大。

在纳米粒子过热的基础上，人们采用同样原理实现了晶体中析出的固态气体粒子在三相点以上温度的存在。在室温下将 Ar 注入 Al 基体，Ar 可保持到温度

730K，实现过热480K。Ar与基体形成有附生关系的fcc结构纳米晶体。

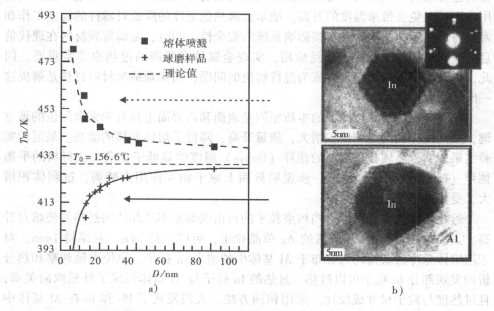

图7-6　镶嵌于Al基体中的In纳米粒子熔化温度随粒子尺寸的变化

表7-3　不同金属粒子过热的实验结果

纳米颗粒/基体	制备方法	位向关系	过热温度/K
Pb/Al	甩带	$(111)_{Al}//(111)_{Pb}:[110]_{Al}//[110]_{Pb}$	103
Pb/Al	离子注入	Cube/Cube	70
Pb/Cu	甩带	$(111)_{Cu}//(111)_{Pb}:[110]_{Cu}//[110]_{Pb}$	125
Pb/Zn	甩带	$(0001)_{Zn}//(111)_{Pb}:[1120]_{Zn}//[110]_{Pb}$	62
Pb/Ni	甩带	$(100)_{Ni}//(100)_{Pb}:[011]_{Ni}//[011]_{Pb}$	≈0
In/Al	甩带	Cube/Cube	48
Cd/Al	离子注入	$(111)_{Al}//(0001)_{Cd}:[110]_{Al}//[1120]_{Cd}$	19
Tl/Al	离子注入	Cube/Cube	40

表7-3总结了已发现的纳米粒子过热的实验结果。这些实现镶嵌纳米粒子过热的一个共同的特征，是纳米粒子由晶体学的刻面（一些特殊的原子面）包围并与基体形成附生取向关系，纳米粒子与基体的界面具有半共格界面的特征。Cahn注意到了这一特征，并预见性指出过热与附生取向的粒子/基体界面密切相关，这种关系是镶嵌粒子过热的必要条件，如果没有这种取向关系，镶嵌粒子的过热难以实现。

总的来讲，人们对于纳米材料熔化的研究才刚刚开始，一些基本问题尚没有明确的认识。正如 Cotterill 所述："在人们所了解的各种物理现象中，一些最普遍的却最难被人们理解，熔化便是其中之一"。纳米材料熔化研究中新现象的发现，激发了人们的好奇心和关注，近年来在科学界影响力很大的国际知名刊物如 Science、Nature、Phys. Rev. Lett. 不断有关于纳米材料熔化与过热研究的文章发表。随着纳米材料制备和分析技术的提高，纳米材料熔化研究会进一步深入，材料熔化的秘密也将逐渐被揭示。

第三节　纳米晶体的晶粒成长

纳米晶体材料的结构失稳包括晶粒长大、相分离、第二相析出等过程。由于这些变化过程导致微观结构的改变，尤其是晶界形态和数量的变化必然会影响到纳米晶体材料的性能，从而可能使纳米晶体材料失去其优异的力学或理化性能。因此，研究纳米晶体材料的热稳定性具有重要的实际意义。

一、纳米晶体的热稳定性

晶粒尺寸的热稳定性是纳米晶体材料热稳定性研究的重要内容之一。由于纳米晶体材料中很高的界面体积分数使之处于较高的能量状态，而晶粒长大会减少界面体积分数，从而降低其能量状态，因此晶粒长大的驱动力很高。从传统的晶粒长大理论中可知，晶粒长大驱动力 $\Delta\mu$ 与晶粒尺寸 d 的关系可由 Gibbs-Thomson 方程描述：

$$\Delta\mu = \frac{4\Omega\gamma}{d} \tag{7-19}$$

式中，Ω 为原子体积；γ 为界面能。

由此可见，当晶粒尺寸 d 细化到纳米量级时，晶粒长大的驱动力很高，甚至在室温下即可长大。实验中已发现，纳米晶 Cu、Ag、Pd 在室温或略高于室温时的异常长大现象。

然而，大量实验观察表明，通过各种方法制备的纳米晶体材料，无论是纯金属、合金还是化合物，在一定程度上都具有很高的晶粒尺寸稳定性，表现为其晶粒长大的起始温度较高，有时高达 $0.6T_m$（T_m 为材料的熔点）。表7-4 列出了部分单质和合金纳米晶体样品在恒速升温过程中晶粒长大的温度，可以看出大多数纳米晶体尺寸具有很好的热稳定性。

对于单质纳米晶体样品，熔点越高的物质晶粒长大起始温度越高，且晶粒长大温度约在 $(0.2 \sim 0.4)T_m$ 之间，比普通多晶体材料再结晶温度（约为 $0.5T_m$）低。合金纳米晶体的晶粒长大温度往往较高，通常接近或高于 $0.5T_m$。对纳米晶体材料晶粒尺寸热稳定性的研究，对深入理解晶粒长大动力学本质机理具有重要价值。

表 7-4　部分纳米材料的晶粒长大起始温度 T_g

样品	制备方法	平均晶粒尺寸/nm	晶粒长大温度 T_g/K	T_g/T_m
Ag	惰性气体冷凝	60	420	0.34
Au	磁控溅射	7 ~ 11	770	0.58
Cu	惰性气体冷凝	40	320	0.24
Cu	电解沉积	30	348	0.25
Cu	大塑性变形	160	434	0.32
Cu	磁控溅射	21	403	0.30
Cu	高能球磨	20	515	0.38
Fe	惰性气体冷凝	10	473	0.26
Fe	高能球磨	16	573	0.32
Ni	高能球磨	12	600	0.35
Ni	电子束蒸发沉积	10	561	0.25
Ni	电解沉积	20	350	0.20
Ni	电解沉积	150	503	0.29
Pd	惰性气体冷凝	16	360	0.20
Ni-P	非晶晶化	5	688	> 0.4
Cu-Fe	高能球磨	10	870	> 0.64
HfNi$_5$	快速凝固	10	675	0.45

二、纳米晶体的长大动力学表征

虽然纳米晶体材料处于一种热力学亚稳状态，但在室温常压下它又常常是动力学稳定的，其结构转变过程往往需要克服一定的激活能，因此从动力学的角度来研究纳米晶体材料的热稳定性是很必要的。

动力学研究通常分为两个方面：一是利用动力学公式来表示晶粒尺寸与退火温度或时间的关系；二是通过监测纳米晶体材料物理性能的变化得到失稳过程中的一些特征参数，从而研究其动力学过程。

传统多晶体材料中的晶粒长大过程通常可表示为：

$$d^N - d_0^N = k_T t \tag{7-20}$$

式中，d_0 为初始晶粒尺寸；d 为经 t 时间段退火后的晶粒尺寸；N 为晶粒长大指数；k_T 为动力学常数。该式较准确地反映了较低温度下金属材料中的晶粒长大规律。根据经典晶粒长大机制，不同的 N 值代表着不同的晶粒长大机制，N 值通常是在 2 ~ 4 之间。动力学常数 k_T 同温度 T 有如下关系：

$$k_T = k_{T_0} \exp\left(-\frac{Q}{RT}\right) \tag{7-21}$$

式中，k_{T_0} 为指前因子；R 为气体常数；Q 为晶粒长大激活能。在晶粒长大过程中激活能是晶粒尺寸稳定性的另一个重要参数，它代表晶粒长大对应的扩散过程所需克服的能量势垒。在研究晶粒长大的过程中，通常是通过计算晶粒长大指数 N 和晶粒长大激活能 Q，然后对比实验值与理论预测值来判断纳米晶晶粒长大的机制。

　　纳米晶体材料热稳定性的一些动力学参数还可以通过监测其他物理参量的变化而得到，例如，利用差热分析或电阻分析，通过测量晶粒长大过程随升温速率的变化来推断此过程的激活能，即常用的 Kissinger 方程：

$$\ln\left(\frac{B}{T^2}\right) = -\frac{Q}{RT} + C \tag{7-22}$$

式中，B 为升温速率；C 为常数；Q 为激活能；T 为某一过程的特征温度（如起始温度 T_{on} 或峰值温度 T_p）。

表 7-5　纳米晶粒生长激活能

样品	平均晶粒尺寸/nm	制备方法	生长激活能/eV	扩散激活能/eV	评价方法
Cu	18		0.31 ± 0.09		$d^n - d_0^n = Kt$ $K = K_0 \exp\left(-\dfrac{Q}{RT}\right)$
Cu			0.83		
Cu-Fe	fcc Cu（Fe）和 fcc Fe（Cu）双相	机械合金化	2.10 2.70 2.00	α-Fe（SD）[1]: 2.60 Fe（GB）[2]: 1.70 Fe in Cu: 2.20 Cu（SD）: 2.10 Cu（GB）: 1.30 1.06 ~ 1.11 Cu in Fe: 2.90	Kissinger 方程
Cu	40	惰性气体冷凝	0.86	—	Kissinger 方程
Ag	60	惰性气体冷凝	1.05	—	Kissinger 方程
Ag-x_0[3]7%	60	惰性气体冷凝	2.09	—	Kissinger 方程
Ni（Si）	—	电子束沉积	2.28 ± 0.52	—	Kissinger 方程
Ag-x_{Au}5%	—	惰性气体冷凝	0.88	Ag（SD）: 1.97 Ag（GB）: 0.88 ~ 0.93	Kissinger 方程
Ag$_{37}$Cu$_{63}$			1.01		
Ni-P	7nm 32nm	非晶晶化	1.90 ± 0.05 1.80 ± 0.05	Ni（GB）: 1.60 Ni（SD）: 2.91	Kissinger 方程
HfNi$_5$	10nm	快淬	1.85 2.05	Ni（SD）: 2.95 Hf（SD）: 1.80 Hf（SD）: 1.68	Kissinger 方程

①　SD：表示体积自扩散。
②　GB：表示晶界扩散。
③　x_0：表示氧的摩尔分数。

表7-5收集了一些有关纳米晶粒长大激活能的数据，一般来说，晶粒长大过程激活能越大，晶粒尺寸稳定性越好。实验结果表明，合金及化合物的晶粒长大激活能往往较高，接近相应元素的体扩散激活能。而单质纳米晶长大激活能较低，与晶界扩散激活能相近，这说明纳米晶粒长大过程不能简单地沿用经典晶粒长大理论来描述，其中存在一些纳米晶体结构的本质影响因素，而这些因素并未被人们所充分认识。

近期的研究结果表明，纳米晶体材料的热稳定性及内在晶粒长大机制不仅与动力学有关，同时与晶粒的微观结构、化学成分及晶粒形态有密切关系。目前，许多有关纳米晶体材料热稳定性的研究是用超细粉冷压样品进行的，样品中一般都含有大量的孔隙、污染、微观应变、缺陷。例如，纳米纯 Ag 在以 10K/min 速度的加热过程中，晶粒长大过程从 423K 开始并伴有明显的硬度下降，晶粒长大的激活能为 108 kJ/mol，这与 Ag 的晶界扩散激活能相当；若在此纳米 Ag 样品中添加 x_0 为7%的氧，其晶粒长大的起始温度提高了约80K，晶粒长大激活能则提高到 209kJ/mol，与 Ag 的体扩散激活能相当，提高了晶粒尺寸稳定性。另外，纳米晶体材料中的微孔隙，也同样也会因为阻止晶界运动而使其热稳定性增加。

三、晶粒长大的界面能

纳米晶粒的长大过程往往伴随有一定的过剩能释放。假设：①晶粒长大过程中对应的热效应都是由于界面减少而导致的界面能释放；②晶界的结构在晶粒长大前后保持不变；③晶粒的能量状态不随晶粒尺寸而变化。由于通常纳米晶体材料的晶界分数与其晶粒尺寸成反比，对一个体积为 V 的样品，可以得到储存于界面的过剩焓为：

$$H_0 = g\gamma_H V/r_0 \tag{7-23}$$

式中，γ_H 为界面过剩能；g 为数值因子，依赖于晶粒形状及其尺寸分布；H_0 和 r_0 分别代表初始态过剩焓和晶粒半径。当晶粒半径增加到 $r(t)$ 时，总界面过剩能变为：

$$H(t) = g\gamma_H V/r_t = H_0 r_0/r(t) \tag{7-24}$$

在这段时间内，系统的能量变化则为：

$$
\begin{aligned}
\Delta H &= H(t) - H_0 \\
&= H_0 r_0 \left(\frac{1}{r} - \frac{1}{r_0} \right) \\
&= g\gamma_H \frac{W}{D} \left(\frac{1}{r} - \frac{1}{r_0} \right)
\end{aligned}
\tag{7-25}
$$

式中，W 和 D 分别为所讨论样品的质量和密度。

通常可用示差扫描量热法（DSC）方法测量出其热效应。Chen 及其合作者曾发展了一套较完整的理论来论述 DSC 测量方法在晶粒长大研究上的应用。根据式（7-25），在 δ_t 时间内，DSC 信号的平均强度可表示为 $\delta_H = \Delta H/\delta_t$。

以纯 Cu 样品为例，简单地认为晶粒形状因子为常数，$D = 8.91\text{g}/\text{cm}^3$，并取 $W = 5\text{mg}$，$\delta_t = 50\text{s}$，$\gamma_H = 0.1\text{J}/\text{m}^2$，可以得到不同初始晶粒尺寸晶粒长大过程中的热效应，如图 7-7 所示。图中水平虚线为目前 DSC 的能量精度极限。可以看出，随着晶粒不断长大，DSC 信号的强度总是不断变化的，对于较小的晶粒尺寸，δ_H 随 d 的增大较快，对于较大的晶粒尺寸，曲线则变的平缓。就目前 DSC 设备的灵敏度而言，测量精度能达到 0.01mJ/s（如 PE 公司生产的 Perkin-Elmer DSC，Pryis 1 设备）。根据这一精度，当初始晶粒尺寸很小时（$d_0 < 10\text{nm}$），晶粒长大过程可以很容易被检测到；而对于初始晶粒尺寸较大的样品，如 $d_0 = 30\text{nm}$ 时，只有当晶粒尺寸长大约 37nm 时，DSC 才可检测到其热效应。因此，DSC 测量往往具有一定的滞后效应。

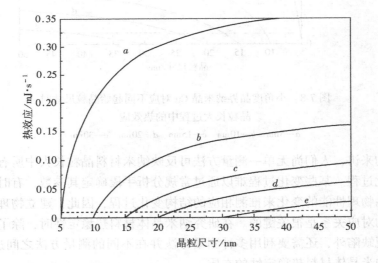

图 7-7 大角度晶界纳米晶 Cu 对应不同起始晶粒尺寸时
晶粒长大过程中的热效应

a—5nm b—10nm c—15nm d—20nm e—30nm

图 7-8 所示为具有小角晶界的纳米晶 Cu 样品的晶粒长大过程的热效应，$\gamma_H = 0.01\text{J}/\text{m}^2$，将样品质量增加到 30mg，其他参数与图 7-7 相同，水平虚线为目前 DSC 的能量精度极限。对于此实验所用纳米晶 Cu，在 125 ~ 175℃ 范围内是晶粒长大最快的温度区间，因此该温度区间的热效应最集中。当晶粒尺寸从 37nm（125℃）长大到 70nm（175℃）时，单位时间内其放热量大约为 0.0143mW。因此，这种纳米晶 Cu 的晶粒长大热效应太弱，目前的 DSC 测试设备难以准确检测。另外，样品中大量生长孪晶及层错等的存在也会在一定程度上影响晶粒长大

过程的热效应。

可见，根据 DSC 测量方法的精度及设备技术条件，并不是所有纳米晶体材料的晶粒长大过程都可以用 DSC 检测出来。

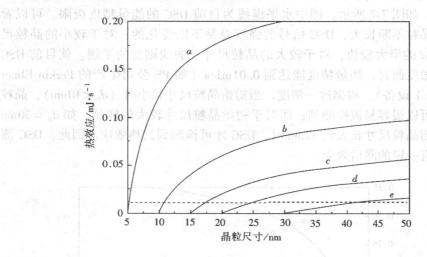

图 7-8　小角度晶界纳米晶 Cu 对应不同起始晶粒尺寸时
晶粒长大过程中的热效应

a—5nm　b—10nm　c—15nm　d—20nm　e—30nm

总的来讲，人们尚无单一测量方法可反映纳米材料晶粒长大中所有的结构和能量变化过程。某些变化过程难以通过常规分析手段确定其参数，有时只能通过监测样品物理性能的变化来推测相应的结构变化过程，因此，建立物理性能与微观结构的对应关系是很关键的。在研究纳米晶体材料热稳定性时，除了要考虑样品的微观缺陷外，还需要利用多种测量方法并在不同的测量方法之间进行比较，以揭示纳米晶体材料热稳定性的本质。

第四节　纳米晶体的点阵热力学性质

长期以来，人们把纳米材料的独特性能归功为晶界的贡献，而忽视了对晶粒部分的研究，直到近期，晶粒结构才成为人们关注的对象。实验结果表明，纳米晶粒的微观结构与完整晶格有很大差异。例如，在用非晶晶化法制得的 Ni-P 系和 Fe-Mo-Si-B 系纳米晶合金中，分别发现了 Ni_3P 相和 Fe_2B 相的晶格畸变，a 轴变长，c 轴变短，晶胞体积（$V = a^2c$）膨胀，并且晶粒越小，畸变越显著。在纳米晶单质 Se、Si、Co、Pd、Ni 中也发现了晶格畸变现象，且其单晶胞体积随晶粒变化的非单调性与力学性能随晶粒变化规律相吻合。

纳米晶体材料处于纳米量级的晶粒原子结构是否完整是人们一直关心的重要问题。Gleiter 曾指出，纳米晶体材料晶粒间的不匹配会产生从晶界到晶粒内部的应力场，使晶内原子结构发生变化。但在早期的研究报道中人们往往假定晶粒具有理想的晶体结构，只有在近期人们才在实验中发现纳米晶体材料的晶粒存在着明显的结构缺陷，如点阵参数的变化、点阵畸变、点阵静畸变等。

一、点阵参数的变化

卢柯等首先在非晶晶化法制备的 Ni-P 系、Fe-Mo-Si-B 系纳米合金中，发现纳米相 Ni_3P 和 Fe_2B 的点阵参数同各自粗晶体的点参相比沿 a-轴变大，沿 c-轴变小，且变化量随晶粒减小而增大；晶胞体积的变化 ΔV 与晶粒尺寸的倒数成正比，如图 7-9 所示。图中 $\Delta a = (a_{nc} - a_c)/a_c$，$\Delta c = (c_{nc} - c_c)/c_c$，$\Delta V = (V_{nc} - V_c)/V_c$。其中 a_c、c_c 为标准值。

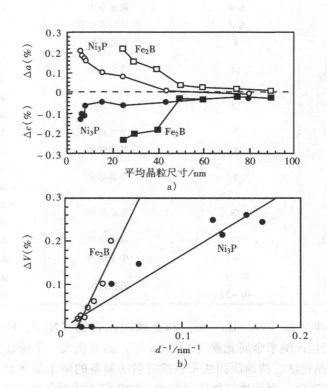

图 7-9　Ni-P、Fe-Cu-Si-B 纳米合金中 Ni_3P 和 Fe_2B
纳米相的点阵参数的变化

a)　Δa、Δc 与平均晶粒尺寸 d 的变化关系
b)　晶胞体积变化 ΔV 与 $1/d$ 的变化关系

在由非晶晶化法制备的纳米单质 Se 中也发现了上述类似的点参变化。此外，在高能球磨法制备的纳米晶体 Se、Ge、Si、Nb_3Sn 中、快速凝固法制备的纳米单质 Ag、Ni 中、气相沉积的 Si 膜中、磁控溅射的纳米 Ti_3Al 薄膜中及中子辐照化合物 Nb_3Sn 中都观察到了点阵参数变化，见表 7-6 所列。由表可见：

表 7-6　不同方法制备的纳米晶体材料点阵参数的变化

样　品	平均晶粒尺寸/nm	制备方法	Δa 和 Δc（%）
Ag（fcc）	—	快速凝固	$\Delta a = +0.03$
Cr（bcc）	11	惰性气体冷凝	$\Delta a = +0.04$
Cu（fcc）	85	SPD	$\Delta a = -0.04$
Cu	27	电解沉积	$\Delta a = +0.06$
Fe（bcc）	8	高能球磨	$\Delta a = +0.08$
Ni（fcc）	6.4	快速凝固	$\Delta a = +0.76$
Pd（fcc）	8.3	惰性气体冷凝	$\Delta a = -0.04$
Ge（diamond）	4	高能球磨	$\Delta a = +0.20$
Se（trigonal）	14	高能球磨	$\Delta a = +0.15$ $\Delta c = -0.01$
Se	13	非晶晶化	$\Delta a = +0.30$ $\Delta c = -0.12$
Si（diamond）	3	化学气相沉积	$\Delta a = +1.00$
Si	8	高能球磨	$\Delta a = +0.20$
Ni_3P（bct）	7	非晶晶化	$\Delta a = +0.21$ $\Delta c = -0.13$
Fe_2B（bct）	23	非晶晶化	$\Delta a = +0.20$ $\Delta c = -0.23$
Nb_3Sn（A15）	12	高能球磨	$\Delta a = +0.59$
Nb_3Sn	—	中子辐照	$\Delta a = +0.50$
Ti_3Al（hcp）	5～10 40～52	磁控溅射	$\Delta a = +0.24$ $\Delta c = +1.00$

1）纳米半导体（Se、Ge、Si）和金属间化合物（Ni_3P、Fe_2B、Ti_3Al 等）的点阵参数变化比纳米金属元素（Ag、Cu 等）的变化大一个量级。

2）非晶晶化法、快速凝固法及磁控溅射法制备的纳米晶体材料通常有较明显的点阵参数变化，而惰性气体冷凝技术、SPD 等方法制备的纳米晶体的点阵参数变化很小。

3）六角、四方结构的纳米晶体材料的点阵参数沿不同晶轴的变化量不同。

由此可见，纳米晶体材料的点阵参数变化与制备方法、化学成分、晶轴方向以及晶粒尺寸等因素有关。

二、热力学分析

纳米晶体材料点阵参数变化的本质原因目前尚不清楚，但它证实了 Gleiter 早期预言的晶界会对晶粒产生的应力作用。因纳米晶体材料的晶界具有很大的过剩能、过剩体积，故晶界会对晶粒产生作用，以减小自身能量。

卢柯等利用经典热力学理论对纳米晶体材料的点阵参数变化进行计算。由尺寸为 D 的球形晶粒组成的纳米晶体材料同无限大晶体相比，其吉布斯自由能增量为：

$$\Delta G(T,D) = \frac{4\Omega\gamma}{D} \qquad (7\text{-}26)$$

式中，Ω 为晶粒的原子体积；γ 为界面能；T 为热力学温度。由此导致固溶度的增加为：

$$\Delta C^B(T,D) = \frac{4\Omega\gamma C_O^B}{k_B TD} \qquad (7\text{-}27)$$

式中，C_O^B 为粗晶的平衡固溶度；k_B 为玻尔兹曼常数。由式（7-27）可知，纳米晶粒具有溶质的过饱和固溶。对于纳米单质和金属间化合物，空位或其他点缺陷可看作其特殊的"溶质原子"，且缺陷浓度随晶粒减小而增加，导致点阵参数变化。

对 PVD 沉积纳米 Si 膜的点阵参数研究发现，当晶粒尺寸由 100nm 减至 3nm 时，点阵参数变化由 0 增至 1.0%，而且 3nm 为纳米 Si 膜的最小晶粒尺寸。由热力学计算表明，当 Si 的点阵参数膨胀至 1.0% 时，其自由能与非晶态 Si 的相等，这说明纳米晶体材料的点阵参数变化具有上限，而由点阵参数变化引起的结构不稳定是晶粒尺寸存在下限的一个因素。

第五节　纳米晶体的界面热力学

纳米材料的热性质与纳米晶体中界面热力学性质有直接的关联。然而，由于在传统制备纳米晶体过程中经常给样品中引入微孔隙，界面结构性能测试较为困难，因此造成关于纳米晶体界面热力学的研究报道较少。卢柯领导的研究组近年来利用开拓出的非晶晶化制备纳米晶体的技术，获得了无微孔隙的纳米晶体样品，并从实验上研究了纳米晶体的界面热力学，得出了一系列重要的界面热力学参数，在国际上产生了较大影响。

一、非晶晶化热力学

非晶晶化即通过非晶态合金的晶化来产生晶粒为纳米尺寸的超细多晶体材料。由于晶粒及内界面是在相变过程中从非晶态相基体中自然形成的，不存在任何外加压力使晶体复合形成界面，因此这种方法可以方便地控制纳米晶体的晶粒度，样品中不含有微孔隙和杂质污染。同时，由于非晶晶化是一个由非晶态向纳米晶体的相转变过程，为研究纳米晶体中界面的形成过程、界面热力学特征、晶粒形核及长大、亚稳相转变动力学及热力学提供了极好的条件。

非晶态合金的晶化是一个固态相变过程，如果晶化产物是一般多晶体（即普通晶化过程），其中形成的内界面极少，由热力学基本关系式可以计算出相应的热力学参量。

$$\Delta H^{c-a}(T) = -\Delta H_m + \int_T^{T_m} (C_p^a - C_p^c)\,\mathrm{d}T \tag{7-28}$$

$$\Delta S^{c-a}(T) = -\Delta S_m + \int_T^{T_m} (C_p^a - C_p^c)\,\mathrm{d}(\ln T) \tag{7-29}$$

$$\Delta G^{c-a}(T) = -\Delta H^{c-a}(T) - T\Delta S^{c-a}(T) \tag{7-30}$$

式中，ΔH_m 和 ΔS_m 分别为材料在熔点 T_m 时的熔化焓变和熵变；C_p^a 和 C_p^c 分别为非晶态合金及晶体的摩尔热容。

对于非晶态合金向纳米晶体的相变，可以得到类似表达式：

$$\Delta H^{nc-a}(T) = -\Delta H^{nc-a}(T_x) + \int_T^{T_x} (C_p^a - C_p^{cn})\,\mathrm{d}T \tag{7-31}$$

$$\Delta S^{nc-a}(T) = -\Delta S_c^{nc-a} + \int_0^T (C_p^{nc} - C_p^a)\,\mathrm{d}(\ln T) \tag{7-32}$$

$$\Delta G^{ac-a}(T) = \Delta H^{nc-a}(T) - T\Delta S^{nc-a} \tag{7-33}$$

式中，$\Delta H^{nc-a}(T_x)$ 是非晶态在晶化温度 T_x 下转变为纳米晶体时的焓变；ΔS_c^{nc-a} 是纳米晶体与非晶态在 0K 温度时的熵值差；C_p^{nc} 为纳米晶体的热容。

从上述可以看出，要得到非晶态向纳米晶体相变过程的三个基本热力学参量变化，需要测量出 C_p^{nc}、C_p^a、$\Delta H^{nc-a}(T_x)$ 和 ΔS^{nc-a}，前三个参量均可以用 DSC 法精确测定。绝对零度（0K 温度）时的纳米晶体的熵值可以近似为晶界部分的构型熵（忽略晶粒部分及热振动熵），晶界部分的结构属无序态，与非晶态合金类似，其构型熵可以通过下式进行近似估算：

$$S = -k_B \sum_i x_i \ln x_i \tag{7-34}$$

式中，x_i 是 i 类组元（原子、原子团、空位或自由体积等）的浓度。非晶态及纳米晶体界面部分的自由体积（空位）可以通过密度测量得到。据纳米晶体的密度测量结果，计算出 $\Delta S_c^{nc-a} = -0.04 k_B$。

利用式（7-26）~式（7-29），人们计算出了 Ni-P 非晶向晶体及非晶向纳米晶体这两种相变过程的热力学参量，如图 7-10 和图 7-11 所示。

由图可见，两种相变的热力学参量变化规律有很大差别：在非晶态向晶体转变中，ΔS 为负值，且随温度上升，ΔS 值减小，而 ΔG 值增大；对于非晶态向纳米晶体的相变，熵变 ΔS 为正值，说明纳米晶体的熵大于非晶态的熵，随温度升高，ΔS 和 ΔH 值均增大，而相变自由能 ΔG 却减小。这两种相变热力学参量的明显差别，说明纳米晶体的界面在非晶晶化相变中起着重要的作用。

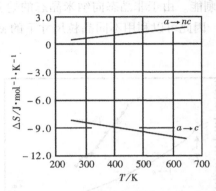

图 7-10　根据实验结果计算出的
两种转变的熵变

$a{\rightarrow}nc$——由非晶向纳米晶转变

$a{\rightarrow}c$——由非晶向晶体晶转变

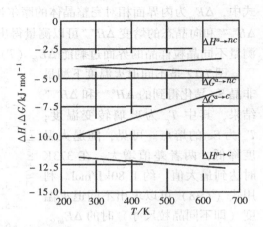

图 7-11　根据实验结果计算出的两种
转变的焓变及吉布斯自由能变化

二、纳米晶体的界面热力学

纳米材料的晶界结构可以从其界面热力学性质得到直接反映，如过剩焓、过剩熵、过剩吉布斯自由能。目前，人们主要采用 DSC 方法测量纳米材料晶粒长大时释放的热焓得到晶界过剩焓。然而，正如前面所述，DSC 测量晶粒长大时在很多情况下不能精确得到晶界焓，测量结果还很容易受到微应变、织构和晶粒尺寸分布的影响。

将纳米材料的内界面看作一个独立“相”，那么非晶态合金向纳米晶体的相转变可以理解为一个分解反应：

$$\text{非晶态固相} \Rightarrow \text{纳米尺寸晶粒} + \text{内界面} \tag{7-35}$$

如果内界面所占的摩尔分数（原子百分数）为 x_{in}，则相转变的总焓变为：

$$\Delta H^{a{\rightarrow}nc}(T) = (1 - x_{in})\Delta H^{a{\rightarrow}c}(T) + x_{in}\Delta H^{a{\rightarrow}in}(T) \tag{7-36}$$

可以认为非晶相向晶粒的转变与非晶向一般晶体的相转变相同，则非晶相转变为内界面的焓变 $\Delta H^{a{\rightarrow}in}(T)$ 可以表示为：

$$\Delta H^{a{\rightarrow}in}(T) = \Delta H^{in}(T) - \Delta H^{a}(T) \tag{7-37}$$

式中，$\Delta H^{in}(T)$ 和 $\Delta H^{a}(T)$ 分别是内界面和非晶态固相的过剩焓（相对于完整晶体）。其中，从固体晶化过程热力学可知，非晶态固体的过剩焓 ΔH^{a} 为：

$$\Delta H^{a} = \Delta H_{f} - \int_{T_m}^{T}(C_{p}^{l} - C_{p}^{c})\mathrm{d}T \tag{7-38}$$

式中，ΔH_{f} 是在熔点 T_{m} 时的熔化焓变；C_{p}^{l} 和 C_{p}^{c} 分别是过冷液态和晶态的摩尔热容。那么有：

$$x_{in}\Delta E_{in} = \Delta H^{a\rightarrow nc}(T) - \Delta H^{a\rightarrow c}(T) \tag{7-39}$$

式中，ΔE_{in} 为内界面相对完整晶体的摩尔过剩能。由于非晶态向纳米晶态的焓变 $\Delta H^{a\rightarrow nc}$ 和向晶态的焓变 $\Delta H^{a\rightarrow c}$ 可以测量得出，因此可以利用不同晶粒尺寸下的 x_{in} 测量不同晶粒样品的界面过剩能 ΔE_{in}（T）。

图 7-12 是不同退火温度下测量非晶 Se 晶化得到的 $\Delta H^{a\rightarrow nc}$ 和 $\Delta H^{a\rightarrow c}$ 结果，其中 T_g 为玻璃转变温度；T_m 为 Se 的熔点。可见，随退火温度降低，两者差值增大，在 373K 时达到最大值，约 1.80kJ/mol。利用式（7-38）可以求出不同退火温度（即不同晶粒尺寸）时的 ΔE_{in}。

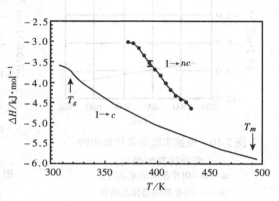

图 7-12　非晶态 Se 不同晶化温度时晶化和纳米晶化放热焓

同样，人们在非晶态 Ni-P 合金晶化成纳米晶的热分析试验中发现，纳米晶 Ni-P 合金的界面过剩焓随晶粒尺寸下降而减少。同时，密度测量结果显示纳米晶 Ni-P 合金的界面过剩体积亦随晶粒尺寸下降而减少，正电子湮没实验证实了这一结果。

类似地，通过测量不同晶粒尺寸 TiO_2 纳米晶的晶粒长大热效应，人们亦发现 TiO_2 纳米晶中界面过剩焓亦随晶粒尺寸下降而减少。

表 7-7 列出了几种不同晶粒尺寸的纳米晶合金的晶粒尺寸及对应的界面焓。它们都表现出晶界或相界焓随晶粒尺寸的降低而降低。

表 7-7　几种纳米晶材料的晶界焓

样　品	制备方法	平均晶粒尺寸 d/nm	晶界焓 H_{gb}/（$J \cdot m^{-2}$）
Ni-P	非晶晶化	6.5	0.16
		60	0.47
TiO_2	高压固结	34	1.28
		76	1.55
Se	非晶晶化	8.6	0.27
		22.4	0.32

一般认为，界面的过剩体积（相对完整晶格）$\Delta V = V/V_0 - 1$（其中 V_0 和 V

分别为完整单晶体和晶界的体积）是描述晶界能态最合理的一个参量，它决定着界面的热力学性质，如界面熵、界面焓、界面吉布斯自由能。利用热力学计算可以分别得出界面熵、界面焓、界面吉布斯自由能与界面过剩体积的关系。图7-13、图7-14 和图7-15 分别为纳米晶纯 Ni 的计算结果。可以看到，界面焓、熵及吉布斯自由能均随着界面的过剩体积下降而下降。

因此可以得出，随着纳米材料晶粒尺寸的减小，纳米材料晶界或相界单位面积内的过剩体积、界面焓、界面熵和界面吉布斯自由能也随之减小。

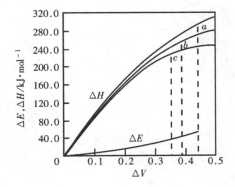

图 7-13　不同温度下界面过剩能和
过剩焓与界面过剩体积变化关系

a—T = 300K　*b—T* = 800K　*c—T* = 1300K

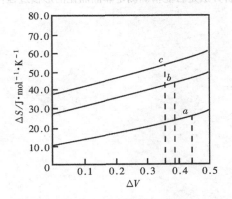

图 7-14　不同温度下界面过剩熵
与界面过剩体积变化关系

a—T = 300K　*b—T* = 800K　*c—T* = 1300K

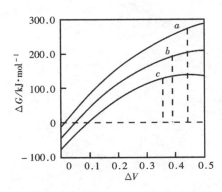

图 7-15　不同温度下界面过剩吉布斯自由能与界面过剩体积变化关系

a—T = 300K　*b—T* = 800K　*c—T* = 1300K

思 考 题

1. 纳米材料熔点降低的原因是什么？如何实现纳米材料的过热？

2. 非晶晶化法与高能球磨、惰性气体冷凝方法制备的纳米材料相比，其热性能有何差异？其原因是什么？

3. 纳米材料和常规粗晶材料的晶格点阵相比有何特点？

4. 测量纳米材料的界面能的方法有哪些？其测量原理分别是什么？测量精度有何差别？

5. 非晶晶化是由形核和长大两个过程组成的。根据纳米材料的界面能特点，说明差热分析方法是否能精确测定非晶晶化的形核过程？

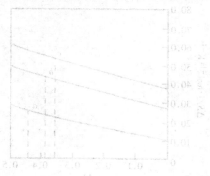

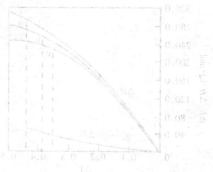

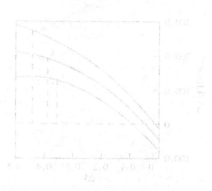

第八章　纳米功能材料

具有某种特殊物理、化学或生物等性能的材料均可称为功能材料。纳米材料由于量子效应和表面效应常具有某种特殊的力学、电、磁、光、热、催化等性能，因此低维纳米材料可看作功能材料，利用它们可制造新型的纳米功能器件。本章主要介绍几种具体的纳米功能材料：TiO_2 光催化材料、WO_3 电致变色材料、SnO_2 气敏材料以及微孔沸石分子筛和介孔 MCM-41 分子筛材料。

第一节　纳米 TiO_2 光催化材料

具有将光能转化为化学能，促进化合物的降解或合成功能的材料统称为光催化材料。大多数宽禁带的 n 型化合物半导体，如 TiO_2、SnO_2、CdS、ZnO、ZnS 等都属于光催化材料，其中 TiO_2、CdS 和 ZnO 的光催化活性最高。然而，CdS、ZnO 在光照时不稳定，而且 CdS 产生的 Cd^{2+} 离子有毒性，使其应用受到限制。TiO_2 的化学性质稳定，对生物无毒性，资源丰富，因此，纳米 TiO_2 的光催化性能及技术已成为当今科学技术研究的热点，并在废水废气处理、降解有机物、空气净化、太阳能利用、抗菌、防雾及自清洁功能等方面得到十分广泛的应用。

一、光催化原理

光催化的原理是利用光来激发 TiO_2 等化合物半导体，利用它们产生的电子和空穴来参加氧化-还原反应（Redox）。当能量大于或等于能隙的光（$h\nu \geqslant E_g$）照射到半导体纳米粒子上时，其价带（VB）中的电子将被激发跃迁到导带（CB），在价带上留下相对稳定的空穴，从而形成电子-空穴对（$TiO_2 + h\nu \rightarrow TiO_2 + h^+ + e^-$）。由于纳米材料中存在大量的缺陷和悬键，这些缺陷和悬键能俘获电子或空穴并阻止电子和空穴的重新复合。这些被俘获的电子和空穴分别扩散到微粒的表面，从而产生了强烈的氧化还原势。例如，电子能将微粒表面的氧化性物质还原，而空穴能将表面的还原性物质氧化。图 8-1 示意地表示了一个半导体纳米粒子在光照射下形成电子-空穴对，以及电子、空穴被俘获并扩散到粒子表面与表面物质产生氧化、还原反应的过程。价带的空穴是良好的氧化剂，导带的电子是良好的还原剂。在光催化半导体中，空穴具有更大的反应活性。半导体能带的位置与被吸附物质的还原电势决定了光催化的反应能力，图 8-2 给出了在 pH=1 条件下一些常见化合物半导体的禁带宽度及能带的位置。

在大多数情况下，光催化反应都离不开空气和水，空穴与表面吸附的水或

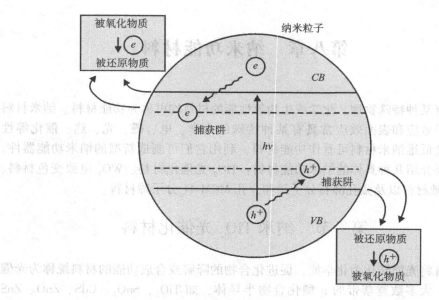

图 8-1 纳米 TiO_2 粒子光催化氧化-还原反应示意图

OH^- 离子反应生成具有强氧化性的羟基自由基：$H_2O + h^+ \rightarrow \cdot OH + H^+$ 或 $OH^- + h^+ \rightarrow \cdot OH$。

电子与表面吸附的氧分子反应，是粒子表面羟基自由基的另外一个来源，同时还形成超氧离子自由基（$\cdot O_2^-$）等，这些自由基都具有很强的氧化性，能将各种有机物直接氧化成 CO_2、H_2O 等无机物分子而不产生中间产物。同时，纳米 TiO_2 还能光催化分解水、NO 和 H_2S 等无机小分子，得到 H_2、N_2、O_2 和 S 等单质。

二、晶体结构对 TiO_2 光催化性能的影响

TiO_2 具有不同的晶体结构，可分为金红石（Rutile）、锐钛矿（Anatase）和板钛矿结构。前两者属于正方晶系，而板钛矿属于斜方晶系。这些结构的共同点是组成结构的基本单元是由 6 个氧原子组成的密堆八面体，钛原子位于八面体中心。TiO_6 八面体由两种方式相连接：共边方式和共顶点方式，如图 8-3 所示，而 TiO_2 晶胞的结构则取决于氧八面体的连接方式。锐钛矿结构可简单理解为是由 TiO_6 八面体共边组成，而金红石和板钛矿则由 TiO_6 八面体共顶点且共边组成。板钛矿是一种亚稳相，因其结构不稳定而极少使用。

当具有能量大于或等于禁带能隙宽度的光照射到 TiO_2 纳米粒子上时，才能激发电子-空穴对产生光催化作用。半导体的光吸收阈值 λ_g 与禁带宽度 E_g 的关系为：

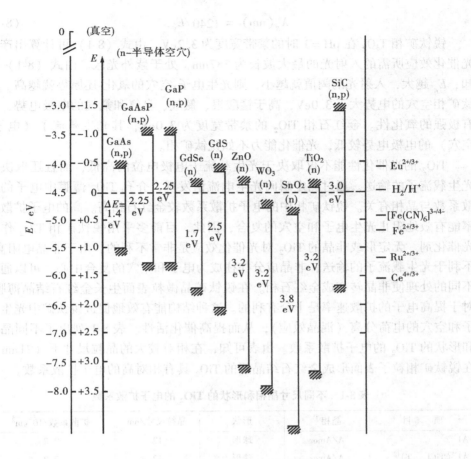

图 8-2　常见化合物半导体能带示意图（pH = 1）

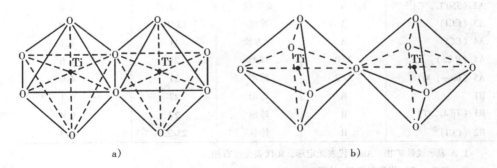

图 8-3　TiO₂ 中氧八面体的联接方式

a) 共边方式　b) 共顶点方式

$$\lambda_g(\text{nm}) = 1240/E_g \qquad (8\text{-}1)$$

锐钛矿相 TiO_2 在 pH = 1 时的禁带宽度为 3.2eV，由式（8-1）可计算出产生光催化效应所需的入射光的最大波长为 387nm，处于紫外光区。由式（8-1）可知，E_g 越大，入射光的阈值就越小，则光生电子-空穴的氧化-还原势就越高。锐钛矿相空穴的电势大于 3.0eV，高于锰酸根、氯气、臭氧和氟气的电极电势，具有极强的氧化性。金红石相 TiO_2 的禁带宽度为 3.0eV，其光生载流子（电子、空穴）的电极电势较低，光催化能力不如锐钛矿相。

TiO_2 的光催化性能不仅取决于光生载流子电极电位的高低，而且还取决于光生载流子的输送。通过测定瞬间光生电流谱发现，介孔 TiO_2 薄膜中电子的扩散系数与晶相有关。锐钛矿相中的电子扩散系数较金红石相高。高的电子扩散速率能有效地阻止光生电子和空穴的复合，因此，目前多采用锐钛矿相 TiO_2 作为光催化剂。无定形或非晶的 TiO_2 对光催化效应是非常不利的，由于非晶电阻高，不利于光生载流子的输送，非晶成分往往成为电子和空穴的复合中心，可以通过不同的处理使非晶转变成金红石相。在锐钛矿晶微粒表面生长金红石结晶薄膜，对于提高电子的扩散速率是十分有利的。这种结构能有效地促进锐钛矿中光生电子和空穴的电荷分离（混晶效应），从而提高催化活性。表 8-1 列出了不同晶相和形状的 TiO_2 的电子扩散系数。由表可知，在相对较大的晶粒尺寸下（21nm），在锐钛矿相粒子表面形成金红石结晶层的 TiO_2 具有相对高的电子扩散系数。

表 8-1　不同尺寸晶相和形状的 TiO_2 的电子扩散系数

项　目	晶相[1]	形状	晶粒尺寸/nm	扩散系数/$10^5 cm^2$
A1	A/Amor	球形	12	2.2
A1（$TiCl_4$，T）[2]	A/Amor	球形	12	2.2
A2	A	立方状	12	0.3
A2（550℃，C）[3]	A	立方状	12	2.0
A3（CCI）	A	棒状	13/14	4.0
A4（CCI）	A	立方状	11	4.1
A5（P-25）	A/R	球形	21	4.0
A5（large，M）[4]	A/R	球形	21	4.0
R1	R	球形	27	0.1
R1（$TiCl_4$，T）	R	球形	27	0.4
R2（CCI）[5]	R	棒状	23/73	0.3

[1] A 表示锐钛矿相，Amor 代表无定形，R 代表金红石相。

[2] （$TiCl_4$，T）代表经 $TiCl_4$ 处理。

[3] （550℃，C）代表经过 550℃ 煅烧。

[4] （large，M）表示与 20% 大颗粒的锐钛矿相混合。

[5] （CCI）是 Catalysis&Chemical Ind. Co.，Ltd. 的缩写。

三、晶粒尺寸对 TiO₂ 光催化性能的影响

粒径对 TiO₂ 光催化活性的影响主要表现在：①对能带结构的影响；②对光生载流子的输送和量子产率的影响；③对光吸收及光吸附能力的影响。

随着粒径的减小，由于量子效应 TiO₂ 的导带和价带变为分立的能级，能隙变宽，价带的电位变得更正，导带的电位变得更负，光生电子和空穴的能量更高，因而具有更强的氧化-还原能力。利用量子力学理论和类氢原子模型，可计算出能隙的改变量 ΔE_g 与粒径 R 的关系：

$$\Delta E_g = \frac{h^2}{8\mu R^2} - \frac{1.8e^2}{\varepsilon R} \tag{8-2}$$

$$1/\mu = 1/m_e + 1/m_h \tag{8-3}$$

式中，μ 为电子和空穴的折合质量；m_e 和 m_h 分别为电子和空穴的有效质量；ε 为光频介电常数。因此，利用能隙随粒径减小而增大的特点，可以通过调控粒径而获得具有不同能隙的 TiO₂ 光催化剂。虽然能隙的增大能使 TiO₂ 光催化剂具有更强的氧化-还原能力，但能隙的增大需要波长更短的激发光，例如 385nm 波长的紫外光能激发能隙为 3.2eV 的体相为锐钛矿型的 TiO₂，但当 TiO₂ 的粒径足够小，并造成能隙增大后，常用的中压或高压汞灯（365nm）就不足以激发这种超细的 TiO₂ 纳米晶了。

随着粒径的减小，光生电子从粒子内部扩散到表面的时间减少。例如在粒径为 1μm 的 TiO₂ 粒子中，电子从体内扩散到表面的时间约为 100ns，而在粒径为 10nm 的 TiO₂ 粒子中，电子从内部扩散到表面的时间仅需 10ps。因此，TiO₂ 粒径越小，光生电子和空穴简单复合的几率越小，这意味着光生量子产率增高。有研究表明，即使 TiO₂ 晶粒尺寸仅为 2.1nm，仍有 90% 的光生载流子会发生复合，这表明光量子产率难以超过 10%。迄今为止，亦鲜见有量子产率大于 10% 的报道，但随着粒径的减小，电子产率增加却是不争的事实。图 8-4 为丙炔加氢反应中锐钛矿相 TiO₂ 光催化剂的光量子产率与 TiO₂ 晶粒尺寸的关系。由图可知，随着 TiO₂ 粒径的减小，量子产率提高，尤其是当粒径小于 10nm 时，光量子产率得到迅速的提高。

图 8-4 表明，随着粒径的减小，光吸收边界蓝移，当粒径小于 10nm 时，吸收边界发生了显著的蓝移。图 8-4 同时表明，随着粒径的减小，TiO₂ 的比表面积迅速增大，高的比表面积使 TiO₂ 具有很强的吸附能力，因而提高了光催化性能。

四、TiO₂ 的表面修饰及复合

光催化反应的量子产率不高和需要紫外线激发光是 TiO₂ 光催化作用面临的两大障碍。为了解决这两大难题，可采用添加催化剂的方法对 TiO₂ 进行表面修饰或复合。

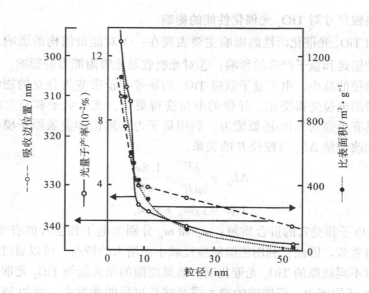

图 8-4 锐钛矿 TiO_2 光催化剂的光量子产率
与晶粒尺寸和比表面的关系

提高 TiO_2 光催化反应的量子产率，可采用外加催化剂的方法，使光生电子和空穴被不同基元捕获，从而使电子和空穴分离，以达到提高光量子产率的目的。常用的电子捕获剂为甲基紫精，它接受电子后，作为反应的中间体起到使电荷快速分离的效果。此外，多种氧化剂是有效的导带电子捕获剂。研究发现，光催化速率和效率在有 O_2、H_2O、过硫酸盐、高碘酸盐时明显提高。较为常用的空穴捕获剂为甲醇，在光催化分解水制备氢气的反应中，甲醛可以起到提高光量子产率的作用。

采用色素或染料敏化处理，是解决 TiO_2 可用可见光激发这一重要问题的新尝试和途径。若有某种色素或染料吸附在 TiO_2 表面，并照射该色素可吸收的可见光时，则可使光生载流子增加，此即为光敏化或光增感现象。例如金红石相 TiO_2 只对 410nm 以下的光有吸收，使用色素玫瑰红（Rose Bengal, RB）敏化金红石后，由于 RB 的吸收峰在 550nm 左右，故用 550nm 附近的光照射敏化处理后的 TiO_2 可观察到光生电流。光敏化现象受到半导体的能级、色素的最高占有能级和最低空能级的支配。图 8-5 为光敏化原理示意

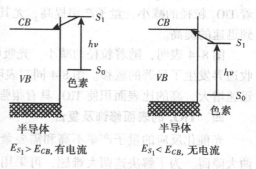

图 8-5 光敏化原理示意图

图，只有色素的最低空能级的电位比半导体导带能级的电位更负时（$E_{S_1} > E_{CB}$），才会产生电子输入的增感或敏化。半导体的能级高于色素，色素可被激发而半导体则不能被激发，除了 RB 以外，还有钌的二吡咯配合物的衍生物、六氰合铁络离子、罗丹明 B、叶绿素、亚甲蓝等色素均可用作光敏剂。

半导体耦合是提高光催化效率的有效手段。通过半导体耦合可提高系统的电荷分离效果，扩展光谱响应范围。图 8-6 为半导体耦合原理示意图，图中用于修饰纳米半导体粒子 NP_2 的 NP_1 粒子应具有比 NP_2 更小的带隙能和更低的导带电位。CdS-TiO_2 体系是研究的最普通和最深入的耦合半导体，由图可知，CdS 的带隙能为 2.5eV，TiO_2 的带隙能为 3.2eV，当激发能在 2.5~3.2eV 之间时，

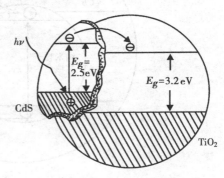

图 8-6 半导体耦合原理示意图

不足以激发复合光催化剂中的 TiO_2，却能激发 CdS。由于 TiO_2 导带比 CdS 导带的电位高，使 CdS 中受激产生的电子更容易迁移到 TiO_2 导带上，而空穴仍留在 CdS 价带上。这种电子迁移有利于电荷的分离从而提高了光催化效率。经 ps 级 355nm（3.5eV）脉冲激光照射后，CdS-TiO_2 复合半导体在 550~750nm 波长范围内有一很宽的吸收带，该谱带被认为与电子在 TiO_2 表面的 Ti^{4+} 部位被捕获有关。将同样的脉冲施加于纯 TiO_2 颗粒上，在 550~750nm 范围内就没有这种吸收活性，因此，能级不同的半导体耦合，可扩大复合 TiO_2 光催化剂对太阳光中可见光部分的吸收，扩大光催化剂的应用范围和对太阳光的利用率。CdS-TiO_2 复合粉体在实际使用中存在的缺点是 CdS 在水溶液中使用时不稳定，易被腐蚀而产生游离的 Cd^{2+} 而使光催化剂中毒失效，同时，Cd^{2+} 对生物亦有毒性。

半导体复合除了上述 CdS-TiO_2 的部分包覆方式外，还有全包覆的芯/壳方式，其示意图如图 8-7 所示。控制壳的厚度和芯的半径，可以改变带隙的宽度和电子、空穴波函数的重叠程度。目前研究较多的是用 TiO_2 包覆的纳米 SnO_2 粒子。对于 TiO_2-SnO_2 复合，由于 SnO_2 的能隙为 3.8eV，只能用在波长小于 387nm（3.2eV）的紫外光激发。光激发后，电子集中在 SnO_2 的内层，空穴富集于 TiO_2 的外层。这种结构具有较纯 TiO_2 更高的催化活性，例如用具有这种结构的胶体来清除碘，其效率比纯 TiO_2 高 2~3 倍。TiO_2-SnO_2 复合系统在紫外~可见光区具有很好的透过率，这样不仅可以提高单位质量 TiO_2 的光量子产率，还可以有效地利用光能。

在 TiO_2 表面沉积 Pt、Pd、Au、Ag、Ru 等惰性贵金属，可以降低光生电子与空穴的复合率，提高光催化活性。金属和半导体具有不同的费米能级，一般情

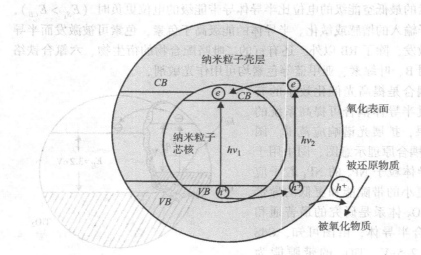

图 8-7　半导体芯/壳复合示意图

况下，金属的功函数 φ_m 高于半导体的功函数 φ_s。当这两种材料互相接触时，电子就会不断地从半导体向金属迁移，一直到二者的费米能级相等为止。在二者电接触之后形成的空间电荷层中，金属表面将获得多余的负电荷，而在半导体表面则出现多余的正电荷。这样，半导体的能带就向上弯曲在表面形成耗尽层，这种在金属-半导体界面上形成的能垒称为 Schottky 势垒，也就是光催化中可以阻止电子-空穴复合的一种能捕获电子的陷阱。这种在金属-半导体接触面产生的 Schottky 势垒的作用如图 8-8 所示。电子被激发后向金属迁移时被 Schottky 势垒所捕获，从而使电子-空穴对分离，复合受到抑制。Pt-TiO$_2$ 的光电导率减小证实了电子向金属的迁移。这样，空穴就能自由地扩散到半导体表面将有机物氧化，而流向金属的电子则将液相中的氧化态组织还原。

　　TiO$_2$ 掺杂不同价态的金属离子后，其光催化性能将被改变。金属离子是电子的有效接受体，可捕获导带中的电子，减少了 TiO$_2$ 表面光生电子与光生空穴的复合。但事实上，只有少数几种过渡族金属离子如 Fe^{3+}、Cu^{2+} 等能阻碍电子-空穴的复合，且它们的掺杂浓度不能过大，因为 Fe^{3+} 和 Cu^{2+} 溶液会同时吸收紫外光，降低 TiO$_2$ 对紫外光的吸收，过多反而有害。而且浓度过大，金属离子可能成为电子-空穴的复合中心，增大了电子-空穴的复合几率，其综合作用的结果就形成一个波峰。掺杂离子的能级位置对掺杂效果具有很

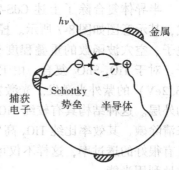

图 8-8　Schottky 势垒对光生电子的捕获

大的影响。例如 Fe^{3+}/Fe^{2+} 能级靠近 TiO_2 的导带，而 Fe^{4+}/Fe^{3+} 靠近 TiO_2 的价带，因而 Fe^{3+} 可以成为电子的浅势捕获阱，也可以成为空穴的浅势捕获阱，部分提高了 TiO_2 在可见光区的光催化活性，但部分 Fe^{3+} 会还原成 Fe^{2+}，导致催化剂失活。高价离子如 W^{6+} 掺杂，使费米能级和能带向上漂移，表面势垒变高，空间电荷区变窄，光生电子-空穴在强电场作用下得到有效的分离，从而增强光降解效果；而低价离子，如 Ca^{2+} 的作用则相反。

以多孔材料如沸石（Zeolite）分子筛作为 TiO_2 的载体或在沸石分子筛中组装 TiO_2，可以明显地提高 TiO_2 的催化活性。例如在 A 型沸石中组装 TiO_2 的复合体，在光催化降解苯甲酮的过程中其活性比纯 TiO_2 提高近一倍，且在紫外光照射前就已经开始了催化反应。沸石分子筛的晶化程度直接影响到催化效果，晶化程度越高，光催化性能越好。使用色素和染料，可进一步提高 TiO_2 的光催化活性。例如在光催化还原甲基橙的过程中，吸附尼罗红（Nilered）的 TiO_2/Y 型沸石系统的催化活性是未吸附系统的 8 倍。图 8-9 示意地表示了该还原过程，还原产物为联氨衍生物。

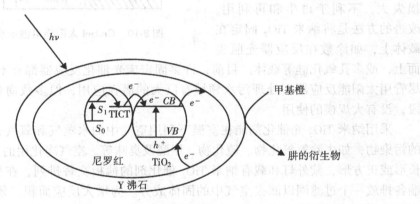

图 8-9　甲基橙的光还原示意图

尽管对 TiO_2 进行各种修饰和复合能有效地提高 TiO_2 的光催化性能，但总体而言，光量子产率低和太阳能利用率低是目前尚未解决的两大关键科学技术难题，使其工业化和环保方面的广泛应用受到极大的约束。

五、纳米 TiO_2 的实际应用

纳米 TiO_2 现已实际应用于太阳能电池、污水处理、空气净化、保洁除菌等领域。太阳能是取之不尽用之不竭的能源，利用染料敏化纳米晶太阳能电池可将太阳能直接转化为电能。图 8-10 示意地表示了染料敏化纳米晶太阳能电池（Gratzel Cell）的结构。约 $10\mu m$ 厚的纳米 TiO_2 膜涂敷在导电玻璃基底上，膜内吸附了染料分子的 TiO_2 的粒径为 $10\sim30nm$。当染料分子吸附太阳光时，电子从

基态跃迁至激发态并注入到 TiO$_2$ 的导带内，而空穴则留在染料分子中。电子随后扩散到导电基底，经外电路转移至透明的对电极。氧化态的染料分子被还原态的电解质还原，氧化态的电解质在对电极接受电子后被还原，从而完成了整个电子的输送过程。具有这种结构电池的太阳能转化效率为 10%，并具有很高的稳定性。

目前，大部分污水处理是将纳米 TiO$_2$ 粉体分散在污水中形成悬浮体系，然后利用太阳光进行光降解反应，反应结束后再过滤出催化剂。纳米 TiO$_2$ 不论是在溶液中还是在气相反应中都具有很好的光催化性能。但由于粉体在溶液中易于凝聚、不易沉降，因而难以回收，催化剂或活性成分损失大，不利于再生和再利用。改进的方法是将纳米 TiO$_2$ 固定在载体上，如涂敷在反应器光照表

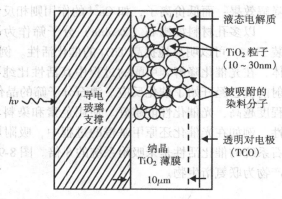

液态电解质

TiO$_2$ 粒子
（10～30nm）

被吸附的
染料分子

透明对电极
（TCO）

图 8-10　Gratzel 太阳能电池示意图

面上，或多孔氧化硅等载体。目前，许多固定床光催化反应器都有不错的效果。尽管用太阳能反应器在处理污水领域有巨大的潜在应用，但多数尚处于试验阶段，没有大规模的使用。

采用纳米 TiO$_2$ 光催化剂能在室温下利用空气中的水蒸气和氧气去除空气中的污染物，如去除氮氧化物、硫化物、甲醛及臭味等。空气净化用的光反应器呈长形或正方形，紫外灯和载有纳米 TiO$_2$ 催化剂的薄板交替排列，在反应器的两端各排放一个过滤网以滤去空气中的固体成分。为增大反应面积，载有 TiO$_2$ 的板呈蜂窝状，孔洞的密度对于一般的空气净化器为 25 目。在紫外灯发出的紫外光的激发下，TiO$_2$ 催化剂产生电子和空穴，氧化分解空气中的有害气体及臭味等。无毒的 TiO$_2$ 不存在环保问题，也不会给生物和食品带来副作用，所以这种环保的光催化技术可以很好地解决冷藏车的除臭问题。

将 TiO$_2$ 镀在玻璃基片上制成的薄膜与 TiO$_2$ 粉体相比有一个特殊的性质，即亲水性。在通常的情况下将水滴在 TiO$_2$ 薄膜表面，TiO$_2$ 表面与水有较大的接触角。但在紫外光的照射下，TiO$_2$ 薄膜与水的接触角减小，甚至可到达 0°，即水滴完全浸润 TiO$_2$ 薄膜的表面。光照停止后，薄膜表面的这种亲水性可维持数小时甚至数天，称超亲水性，然后又恢复疏水性。采用紫外光间歇照射，就可使薄膜表面始终保持超亲水性。因此，在汽车后视镜或浴室的镜子表面涂敷一层 TiO$_2$ 薄膜，利用 TiO$_2$ 薄膜的这种超亲水性，可防止在镜面上形成水滴和水雾，

使镜面保持原有的光亮。

利用 TiO$_2$ 薄膜在紫外光激发下产生的强氧化能力和超亲水能力，可形成自清洁表面。例如玻璃、陶瓷等建材表面，吸附了空气中的灰尘、有机物和无机物后易形成污垢，用水很难擦干净，如果在这些建材表面涂敷一层 TiO$_2$ 薄膜，利用 TiO$_2$ 的光催化反应可将污垢中的有机物降解，无机物则可被雨水冲刷干净，这个过程就是自清洁过程。同时，太阳光中的紫外线可以维持 TiO$_2$ 表面的亲水特性，使污垢不易附着。因此，在高层建筑的玻璃窗、外墙以及难以清洁的设施，如路灯等表面涂敷一层 TiO$_2$ 薄膜，在太阳光的照射下就能实现自清洁的功能。纳米 TiO$_2$ 还能制成多种抗菌材料，如含有纳米 TiO$_2$ 的墙壁和地板砖等可用于医院、公共场所的自动灭菌。此外，纳米 TiO$_2$ 光催化剂在家用电器中的应用，可实现自清洁系列家电，如自清洁洗衣机、自清洁电冰箱、自清洁厨房设备等，这将对改善人们的生存环境产生深远的影响。

第二节 电致变色材料

在外电场作用下颜色能发生可逆转变的材料称为电致变色材料，可简称为电色材料。同样，在光、热等作用下颜色能发生可逆转变的材料，可分别称为光色材料和热色材料。多数过渡族金属氧化物薄膜和许多有机物，都具有电致变色性能，本节主要介绍金属氧化物薄膜电致变色材料。

一、电致变色原理及表征参数

电致变色是一个由电化学引起的氧化-还原反应过程。尽管现在仍不能很好地从纳米或原子角度理解电致变色的细节，但电子和金属离子的注入和抽出在电致变色过程中起着决定的作用。有关电致变色的机理有多种，但目前多数文献都以 WO$_3$ 为例来说明电致变色机理。

WO$_3$ 薄膜具有接近立方的晶体结构，所有 W^{6+} 离子都位于 6 个 O^{2-} 离子密堆组成的八面体间隙中心，WO$_6$ 以共顶角相连接。在电化学还原过程中，部分 W^{6+} 可捕获注入的电子而被还原成 W^{5+} 离子，使 WO$_3$ 点阵中可同时存在两种价态不同的离子。吸收光子后，被激发的电子可在相邻的 W^{6+} 和 W^{5+} 点阵位置间迁移：

$$hv + W^{5+}(A) + W^{6+}(B) \rightarrow W^{6+}(A) + W^{5+}(B) \tag{8-4}$$

WO$_3$ 的光吸收特性因此发生变化，薄膜的颜色由原始的透明态或浅黄色（取决于制膜的方法）转变为深蓝色。在注入电子使 W^{6+} 还原成 W^{5+} 时，为了保持电中性，必须同时注入相应的正离子电荷。如果注入的离子为 Li$^+$ 离子，则 WO$_3$ 薄膜电致变色的电化学反应可表达为：

$$WO_3 + x(Li^+ + e^-) \rightleftharpoons Li_xW^{6+}_{(1-x)}W^{5+}_xO_3 \qquad (8-5)$$

$$\text{（透明或浅黄）} \qquad\qquad\qquad \text{（深蓝）}$$

式中，x 为注入系数。因此，吸收光子后，被激发的电子在具有不同价态的相邻点阵位置的迁移改变了 WO_3 的光吸收特性，从而引起颜色的变化。

也可用电子的能带理论来解释电致变色现象。对于严重无序的 WO_3 薄膜，费米能位于导带和价带中间。由于带隙宽（3.2eV），故 WO_3 薄膜常呈透明态。在电化学过程中，注入的电子将费米能上移至导带，导带中的自由电子使 WO_3 薄膜具有较好的导电性和光吸收特性，从而改变了薄膜的颜色。

表征电色性能的主要参数，有对比度、着色（或变色）效率、着色-褪色（写-擦）效率、响应时间和循环寿命等。

对比度为褪色或漂白态光的漫散射密度与着色态漫散射密度之比。电色材料应具有高的对比度。着色效率 CE 为着色态与褪色态光密度的变化 ΔOD 与注入电荷密度 q 之比，即 $CE(\lambda) = \Delta OD(\lambda)/q$，$CE$ 和 ΔOD 均与光的波长 λ 有关。着色效率是表明电色材料变色特性或是否具有应用价值的关键指标。着色-褪色效率为颜色可逆性转变程度的量度。对于理想的电色材料，着色-褪色效率应为 100%，且不随循环次数而改变。但事实上，经多次循环后材料的结构、成分会发生变化，因而引起着色-褪色效率的衰减。响应时间为从漂白态至着色态所需的时间。循环寿命为着色-褪色循环的次数。此外，电色材料在去除外电场后，还应具有低的自褪色速率或具有较好的开路记忆功能。

二、WO_3 薄膜

多数过渡族金属氧化物薄膜均具有电致变色效应，典型的代表有 WO_3、MoO_3、V_2O_5、Nb_2O_5、Rh_2O_3、Co_2O_3、NiO_x、TiO_2 等。MoO_3 的颜色变化与 WO_3 相近，为透明~蓝色，V_2O_5 为黄色~蓝色。各种薄膜的变色特性在很大程度上都取决于制膜方法。

WO_3 是最早被发现具有电变色现象的材料，1969 年 Deb 首先采用无定形 WO_3 薄膜制作电致变色器件。目前，对 WO_3 的研究最为广泛和深入。单晶、多晶和非晶 WO_3 均具有电色现象，但非晶 WO_3 薄膜具有更好的电色特性，已发展成最为重要的电致变色材料。图 8-11 为采用直流磁控溅射法制备的 WO_3 非晶膜原态的光学透射谱。由图可知，薄膜在可见光区具有很高的透射率，最高可达86%。在紫外光区，随着波长的减小，透射率急剧降低，说明 WO_3 薄膜对于紫外光有极强的吸收率。在 468nm 处有一很强的负峰，对应于蓝光区，这正是 WO_3 薄膜可由透明态变为蓝色的电色效应。WO_3 的着色效率在 $40 \sim 100cm^2/C$ 之间（C 为库仑）。响应时间在毫秒至数秒之间。循环寿命取决于使用的电解质，可达 106 次。WO_3 的电色性能除了取决于制膜方法外，还与膜的厚度相关。图

8-12 为用直流磁控溅射方法制备的 WO₃ 膜厚与太阳光谱密度和注入电荷密度的关系。由图可知，当电荷密度大于一定值时，光密度趋于饱和，随着膜厚的减小，使光密度趋于饱和的电荷密度减小，同时光密度亦逐渐减小。

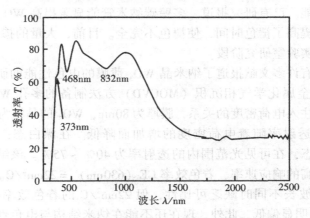

图 8-11　非晶 WO₃ 薄膜原态的光学透射谱

为了改善 WO₃ 薄膜的电色特性，国内外进行了大量的研究，这些研究可归纳为：

1）非晶/纳米晶双层膜的电色特性。

2）纳米第二相掺杂膜的电色特性。

3）纳米晶膜的电色特性。

图 8-13 为 WO₃ 非晶/纳米晶双层膜与同厚度的非晶膜在着色态与漂白态的光透射率（λ=633nm）与时间的关系。由图可知，双层膜的着色响应时间比单层膜快，在漂白态，双层膜的透射率也明显高于单层非晶膜。因此，双层 WO₃ 膜的电色性能优于单层非晶膜。要获得双层膜，要经过真空蒸发沉积非晶膜，500℃纳米晶化退火，再在晶化膜上真空沉积非晶膜等阶段，制备工艺复杂。要弄清双层膜的电色特性，还需进行大量深入的研究。

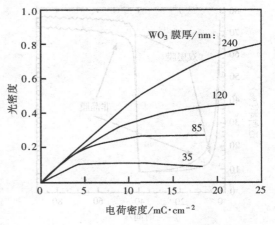

图 8-12　WO₃ 薄膜的厚度与电荷密度和光密度的关系

用掺杂方法可在 WO₃ 薄膜中形成 MO_3、SiO_2、TiO_2、Ni、Co 等纳米颗粒。MO_3 掺杂能改变 WO₃ 的吸收谱，使吸收峰从 1.4eV 转移至 2.25eV，更适合人眼的敏感区。用 SiO_2、TiO_2 掺杂，在一定的含量范围内可改善用 Sol-Gel 方法成膜的稳定性和膜的附着力等，提高膜的稳定性、循环寿命和响应速度。用 Ni、Co 等掺杂亦可在提高膜的稳定性的同时降低极化电压。另外，值得关注的研究是碳纳米管的加入对 WO_3 薄膜电色性能的影响，碳纳米管的加入可以提高 WO_3 膜的强度和导电性能。已有研究报道，多壁碳纳米管能显著提高 WO_3 膜的着色响应速度，但同时提高了褪色时间，使褪色不完全。目前，大量的掺杂 WO_3 薄膜的研究还停留在实验室研究阶段。

近年来，有许多文献报道了纳米晶 WO_3 薄膜的电色性能的研究结果。图 8-14 为采用有机金属化学气相沉积（MOCVD）方法制备的多孔 WO_3 薄膜的光透射率、波长与注入电荷密度的关系，膜厚为 80nm，WO_3 的晶粒为 $20 \sim 80nm$。由图可知，膜的透射率随着电荷密度的增加而降低。在漂白态，最大透射率为 90%；在着色态，在可见光范围内的透射率为 $40\% \sim 75\%$。该纳米膜具有与非晶膜相当的很高的响应速率，着色效率 CE（630nm）$= 22cm^2/C$。尽管着色效率在制备方法和波长不同时缺乏可比性，但 $22cm^2/C$ 的着色效率与非晶的 $40 \sim 100cm^2/C$ 相比明显偏低。此外，现在还不能在纳米结构与电色性能之间建立起有效的联系。因此，对纳米晶 WO_3 膜的研究尚未取得实质性的进展。

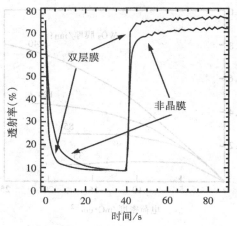

图 8-13　WO_3 非晶/纳米晶双层膜与
非晶单层膜的光透射率与时间的关系

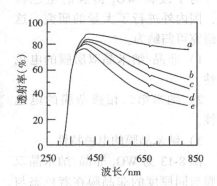

图 8-14　纳米晶 WO_3 薄膜的
透射率与波长和电荷密度的关系
a—漂白态　b—$5mC/cm^2$　c—$6.6mC/cm^2$
d—$9.2mC/cm^2$　e—$15.8mC/cm^2$

三、ATO 包覆粉及薄膜

由 Sb 掺杂的 SnO_2 复合氧化物称为 ATO，ATO 薄膜具有很弱的电色特性。然而，当高掺杂的 ATO 纳米材料包覆在透明或具有光-色效应的 TiO_2、SiO_2 或 Al_2O_3 颗粒上组成具有壳/芯结构的材料如薄膜时，则显示出令人惊奇的高的电色特性。

图 8-15a、b 分别为 ATO/TiO_2 壳/芯结构示意图和 SEM 图像，图 c 为高分辨率透镜照片，显示了平均尺寸约为 4nm 的 ATO 粒子沉积在 SiO_2 衬底上，ATO 的

沉积层厚度在 5～50nm 之间。在 ATO 纳米晶中可观察到位错、孪晶等缺陷，晶界的混乱程度较高。由于 ATO 晶粒细小，其比表面积可高达 $40m^2/g$。

ATO 的电致变色原理与非晶的 WO_3 相似，但与 Sb 的掺杂量有关。当 Sb 的掺杂量较低时，一些 Sb^{4+} 离子被 Sb^{5+} 离子取代；而当掺杂量较高时，Sb^{4+} 能被 Sb^{3+} 取代。当 SnO_2 薄膜中存在具有两种不同价态的 Sb 离子时，被光子激发的电子可在两种不同价态的 Sb 离子间迁移，导致光子被强烈的吸收，从而改变材料的颜色。在高掺杂的 ATO 薄膜中，在 SnO_2 点阵中存在的混合 Sb^{5+} 和 Sb^{3+} 对应于漂白态。

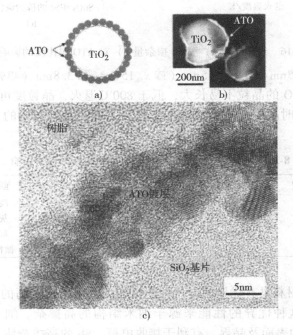

图 8-15　ATO/TiO_2 芯/壳结构和沉积在 TiO_2 表面的 ATO 镀层

影响 ATO 性能的主要因素有 Sb 的掺杂量和制作工艺中退火温度等。图 8-16 为退火温度和 Sb 的掺杂量对 ATO 对比度的影响。图 a 表明退火温度对薄膜对比度的影响，600℃附近退火可使对比度上升至 7；图 b 表明 ATO 对比度随 Sb 掺杂量的提高而提高，至 43% 时达最大值。表 8-2 列出了 Sb 的掺杂量对 ATO-Al_2O_3（质量比为 75：25）纳米材料电阻率和颜色的影响。随着 Sb 的掺入，ATO 的电阻率急剧降低，至掺杂量为 10% 时达最低值，然后缓慢升高至 43% 掺杂量时的 $10\Omega \cdot cm$。ATO 的颜色由未掺杂时的浅黄色变为掺杂量为 43% 时的橄榄色，颜色的改变与 ATO 对光子的吸收能力的增加相关。高掺杂时，电子在 Sb^{5+} 和 Sb^{3+} 价态间的转移使 ATO 呈现出高密度的黑颜色。随着掺 Sb 量的增加，ATO 的晶粒

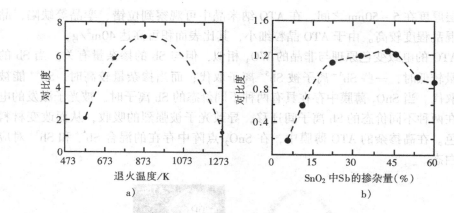

图 8-16　退火温度 a）和 Sb 掺杂量 b）对 ATO 对比度的影响

可由未掺杂时约 15nm 降低至约 5nm（掺 x_{Sb}15%）和 3.8nm（43% 掺杂）。退火时掺杂 43% 的 ATO 的晶粒不易长大，低于 800℃退火，晶粒度可维持在约 5nm 以下，高于 800℃时晶粒急剧长大。600℃退火，可使掺杂 43% 的 ATO 的对比度从 2 提高到 7。

表 8-2　Sb 的掺杂量对 ATO-Al_2O_3 电阻率和颜色的影响

掺杂 x_{Sb}（%）	电阻率/（$\Omega \cdot cm$）	颜色
0	3100000	浅黄
10	—	灰色
20	2	灰色
43	10	橄榄色

注：600℃退火 3h。

　　纳米相 ATO 材料具有优异的电色性能，如高的对比度、高的光吸收和快速的响应速度等。这种优异的性能来源于纳米结构的高掺杂。细小的纳米晶使 ATO 具有高比例的表面及晶界，有利于接收电荷。Sb 的高掺杂使 ATO 具有高浓度的不同价态的离子。可以认为，纳米晶 ATO 包覆材料及器件的研究和开发成功，使对电色材料和器件的研究上了一个台阶。

四、电致变色器件

　　电致变色显示器实际上是一个可充电的电池，由玻璃窗、透明电极（OTE）、电致变色层、离子导通介质和对电极组成，如图 8-17 所示。沉积在玻璃窗上的透明电极为由 In 掺杂的 SnO_2（ITO）薄膜，电致变色层对于电子和小离子如 Li^+、H^+、Na^+ 等均是良导体，离子导通介质层仅能导通小离子而不能导通电子。当合适的电压加到透明电极和对电极上时，电荷在电色层的注入和抽出将使其颜色发生变化。这种"三明治"多层膜结构的显示器常用 WO_3 做电致变色材料。但是，由于制造成本高、开关速度较慢、没有开路记忆功能以及呈透明而非反射型等缺点，至今还没有成为显示应用中的重要竞争者。自动调光的汽车后视镜是当前电致变色已商业化的主要应用。此外，还可利用电致变色材料制作成智能窗（Smart Window）。当阳光通过智能窗时，由于电色材料对不同波长光的吸收和反射，可对室温进行调节。

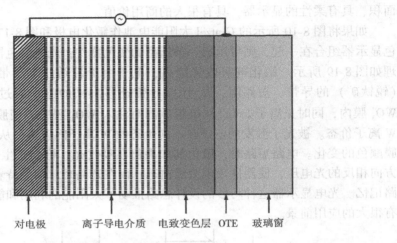

对电极　　离子导电介质　　电致变色层　OTE　玻璃窗

图 8-17　电致变色显示器示意图

利用 ATO 包覆粉及薄膜的优良电色性能，可制作印刷电色显示器。采用网板印刷技术，可将所需的图形转移到显示器上。图 8-18a 为印刷绝缘层上的数字

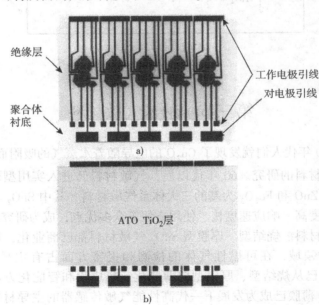

绝缘层

工作电极引线
对电极引线

聚合体
衬底

a)

ATO TiO$_2$层

b)

图 8-18　ATO 数字显示器

显示器的图案，图中数字可通过 Ag/C 电极与工作电极和对电极联接；图 b 为在图 a 上印刷了一层 ATO/TiO$_2$ 电色材料，除了外部联接头之外，电色层覆盖了图 a 中的全部图案。当合适的电压加到电极上时，图 a 中的印刷数字就会因电色效应显示出不同的颜色，由于采用了低成本的印刷和涂覆技术，可用 ATO 制作大面积、具有柔性的显示器，具有很大的商用价值。

如果将图 8-10 所示的 Gratzel 太阳能电池作敏化电极和图 8-17 所示的电致变色显示器组合在一起，则可组成一种新型的变色器件：光电变色器件。其工作原理如图 8-19 所示。敏化剂吸收光能后，电子由价带跃迁至导带，并注入 TiO$_2$（锐钛矿）的导带。短路时，从 TiO$_2$ 导带迁移出来的电子通过外部电路进入 WO$_3$ 膜内，同时正离子如 Li$^+$ 从电解质同时注入 WO$_3$ 膜中，使膜中存在不同的 W 离子价态。被光子激发的电子在不同价态的 W 离子间迁移，从而导致 WO$_3$ 薄膜颜色的变化。电路短路时，敏化剂如果仍在吸收光，将会产生一个大小相等、方向相反的光电压，使器件表现为漂白态，而在开路时，则保持着色态，具有开路记忆。光电显示器这种巧妙的设计思路推动了太阳能的利用和能源的节约，具有很大的应用前景。

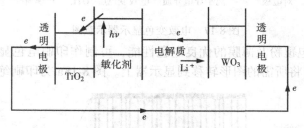

图 8-19　光电变色器件

第三节　纳米气敏材料

20 世纪 30 年代人们就发现了 Cu$_2$O 的电导随着水蒸气的吸附而改变的现象，开始了对气敏材料的研究。60 年代以后，气敏材料已进入实用型研究阶段，形成了以 SnO$_2$、ZnO 和 Fe$_2$O$_3$ 为基的三大体系气敏材料，其中 SnO$_2$ 具有对多种气体的检测灵敏度高、响应速度快、使用方便等众多优点，成为研究最深入和应用最广泛的气敏材料。烧结型、厚膜型 SnO$_2$ 气敏材料都已商业化，广泛地应用于工业和环保等领域，在可燃性气体的检测和报警方面占有主导地位。现在，SnO$_2$ 气敏材料已从烧结型、厚膜型向薄膜化、集成化和智能化方向发展，特别是纳米晶 SnO$_2$ 薄膜已成为发展下一代高性能气敏传感器的主导材料，本节主要以 SnO$_2$ 为基础介绍纳米气敏材料的特性。

一、气敏机理及气敏特性

大多数金属氧化物半导体材料的气敏机理，在于气体的表面化学吸附引起表面电导的变化，如图 8-20 所示。SnO_2 表面吸附的 O_2 转变成 O^-，使电阻 R 上升，电导下降，再吸附 CH_4 等还原性气体后，O^- 转变成 CO_2，使表面电阻 R 下降，电导上升。检测出 SnO_2 表面电导的变化，就可检测出相对应的还原性气体的含量。物理吸附的氧不能引起表面电导的变化，只有在一定的温度下，吸附在材料表面的 O_2 才能从材料表层夺取电子变成化学吸附氧如 O^-、O_2^- 等才能引起表面电导变化。因吸附的氧离子在材料表层感应出空间电荷层（电荷耗尽层），半导体气敏材料的能带向上弯曲，在吸附表面形成由 Schottky 效应产生的势垒，如图 8-21 所示。该势垒阻止电子的运动，从而使表面电导降低。由 X 光电子能谱（XPS）分析表明，在 120℃ 的温度下，纳米晶 SnO_2 薄膜暴露在 O_2 中达 60min 时，Sn 的 3d 电子结合能和 O 的 1s 电子结合能均下降了 0.2eV，这对应于 SnO_2 的能带在表面向上弯曲 0.2eV。对于 n 型半导体材料，0.2eV 的向上弯曲使表层的载流子浓度降低到原始态的 1/360，导致电导大幅度降低。当 SnO_2 薄膜从环境中吸附还原性气体后，还原反应从化学吸附态的氧离子中移走电子释放回导带从而使电导升高。XPS 分析表明，处于氧化学吸附态的 SnO_2 薄膜在 CH_4 中暴露 60min 后（120℃），能带向下弯曲 0.1eV，使载流子浓度增加了 19 倍。延长 CH_4 的吸附时间，可使 SnO_2 的能带恢复到原始状态。因此，检测出表层载流子浓度或电导的变化，就可检测出环境中还原性气体的浓度。

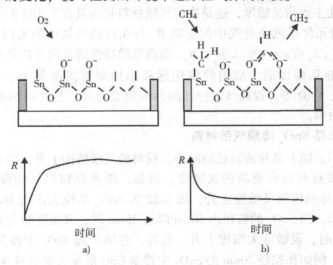

图 8-20 气敏机理示意图
a）吸附 O_2 b）再吸附 CH_4

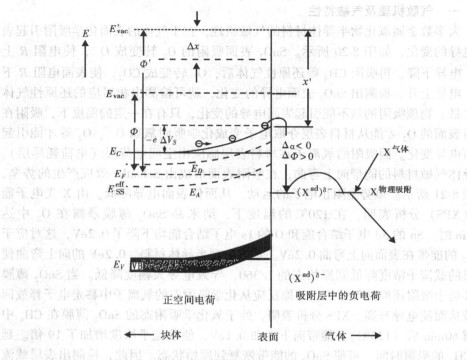

图 8-21 氧的化学吸附形成表面势垒示意图

气敏特性主要指灵敏度，这是决定气敏材料是否具有实用性的关键参数。灵敏度 s 用气敏元件在纯净空气中的电阻 R_o 与在待测气体中的电阻 R_g 之比来表示，即 $s = R_o/R_g$ 或 $s = (R_o - R_g)/R_g$。提高气敏特性的常用方法是在半导体材料中掺杂催化剂和添加剂。常用的催化剂和添加剂有贵金属 Pt、Pd 及氧化物 ThO_2、MoO_3、CuO 等。提高气敏特性的另一重要途径，是使用纳米晶薄膜材料或纳米多孔材料。

二、纳米晶 SnO_2 薄膜气敏材料

研究表明，随着晶粒或粒径的减小，材料的气敏特性上升，纳米晶气敏材料比微米晶气敏材料具有更高的灵敏度。例如，随着晶粒尺寸的降低，SnO_2 对 H_2、CO 等气体的检测灵敏度上升，图 8-22 为 SnO_2 晶粒大小对 H_2 灵敏度的影响。由图可知，当 SnO_2 的粒径由 50nm 降至 25nm 时，灵敏度略有上升，而当晶粒小于 25nm 时，灵敏度大幅度上升。此外，在纳米晶 SnO_2 中掺杂能进一步提高气敏特性。例如在粒径 20nm 的 SnO_2 中掺杂 CuO 能显著提高对 NO 和 CO 的检测灵敏度，在粒径 12 ~ 80nm 的 SnO_2 中掺 MoO_3 能进一步提高对 CO 和 H_2 的检测灵敏度和选择性。

纳米晶气敏材料比微米晶气敏材料具有更高灵敏度的原因在于纳米晶具有高

的比表面和在化学吸附后具有不同的电子结构。由于气敏反应主要在表面进行，因此，比表面的增大能使材料对气体的吸附能力增强和加速气敏反应，这是获得高灵敏度的前提。电子结构的变化是纳米材料具有高灵敏度的内在因素。图 8-23 所示为晶粒大小、接触方式对气敏薄膜的电子能带、界面电容以及等效电路的影响。图中最左边一列为单晶或粗晶薄膜，晶粒粒径 $D \gg L_D$，L_D 为德拜长度，代表空间电荷区的厚度或耗尽区的厚度，薄膜表面吸附 O_2^- 形成势垒。这类薄膜的灵敏度差，不具备实用价值。图 8-23 最右边一列表示金属和半导体接触形成的 Schottky

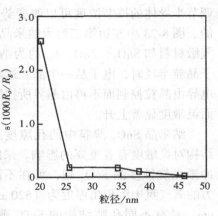

图 8-22 SnO_2 晶粒大小
对 H_2 灵敏度的关系

势垒及等效电路，对应于 Pt、Pd 等掺杂的半导体气敏材料。图 8-23 中左边第二列表示细晶（$D > L_D/2$）材料的晶界势垒、耗尽层及等效电路。电子从一个晶粒流向另一个晶粒时，必须越过势垒，电导可用 Arrenhins 方程表达：

$$G = G_0 \exp\left(\frac{-eV_S}{k_B T}\right) \tag{8-6}$$

式中，eV_S 为势垒的高度；G_0 为电导常数。由第一章式（1-17）可知，势垒高度取决于吸附氧离子产生的表面态密度 N_S、半导体的掺杂浓度 N_D 以及半导体的相对介电常数 ε_r。此时，灵敏度由晶界势垒的高度所控制，同时与晶界电容相关。

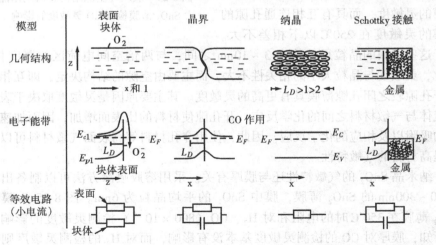

图 8-23 晶粒大小、接触方式对气敏薄膜电子能带、
界面电容和等效电路的影响

调节半导体的掺杂浓度可以改变势垒的高度，从而达到改变电导及灵敏度的目的。图 8-23 中左边第三列为纳米晶的电子能带和等效电路示意图。对于一般的气敏材料如 SnO_2、ZnO，L_D 约为纳米数量级。当 $L_D > D/2$，即耗尽层的厚度大于晶粒半径时，电子从一个晶粒运动到另一个晶粒时不需越过额外的晶界势垒，电导由晶粒控制而不再由晶界所控制，同时，等效电路中电容的影响亦消失，因而灵敏度显著上升。

纳米晶 SnO_2 薄膜中的孔隙度及其结构对灵敏度有着重要的影响。采用脉冲激光烧蚀多晶 SnO_2 靶，可在不同压力的氧气氛中沉积出厚度为（520±80）nm、具有不同孔隙结构的 SnO_2 薄膜，薄膜中的 SnO_2 为柱状晶，柱径为 3～10nm。当氧压小于 1.33kPa（10mmHg）时，薄膜呈高致密态，无孔隙；当氧压大于 13.3kPa 时，薄膜变得相对疏松，膜中的孔隙相对连通，分布在纳米柱状晶之间。图 8-24 为在不同氧压下沉积的 SnO_2 薄膜对 50ppm CO 的检测灵敏度与温度的关系。由图可知，致密和具有不连通的孔隙的 SnO_2 薄膜的灵敏度远小于相对疏松、具有互相连通孔隙的薄膜的灵敏度，而具有互相连通孔隙的薄膜的灵敏度在 250℃ 以下相差不大。

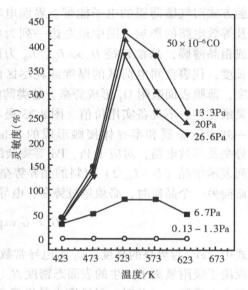

图 8-24 氧压（空隙结构）对纳米晶 SnO_2 薄膜检测 CO 灵敏度的影响

由于这些薄膜的晶粒尺寸均在 3～10nm 之间，与两倍空间电荷区的厚度相当，因此，灵敏度与晶粒大小的相关性不大，而主要由空隙的结构决定，即互相连通的开孔隙较之闭孔隙薄膜具有更高的灵敏度。其主要原因是灵敏度取决于表面吸附气体与气敏材料之间的化学反应，开孔隙使材料的比表面增加，因而加速了气体的吸附以及相应的化学反应。因此，使用介孔材料等高表面气敏材料可以大幅度提高材料的气敏特性。

纳米晶 SnO_2 的气敏特性还与膜厚有关。采用溶胶喷涂方法可以制备出厚度为 80～300nm 的 SnO_2 薄膜，膜中 SnO_2 的平均晶粒为 6nm。图 8-25 为膜厚对 SnO_2 薄膜在 350℃ 时的电阻和对 H_2、CO（$800×10^{-6}$）检测灵敏度的影响，由图可知，膜厚对 CO 的检测灵敏度基本没有影响，而对 H_2 的检测灵敏度则随膜厚的增加而显著下降。另有研究指出，纳米晶 SnO_2 薄膜在一最佳膜厚时具有最佳的气敏特性。总体而言，关于膜厚对 SnO_2 薄膜材料气敏特性影响的研究较少，不易得出较统一的确定性的结论。

三、高比表面 SnO₂ 气敏材料

近年来，高表面 SnO₂ 气敏材料及其气敏特性的研究已成为气敏材料的研究热点。由于普通纳米晶 SnO₂ 的比面积仅为 5m²/g，因此，进一步提高比表面积可以提高气敏特性。

以 Na₂SnO₃·3H₂O 为前驱体，阳离子表面活性剂为合成模板，可以合成平均孔径小于 5nm、孔隙体积为 0.1 ~ 0.3cm³/g、比表面积为 54.0 ~ 156.8m²/g 的高比表面 SnO₂ 材料。在 573K 的温度下，该材料对 500 × 10⁻⁶H₂ 的检测灵敏度随比表面积的增加而线性上升，从 10

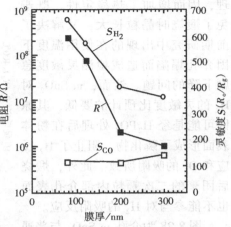

图 8-25　膜厚对纳米晶 SnO₂ 薄膜电阻和灵敏度的影响

上升到 100。以 Na₂SnO₃·3H₂O 为 Sn 源，C₁₆PyCl 为表面活性剂（模板材料）可制备出有序介孔 SnO₂（m-SnO₂）粉末浆料。将浆料涂覆在带 Pt 电极的 Al₂O₃ 衬底上，平均厚度为 20 ~ 30μm，在空气中 80℃ 干燥 30min，600℃ 煅烧 5h，制备成测试样品。煅烧后 m-SnO₂ 粉体团聚为粒径小于 5μm 的颗粒，颗粒内平均孔径尺寸为 1.5 ~ 2.3nm，比表面积大于 300m²/g。图 8-26 为 m-SnO₂ 的 TEM 照片，图 a、b 分别为 600℃ 煅烧前后的照片。由图可知，煅烧前 m-SnO₂ 中有序分布着六边形空隙，煅烧后空隙的有序分布有所下降。图 8-27 为 m-SnO₂ 在 400℃ 时检测 1000 × 10⁻⁶H₂ 的灵敏度与比表面积的关系，图中带括号的字母为样品的号码。由图可知，检测灵敏度随比表面积的增加线性上升，由 10 上升到 100，而在同样的测试条件下，普通纳米晶 SnO₂（c-SnO₂）的灵敏度为 6，对应的比表面为 5.34m²/g。由于 m-SnO₂ 在煅烧前后经过了 H₂PO₄ 处

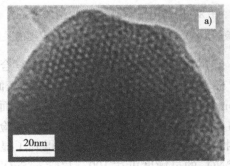
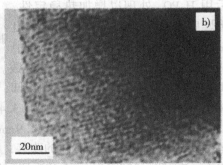

图 8-26　介孔 SnO₂ 的 TEM 照片
a）煅烧前　b）600℃ 煅烧 5h

理，因而增加了热稳定性，既避免了煅烧时晶粒长大，又解决了前期研究中出现的在使用温度下因介孔塌陷而造成检测灵敏度急剧下降的问题。然而，m-SnO$_2$ 对 H$_2$ 的灵敏度比预计的要低，其原因可能是经 H$_2$PO$_4$ 处理后在粉体表面形成了磷化物，阻止了 H$_2$ 反应和 O$_2$ 的吸附所致。此外，煅烧后团聚的二次颗粒内部介孔表面也不能参与对 H$_2$ 的吸附反应。

图 8-28 为介孔 m-SnO$_2$ 与普通纳米晶 c-SnO$_2$ 检测 100×10^{-6} NO 和 NO$_2$ 灵敏度的比较。由图可知，c-SnO$_2$ 检测灵敏度极低，而 m-SnO$_2$ 的检测灵敏度显著上升，在 350～400℃ 时大于 80。尽管 m-SnO$_2$ 对 NO$_x$ 具有很高的检测灵敏度，然而，由于其在空气中的电阻太大而限制了它的实际应用。

将 c-SnO$_2$ 粉体分散到含有 Na$_2$SnO$_3$·3H$_2$O 和三甲基苯的 C$_{16}$PyCl 的水溶液中处理，然后在真空脱氧几分钟以促进在 c-SnO$_2$ 表面形成 m-SnO$_2$。在低压下过滤出 SnO$_2$ 粉末，干燥后用 H$_2$PO$_4$ 处理以增加热稳定性，再干燥后经 600℃ 煅烧 5h，可制备出 m-SnO$_2$（n）/c-SnO$_2$ 复合粉末，其中 $n = 1 \sim 3$ 为用上述方法处理粉末的次数。经过 3 次处理的 m-SnO$_2$/c-SnO$_2$ 复合粉的 TEM 照片如图 8-29 所示。由图可知，m-SnO$_2$ 已较均匀地覆盖在 c-SnO$_2$ 表面；m-SnO$_2$（3）/c-SnO$_2$ 的比表面积为 13.4m^2/g；m-SnO$_2$（2）/c-SnO$_2$ 的比表面积为 10.4m^2/g；m-SnO$_2$ 中孔径均为 1.9nm。m-SnO$_2$/c-SnO$_2$ 对 H$_2$ 和 NO$_x$ 的检测灵敏度较之 c-SnO$_2$ 得到了有效的改善，特别是对 NO$_2$ 的检测灵敏度得到了显著的改善，在 250～300℃ 时检测 100×10^{-6} NO$_2$ 的灵敏度可达 100。尽管 m-SnO$_2$/c-SnO$_2$ 对 H$_2$ 的灵敏度低于 m-SnO$_2$，然而，m-SnO$_2$/c-SnO$_2$ 在空气中的电阻接近

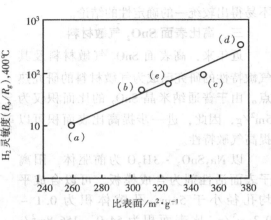

图 8-27　400℃ 时介孔 SnO$_2$ 检测 1000×10^{-6}
H$_2$ 的灵敏度与比表面的关系

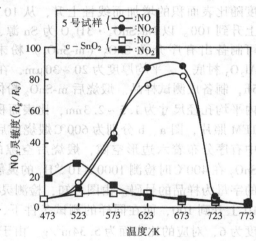

图 8-28　介孔 m-SnO$_2$ 和普通纳米 c-SnO$_2$
检测 1000×10^{-6} NO、NO$_2$ 灵敏度与温度的关系

c-SnO$_2$ 在空气中的电阻，因而比 m-SnO$_2$ 更具有实用前景。

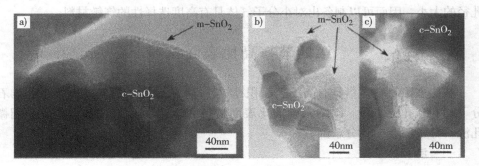

图 8-29　m-SnO$_2$/c-SnO$_2$ 复合粉 TEM 照片

a）m-SnO$_2$ 覆盖在 c-SnO$_2$ 表面　b）、c）m-SnO$_2$ 形成颗粒将 c-SnO$_2$ 隔开

将 SnO$_2$ 和 MCM-41 分子筛粉末机械混合研磨后冷压成型，在空气中 700℃ 烧结 10h，制备成 SnO$_2$/MCM-41（x）复合材料，其中 x 为 SnO$_2$ 与 MCM-41 的质量比。由于烧结后 Si-Al-MCM-41 的比表面高达 1295m^2/g，孔径为 2.7nm，因而烧结后的 SnO$_2$/Si-Al-MCM-41（0.7）的比表面高达 592m^2/g，平均孔径为 2.42nm。SnO$_2$/MCM-41 材料对 500×10^{-6}H$_2$、CO 和 CH$_4$ 的检测灵敏度 S 列于表 8-3。

表 8-3　SnO$_2$/MCM-41 在不同温度下对 500×10^{-6}H$_2$、CO、CH$_4$ 的检测灵敏度 S

材料	SnO$_2$/MCM-41（质量分数）	H$_2$		CO		CH$_4$	
		T_{max}/℃	S_{max}	T_{max}/℃	S_{max}	T_{max}/℃	S_{max}
纯 SnO$_2$	—	300~350	36	~350	15	~400	8
SnO$_2$/Si-Ai-MCM-41	2.0	350~400	113	350	430	500~600	11
	1.0	~400	131	350~400	20	500~600	10.5
	0.7	>400	186	~350	16	500~600	9
	0.5	>400	13	~400	2	—	—
SnO$_2$/Si-MCM-41	1.0	~400	102	~350	18	500~600	10

由表可知，SnO$_2$/MCM-41 对 H$_2$ 的检测灵敏度得到了很大的改善，其中 SnO$_2$/Si-Al-MCM-41（0.7）对 H$_2$ 的检测灵敏度高达 186，而对 CO、CH$_4$ 的检测灵敏度改善较小或基本上没有改善。其原因可能是小分子 H$_2$ 较之大分子 CO、CH$_4$ 能很快地沿孔隙扩散。表 8-3 同时表明 SnO$_2$/MCM-41 复合材料对检测 H$_2$ 具有很好的选择性。由于 MCM-41 的孔径大小可以根据实验条件调整，因此根据气体分子的大小设计分子筛的孔径，可以有选择性地吸附干扰气体而仅允许被测试气体通过，可制备出具有较高选择性的复合气敏材料。此外，还可以制备 SnO$_2$/沸石复合气敏

材料，由于沸石的孔道或笼更小（小于2nm），且可通过控制氧的数目来调节氧环孔径的大小，因而可以制备出对小分子气体具有高度选择性的气敏材料。

第四节　高比表面材料

高比表面材料是指具有高的表面积/质量（体积）比的材料。例如微孔沸石分子筛和介孔分子筛、碳纳米管的比表面积可高达$1000m^2/g$，本节主要介绍微孔沸石分子筛和介孔分子筛。

一、沸石分子筛

沸石材料是一种具有多孔笼状结构的硅酸铝晶体，其孔径在$0.2 \sim 1.5nm$之间变化。由于沸石能使动态直径小于孔径的小分子通过，阻止动态直径大于孔径的大分子通过并使之与小分子分离，故沸石又称为沸石分子筛。沸石具有高的比表面、高的阳离子交换能力、高的催化活性及选择性，同时笼状结构呈现刚性、热稳定性好，被广泛地应用于催化反应、气体和液体的吸附、分离及作为载体与纳米粉体组成新的体系，仅在催化领域，全世界沸石的年产值就超过30亿美元。

沸石的基本结构单元为硅氧四面体（SiO_4^-）和铝氧四面体（AlO_4^-），氧原子位于四面体顶角，Si或Al原子位于四面体中心。Si、Al四面体通过氧桥连接构成具有规则结构的笼（大孔）和通道体系的阴离子骨架，通道交汇处便是笼。在三维空间笼为规则的多面体，如立方笼、六角柱笼、八角柱笼及α、β、γ笼等，在平面上则显示为4元环以及5、6、8、10、12元环等。由于铝氧四面体带一个负电荷，因而在分子筛的笼或通道中定位着用于平衡负电荷的阳离子和可流动的水分子。沸石通式可写成$[M(\text{I})M(\text{II})]O \cdot Al_2O_3 \cdot nSiO_2 \cdot mH_2O$，其中$M(\text{I})$、$M(\text{II})$分别代表一价和二价的金属阳离子，$n$为Si与Al之比，$m$为吸附水的摩尔数。其中$n$必须大于1，故沸石分子筛骨架中不存在不稳定的Al-O-Al键。沸石的基本分子结构特征表现为三部分：一是硅酸铝盐骨架；二是骨架中的笼、通道和阳离子；三是存在于沸石中的中性水分子。沸石中水的存在具有重要的意义，当沸石受热时，沸石水脱附逃脱，而使晶体中的笼和通道空产生分子筛效

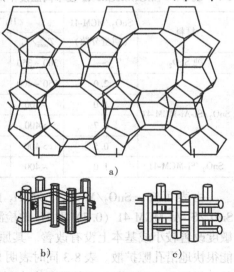

图8-30　一种沸石的结构示意图
a) 三维网络图　b) 锯齿形通道
c) 互相交叉的二维通道

应，而对沸石的晶格几乎没有影响。图 8-30a 为一种沸石的网络结构图，氧原子位于网络的顶点，这种沸石具有由 10 个氧原子围成的 10 元环"窗"；图 b、c 分别为三维锯齿形通道和互相交叉的二维通道。图 8-30a 中窗的尺寸取决于氧环上氧原子的数目。表 8-4 给出了氧环的直径与氧环上氧原子数目的关系。由表可知，动态直径为 5.1Å 的乙烷可以通过具有 10 个氧原子的 10 元环，而动态直径为 6.9Å 的环乙烷则不能通过，因此，具有 10 元环的沸石可以用于分离乙烷和环乙烷的混合气体。

表 8-4　沸石的通道窗尺寸与氧环上氧原子数目的关系

氧原子数目	环径/Å	氧原子数目	环径/Å
4	1.2	8	4.5
5	2.0	10	6.3
6	2.8	12	8.0

自 1756 年发现第一种沸石起，至今已发现了近 50 种天然沸石，表 8-5 为一些天然沸石的结构性能。这些天然沸石已广泛应用于气体的分离及气化等领域。例如 Li-CHA 等能较强地吸附 N_2，而对氧的吸附能力很小，可用于工业制氧；Na-CLI 能较强地吸附 N_2、CO_2，而对 CH_4、C_2 等气体的吸附很小，可用于分离天然气中的 N_2、CO_2 而使天然气液化；Ca-CLI 能较强地吸附 O_2 而不吸附 Ar，可用于净化 Ar 气等。此外，CLI 可用于去除核电站废水和地下水种的[136]Cs、[90]Cr 等具有放射性的阳离子。

表 8-5　一些天然沸石的结构特性

天然沸石	Si/Al （质量比）	主要 阳离子	氧原子数和氧环 直径/nm	孔的动态 直径/nm	最大含水量 /(kg·kg^{-1})	总空隙率 （%）
[矿] 菱沸石 （CHA）	1.5~4.0	Na, Ca, K	(8) 0.38×0.38 {3D}	0.43	0.28	48
斜发沸石 （CLI）	4.0~5.2	Na, Ca, K	(8) 0.26×0.47 (10) 0.3×0.76 (8) 0.33×0.46 {2D}	0.35	0.14	34
毛沸石 （ERI）	3.0~4.0	Na, K, Ca	(10) 0.36×0.51 {2D}	0.43	0.20	36
镁碱沸石 （FER）	4.3~6.2	K, Mg, Na	(10) 0.42×0.54 (8) 0.35×0.48 {2D}	0.39	0.12	24

（续）

天然沸石	Si/Al （质量比）	主要 阳离子	氧原子数和氧环 直径/nm	孔的动态 直径/nm	最大含水量 /（kg·kg^{-1}）	总空隙率 （%）
发光沸石 （MOR）	4.4~5.5	Ca, Na	(12) 0.65×0.70 (8) 0.26×0.57 (8) 0.48×0.34 {2D}	0.39	0.15	26
［矿］钙十字 沸石（PHI）	1.3~3.4	K, Na, Ca	(8) 0.38×0.38 (8) 0.30×0.43 (8) 0.32×0.33 {3D}	0.26	0.22	30

　　然而，天然沸石由于品种少，同时受孔径及杂质的限制，远远不能适应于现代科技的发展需要，于是人工合成沸石便得到了迅猛的发展。Barrer 开创性的研究表明，在实验室可以从过饱和的硅酸铝盐中较快地合成出沸石分子筛。如向水热体系中加入四甲基铵离子（TMA$^+$），成功地合成了一系列由方纳石笼（截角八面体）构成的沸石，如 A 沸石（Si/Al≈21）、X 沸石（Si/Al≈1）、Y 沸石（较高的 Si/Al 比）、C 沸石及丝光沸石等。这类沸石的主要特点是具有较高的离子交换特性、优良的亲水性和酸性，通常称为第一类分子筛。这类沸石由于硅铝比较低，因而导致热稳定性较低。其中 A 沸石是最有用的一种沸石，主要用于水软化处理的离子交换剂和吸附剂。例如，4A 沸石的分子式为 Na$_{12}$［Al$_2$O$_3$（SiO$_2$）］$_{12}$·27H$_2$O，具有 8 个立方八面体和 12 个正四面体组成的 β 笼和 α 笼相连接的结构，自由直径为 4.2Å，是应用广泛的洗涤剂助剂。

　　20 世纪 60 年代末，有机碱和季胺盐引入合成体系，合成出大量的高硅铝比沸石分子筛以及甚至不含 Al 的 Si 沸石分子筛，合成中有机物的用量要远远超过补偿骨架电荷的用量。因此，有机碱和季胺盐离子不仅起到电荷补偿的作用，而且起到模板的作用。模板的作用表现为在形成凝胶或成核过程中，有机物组织四面体氧化物在其周围形成稳定的几何沟道，由此在晶体中形成了具有某种特定结构的结构单元。用这种方法合成的沸石分子筛，经高温焙烧后可去除有机物而形成空旷骨架结构，即笼道或通道。这一类沸石分子筛的 Si/Al 比值高，具有良好的选择催化特性，较高的抗酸性和热稳定性及水热稳定性，催化寿命长，作为催化剂已成功应用于多种工业反应。这一类分子筛又称为第二代分子筛，如具有二维垂直中孔（0.5nm）的 ZSM 系列分子筛，其中最有代表性和应用最为广泛的是骨架中含有 10 元环的 ZSM-5 沸石分子筛。

　　半导体或金属装入沸石笼中，可以形成单尺寸和同样形状粒子的三维周期排列。由于粒子与沸石的交互作用，它们的性能可以不同于单个粒子以及它们体材料的性能。借助于沸石的高比表面积，TiO_2 样品的比表面积显著高于纯 TiO_2 粉末的比表面积。表 8-6 列出了在 A 沸石和 ZSM-5 中组装不同量 TiO_2 时的比表面积。在 TiO_2 含量低时，组装了 TiO_2 的沸石分子筛的比表面积因 TiO_2 的进入而减小；当 TiO_2 的含量超出了沸石分子筛的最大组装量后，则因沸石间 TiO_2 小颗粒的出现而使分子筛的比表面积略有回升。在沸石分子筛中组装 TiO_2 后，TiO_2 的光催化性能可以得到较好的改善。

表 8-6　在沸石中组装 TiO_2 样品的比表面积

样品名称	比表面积/ （$m^2 \cdot g^{-1}$）	样品名称	比表面积/ （$m^2 \cdot g^{-1}$）
TiO_2 粉末	35	ZSM-5	408
5.0% TiO_2/ZSM-5	392	14.3% TiO_2/ZSM-5	308
A	275	5.1% TiO_2/A	177

二、介孔分子筛

1992 年，美国 Mobil 公司研究员报道了具有 2～10nm 孔径的 M41S 系列分子筛，揭开了分子筛科学的新纪元。与经典的沸石分子筛相比 M41S 系列介孔分子筛不仅具有较大的孔径，同时还具有较大的比表面积、大的孔容，以及孔径大小可以由实验条件的不同而任意调节等优点。M41S 系列 Si 基分子筛主要包括三种：①六方相的 MCM-41；②立方相的 MCM-48；③层状的 MCM-50。其中研究和应用最广泛的是 MCM-41。图 8-31a 为 Mobil 公司研究人员建议的 MCM-41 形成过程。长链的 C_nH_{2n+1}（CH_3）$_3N^+$（$n = 8 \sim 16$）阳离子型表面活性剂，是形成介孔分子筛的模板剂。它们在水溶液中形成胶束或胶态分子团，表面活性剂亲油的一端聚在中间，亲水的一端分散在外，再由胶束形成圆柱状结构。正硅酸乙酯水解或氧化硅溶解生成 SiO_4^{4-}，SiO_4^{4-} 与表面活性剂亲水一端以静电吸引靠近并且互相作用。与此同时，SiO_4^{4-} 之间也相互作用、缩合，在表面活性剂胶束外围绕着胶束形成无机墙，最终经煅烧形成六方相结构。因此，MCM-41 具有一维线性直孔道且排列规则，孔道载面是呈均匀排列的六角形，如图 8-32 的 HRTEM 照片所示。孔径在 20～100Å 之间。图 8-31b 为合成温度、表面活性剂十六烷基三甲基溴化胺（CTAB）的浓度对形成 M41S 的影响。在较高的温度和表面活性剂浓度下，则形成立方相的 MCM-48 和层状的 MCM-50。MCM-41 的巨大应用领域在于对混合气体的分离。

由于 MCM-41 分子筛具有较传统分子筛大得多的孔径，因而是实现大分子催化转化的催化材料。然而，由于 MCM-41 分子筛的孔壁处于无定形状态，与沸石晶相比介孔分子筛的水热稳定性较低。例如，常规方法制备的 MCM-41 在沸水中放置 24h 之后，它的特征介孔基本上已被破坏。这大大限制了它在石油加工工业中的应用，因为石油加工工业中不可避免地存在着水蒸气。介孔分子筛的另一个

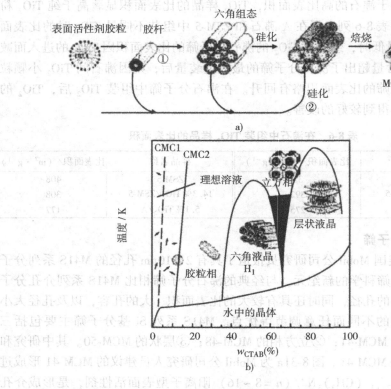

图 8-31　MCM-41 的液晶模板合成过程

显著弱点是它们的弱催化活性中心。例如 Al-MCM-41 的酸强度远低于沸石分子筛，Ti-MCM-41 的催化氧化活性远低于微孔钛硅分子筛。由于大分子的催化氧化

是精细化工和制药行业的中心反应之一，而传统的沸石及多项催化材料 TS-1 由于孔径所限不能催化转化分子直径大于 55Å 的有机化合物。要使 MCM-41 能够催化转化这些大分子，必须提高它们的水热稳定性和催化氧化能力，特别是合成具有与微孔沸石分子筛相类似的酸性和水热稳定性更是人们追求的目标。此外，为了满足大分子反应的需要，增大 MCM-41 分子筛的孔径也成为了分子筛研究的热点。

MCM-41 水热稳定性较低的原因之一是因为其孔壁处于无定形状态，存在着较多的表面羟基，表面羟基越多，水热稳定性就越差。因

图 8-32　MCM-41 的 HRTEM 照片

此，对 MCM-41 进行进一步的后处理，清除表面羟基可有效地提高其水热稳定性。加入三甲基氯硅烷与 MCM-41 分子筛的硅羟基进行反应，可消除部分硅羟基，达到提高水热稳定性的目的。将纯 Si 的 MCM-41 与 Al 的化合物混合后在80℃搅拌 2h 制备成硅铝介孔分子筛，不仅提高了水热稳定性，而且大幅度提高了酸性。提高 MCM-41 分子筛水热稳定性的另一重要途径是改变模板剂。由于微孔沸石分子筛具有高的水热稳定性，而合成沸石所用的模板剂为小分子有机胺，因此利用小分子有机胺模板剂和合成介孔的表面活性剂的复合模板剂，可以有效地提高 MCM-41 的水热稳定性。采用新的模板材料在强酸的条件下（pH < 1）可以合成出规则排列的、均一的介孔纯 Si 介孔分子筛材料（SBA-15），其孔径可在 5 ~ 30nm 之间变化。这不仅大大提高了介孔分子筛的水热稳定性，而且有效地扩展了孔径的变化范围。此外，在强酸条件下，纳米沸石粒子可以合成出新型的、具有强酸中心和水热稳定性的介孔硅铝分子筛催化材料。在这方面，我国吉林大学研究者做出了许多重要的研究成果，制备出新型介孔硅铝分子筛（MAS）、介孔钛（钒、铁、铬）硅分子筛（MTS、MVS、MCS）及全硅分子筛（MPS）。

为提高 MCM-41 的催化活性，增加酸性，比较有效的方法是将活性金属引入到分子筛的 SiO_2 结构中对 MCM-41 进行表面修饰。目前，主要是通过在分子筛的骨架中引入金属原子和在分子筛表面负载金属原子这两种方法将金属引入到 MCM-41 中，主要引入的金属原子为 Al、Ti、Fe、Ni、V、Cr、Pd 等。金属原子的引入可以增加分子筛的酸性，提高催化活性，并在一定的程度上提高分子筛的热稳定性，其中 Al-MCM-41、Ti-MCM-41 和 V-MCM-41 等已有大量的研究报道。

MCM-41 介孔分子筛的出现是分子筛发展的一个新飞跃。MCM-41 分子筛由于具有优良的催化、吸附、分离、传感等功能，已被应用于炼油催化、化学传感器、药物载体、光电器件等领域，成为材料科学、化学、信息科学等学科的一个重要研究热点。

思 考 题

1. 简述纳米 TiO_2 的光催化原理。

2. 采用哪些措施可以提高纳米 TiO_2 光催化反应的量子产率和不需紫外光激发就能产生光催化反应？

3. 简述电致变色材料的变色原理。

4. 怎样提高纳米 WO_3、ATO 等电致变色材料的性能？

5. 简述纳米 SnO_2 气敏材料的气敏原理。

6. 怎样才能提高纳米 SnO_2 材料的气敏性能？

7. 沸石分子筛和介孔分子筛有哪些主要的特点？

8. 采用哪些措施能提高 MCM-41 分子筛的性能？

第九章 碳纳米材料

第一节 概　　述

碳元素以单质及化合物形式广泛存在于自然界，它在地球中的丰度居元素的第 14 位。早在 18 世纪就已确定石墨和金刚石都是单质碳，而碳更多的是以化合物形式存在，其中在地壳中主要以碳酸钙（石灰石、大理石等的主要成分）的形式存在。

碳的原子序数为 6，相对原子质量为 12.011，碳的同位素主要是稳定同位素^{12}C、^{13}C 及放射性同位素^{14}C。同位素^{12}C 是相对原子质量测量的基准。1961 年国际理论化学和应用化学联合会（IUPAC）将其确定为统一的原子量标度，以^{12}C 为基准，所有其他原子的质量均参照它来确定。

碳原子的核外电子层结构为 $1s^2 2s^2 2p^2$，碳原子可能的三种杂化形式是 sp^1、sp^2 和 sp^3（sp^n 杂化），碳主要以共价键方式结合，除了单键外还能形成双键和叁键。碳原子间可以按链型、环形、网状等互相形成各类结构碳材料。

在高温下，碳非常活泼，能与多种元素形成强的化学键，与很多金属生成碳化物，比如 Fe_3C、TiC 等。但是在室温下，碳非常稳定。各种碳的同素异形体在空气中开始氧化的温度约从 300℃ 到 800℃ 不等。固体碳材料的结构与碳原子的 sp^n 杂化有关，sp^n 杂化确定了碳基分子和固体的空间结构，碳是所有元素中唯一具有零维（C_{60}）、一维（碳纳米管）、二维（石墨）和三维（金刚石）同素异形体的元素。

图 9-1 是 R. Heimann 等给出的碳的同素异形体"相"图，图中包括已证实的、假设及推理可能存在的各类碳的同素异形体。图 9-2 为几种类型碳同素异形体的结构示意图。

碳原子以 sp^2 杂化形成二维石墨平面结构，石墨呈层型结构，每一层中碳原子以 sp^2 杂化与三个相邻的碳原子形成等距离子键，从而形成碳原子的平面结构。碳原子层的堆积方式有两种，分别形成六方石墨（α-石墨）和三方石墨（β-石墨）。两种石墨的层间距均为 0.335nm，层间的作用力是较弱的范德华尔斯力。层内六角环 C-C 键的平均键能为 627kJ/mol，而层与层的键能仅为 5.4 kJ/mol，因此在平行于石墨层方向的强度和模量很高，而层与层之间却容易滑动，显示出石墨良好的润滑性。石墨晶体结构的各向异性，导致它的物理性能具有极

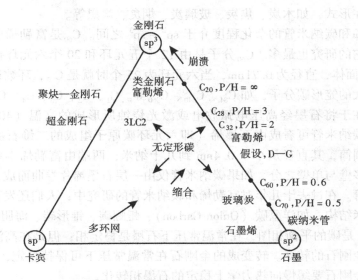

图 9-1　碳的同素异形体"相"图（P/H＝5 元环个数/6 元环个数）

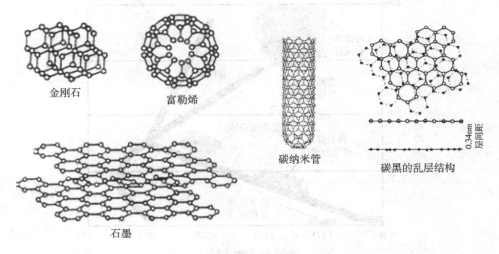

图 9-2　碳同素异形体的结构示意图

强的各向异性。

　　碳原子在 sp 杂化时，两个 σ 键仅形成一维的链状结构，由此链状结构的分子即构成了所谓的"卡宾"（Carbyne）。卡宾在上世纪 60 年代首次被发现，也可由人工合成制得，其晶体呈白色，所以晶体卡宾（Chaoite）也称为"白碳"。

　　无定形碳（Amorphous Carbon）是无序或短程有序三维材料，其中既有 sp^2 也有 sp^3 杂化的碳原子。无定形碳中具有石墨层形结构的有序范围有大有小，通常只有几十个周期。无定形碳的存在形式很多，日常生活中的各种炭材料都是它的主要存在形式，如木炭、焦炭、玻璃炭、烟炱、炭黑等。

富勒烯和碳纳米管的杂化程度介于 $sp^2 \sim sp^3$ 之间。C_{60} 是富勒烯中最稳定的一个，对它的研究也最多。C_{60} 分子是由 12 个五元环和 20 个六元环拼接而成的足球状 32 面体，直径为 0.71nm，当六元环为 25 个时就是 C_{70}，环数进一步增加则形成更大的笼形碳分子，如 C_{84}、C_{540}、C_{960} 等。C_1、C_2、C_3、C_4、C_5、C_6 等小分子，存在于将石墨经高压电弧放电或激光烧蚀所形成的高温（4000K 以上）气相中。碳纳米管可看成由石墨烯（即六元环碳原子组成的二维石墨片层）层片卷成的圆筒，其直径从小于 0.4nm 到几十纳米，两端由富勒烯半球封闭。碳纳米管有多壁与单壁之分，如果碳纳米管仅由一层石墨烯片卷曲而成，即成为单壁碳纳米管。在过去十几年对富勒烯和碳纳米管的研究中，人们还发现了许多形态的碳纳米结构，如洋葱碳（Onion Carbon）、蚯蚓碳、锥形碳、海胆碳等。

图 9-3 是碳的平衡相图，在常温常压下石墨是稳定相；但是在高温高压下发生石墨向金刚石的转变。转变成的金刚石在常温常压下可保持稳定，在理论上，这种亚稳金刚石要缓慢向热力学上稳定的石墨相转化。

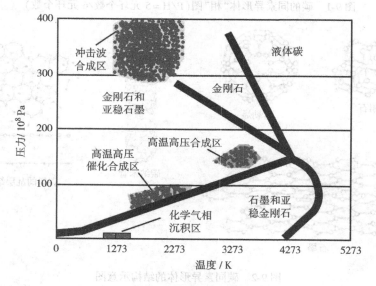

图 9-3　碳的平衡相图

第二节　碳 60

1985 年英国 Sussex 大学化学家 Kroto 和美国 Rice 大学化学物理学家 Smalley 及 Curl 等人发表文章，宣布笼形分子 C_{60} 的发现。此前已有科学家探测到由碳原子构成的团簇 C_{2n}（20 < n < 90），但对大碳分子的结构都不清楚。Smalley 和 Kroto 等人分析认为 C_{60} 分子是个足球的样子，由 12 个五元环和 20 个六元环组成的球状分子，其 60 个顶点由碳原子占据。他们为了纪念美国建筑师 Buckminster Fuller 设计的圆穹屋顶，感谢他在建筑学上的丰富想象力为解开 C_{60} 分子结构之谜提供的帮助，决定命名 C_{60} 为巴克明斯特富勒烯（Buckminster Fullerene），简称 fullerene，俗称 Buckyballs。但此后几年，由于不能制备出足够多的 C_{60}，所以通过实验来确定 C_{60} 存在的问题还没有解决。

直到 1990 年，德国科学家 Huffman 和 Kratshmer 通过在氦气中使石墨电弧放电蒸发制备出了足够多的 C_{60}，从而证实了 C_{60} 分子的存在。1996 年，英国人 Kroto、美国人 Smalley 和 Kurl 因此荣获了诺贝尔化学奖。

一、C_{60} 的结构

C_{60} 属于碳簇（Carbon Cluster）分子，C_{60} 分子是由 20 个正六边形（六元环）和 12 个正五边形（五元环）组成的球状 32 面体，直径 0.71nm，其 60 个顶角各有一个碳原子。C_{60} 分子中碳原子价都是饱和的，每个碳原子与相邻的 3 个碳原子形成两个单键和一个双键。五边形的边为单键，键长为 0.1455nm，而六边形所共有的边为双键，键长为 0.1391nm。整个球状分子就是一个三维的大 π 键，其反应活性相当高。C_{60} 分子对称性很高，每个顶点存在 5 次对称轴。图 9-4 是 C_{60} 分子结构示意图。除了 C_{60} 外，还有 C_{50}、C_{70}、C_{84} 直至 C_{960} 等，其中 C_{70} 有 25 个六边形，为椭球状。

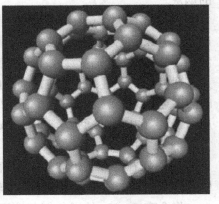

图 9-4 C_{60} 分子结构示意图

C_{60} 分子可以以范德华力相结合而形成分子晶体，C_{60} 晶体为面心立方结构，晶体常数为 1.42nm，相邻 C_{60} 分子的中心距离为 0.984nm。C_{60} 晶体的理论密度为 1.678 g/cm^3，实测值为 1.65 ± 0.05 g/cm^3。

二、C_{60} 等富勒烯的制备

C_{60} 是富勒烯的一种，制备 C_{60} 等富勒烯的方法有激光蒸发石墨法、电弧放电法、苯燃烧法等，其中常用的方法是电弧放电法。

1. 激光蒸发石墨法

1985 年 Kroto 等发现 C_{60} 就是采用激光轰击石墨表面，使石墨气化成碳原子碎片，在氦气中碳原子碎片在冷却过程中形成含 C_{60} 富勒烯的混合物。该方法产生的富勒烯含量极少。

2. 苯燃烧法

1991 年 Howard 等在含 Ar 的氧气中燃烧苯，燃烧 1kg 苯得到 3gC$_{60}$ 和 C$_{70}$ 混合物，富勒烯产率随燃烧条件不同而有所变化。

3. 电弧放电法

图 9-5 是传统的电弧放电法制备 C$_{60}$ 及碳纳米管装置示意图。电弧是一种气体放电现象。通过两石墨电极之间的放电，可产生高于 4000℃ 的高温，使阳极石墨蒸发，而阴极温度低于石墨蒸发温度。在充有氦气（压力约为 13.3kPa）的放电室内，被蒸发的碳原子及碳原子团簇在冷凝时形成含有 C$_{60}$ 富勒烯的烟灰。

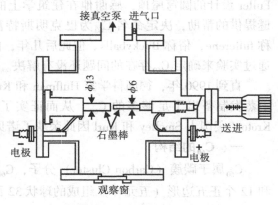

图 9-5　传统的电弧放电法制备
C$_{60}$ 及碳纳米管装置示意图

1990 年，W. Kratschmer 等人首次采用电弧放电法实现了 C$_{60}$ 的大量制备（克级），但烟灰（Soot）中富勒烯含量仅为 1%。在此后的几年中，研究人员通过控制放电条件，使富勒烯的产率达到百分之几到百分之几十。电弧放电时的工艺参数一般为：电极电压 12～36V（通常为直流）；电流 20～200A；氦气压力 2.7～67kPa（通常小于 13.3 kPa）。

4. C$_{60}$ 的分离与提纯

C$_{60}$ 可以在许多有机溶剂中溶解，如甲苯、苯、乙烷、二硫化碳等，其中在甲苯、苯、及二硫化碳中的溶解度较大。

将含有 C$_{60}$/C$_{70}$ 的黑色烟灰溶于苯，溶液由于 C$_{60}$、C$_{70}$ 的浓度差异呈不同程度的红色。将红色溶液与黑色烟灰分离，经加热干燥后得到黑色或暗棕色的结晶固体。

C$_{60}$/C$_{70}$ 晶体形貌呈现棒状、片状或星形片状，大多数为规则的多边形，如四边形、五边形和六边形晶体。在光学显微镜下，C$_{60}$/C$_{70}$ 的薄片结晶体呈棕黄色。根据结晶条件，C$_{60}$ 单晶体的尺寸从 nm 到 mm，一般在 μm 量级，采用液相法及气相传输法生长的 C$_{60}$ 单晶体长度可达 mm 量级。

三、C$_{60}$ 的性能与应用

最早探测到 C$_{60}$ 存在是采用质谱检测，此外，核磁共振、拉曼谱、X 射线衍射及扫描隧道显微镜等均可检测到 C$_{60}$ 分子。

C$_{60}$ 分子比较稳定，C$_{60}$ 晶体升华温度为 673K，296K 时 C$_{60}$ 单晶体的热导率为 0.4W/（m·k）。C$_{60}$ 分子可与许多金属原子形成金属化合物，金属原子位于 C$_{60}$

的笼子中，如 La@ C_{60}，符号@表示包裹关系，现在已可制得裹有 La、K、Na、Cs、Sc、Ti、Y、Zr、Sm、Eu、Gd、Tb、Ho、Th、U 等金属原子的富勒烯。在富勒烯笼内裹有一个或两个甚至三个金属原子。内部含有氦原子和氖原子的富勒烯也已被发现，每 10^6 个 C_{60} 分子中约有一个 C_{60} 包裹有一个氦原子，惰性气体氦一般不同任何元素发生化学反应，所以 He@ C_{60} 的发现是极为罕见的化学反应现象。

此外，在富勒烯球形结构外添加其他化学基团，即 C_{60} 和这些化学基团结合形成化合物，如（CH_3）$_n C_{60}$ 等。

C_{60} 晶体是面心立方晶体结构，在其四面体和八面体间隙位置可以掺加入碱金属原子，形成 $M_x C_{60}$ 晶体，如 $K_3 C_{60}$、$Cs_2 RbC_{60}$。1991 年美国贝尔实验室研究人员发现 C_{60} 和碱金属形成的化合物具有超导性，$K_3 C_{60}$ 超导临界温度 $T_c = 18K$，$Cs_2 RbC_{60}$ 的 $T_c = 33K$。

C_{60} 有 48 个碳原子和金刚石一样是 sp^3 杂化，这 48 个碳原子的空间排列接近于金刚石中碳原子的空间排列。法国的研究人员采用快速和非等静水压的压缩方法，在 20GPa 左右的超高压下发现了 C_{60} 晶体向金刚石的转变。富勒烯从发现至今，引起了全世界各个学科的科学家们的极大兴趣，对富勒烯的形成机制以及性能进行了大量的探索研究。对其潜在的应用也在不断的探索之中。

第三节　碳　纳　米　管

1991 年日本电子公司（NEC）的电子显微镜专家饭岛（S. Iijima）发现了碳纳米管。早在 1980 年 C_{60} 发现前，饭岛就在电子显微镜下观察到了奇特的同心球形结构。C_{60} 发现后，饭岛决定用高分辨透射电子显微镜，观察在石墨电弧放电设备中不同条件下由石墨蒸发冷却后形成的各种产物的结构。在实验中，他不断改变电弧放电的条件，使两个石墨电极保持一定距离，在 13.3kPa 的氩气下，阳极石墨被蒸发，除了在放电室内产生通常的碳灰外，在石墨阴极上还形成了一些硬质沉积物。

在这些沉积物的内部含有一些成束的针状物，长度大约为 1mm，饭岛将这些针状产物收集起来在电子显微镜下观察，发现它们实际上是一些同心纳米管，直径 4～30nm，长约 1μm，由 2～50 个同心管构成。图 9-6 是饭岛所获得的碳纳米管的高分辨电子显微镜照片（分别为 5、2 和 7 层）。相邻两管的层间距约为 0.34 nm，此距离近似于石墨相邻两层面原子间距。饭岛最初将这种石墨管状结构称为 "Graphite Tubular"，现在一般称为 "Carbon Nanotube"（碳纳米管），缩写为 "CNT"，也有人叫 "Bucky Tube"（巴基管）。实际上，早在饭岛 1991 年发现碳纳米管以前已经有人看到甚至制造出了碳纳米管。但是，由于受当时知识的局限以及研究手段的限制，没有认识到它是元素碳的一种新形态。C_{60} 的发现，尤其是碳纳米管的发现引发了碳纳米科学和技术的飞速发展，使该领域成为近十年来纳米材料研究的热点之一。

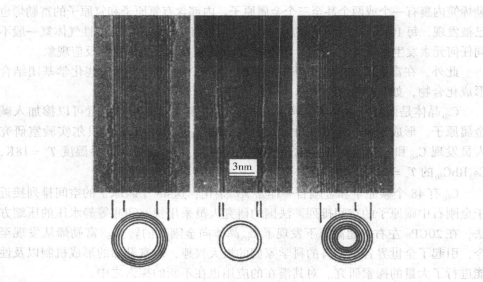

3nm

图9-6　饭岛所获得的碳纳米管的高分辨电子显微镜照片

一、碳纳米管的结构

碳纳米管有单壁与多壁之分，如果碳纳米管仅由一层石墨烯片卷曲而成，就成为单壁碳纳米管（Single-walled Carbon Nanotube，SWCNT），直径大约 0.4 ~ 10nm，一般为 1 ~ 3nm，其长径比通常在 1000 以上，被认为是一维纳米线。而多壁碳纳米管包含两层以上石墨烯片层，片层间距为 0.34 ~ 0.4nm，也可将多壁碳纳米管看作是不同直径的单壁碳纳米管套装而成。

单壁碳纳米管的石墨烯片层在卷成管时，其碳六边形网格和碳纳米管轴向之间可以有不同的取向。根据碳六边形网格沿轴向的不同取向，可将单壁碳纳米管分为扶手椅型、锯齿型和螺旋型 3 种（图 9-7）。由于碳六边形网格与碳纳米管轴向可能出现不同角度，即螺旋现象，而出现螺旋型的碳纳米管具有手性（左旋或右旋）。扶手椅型和锯齿型单壁碳纳米管，其六边形网格和碳

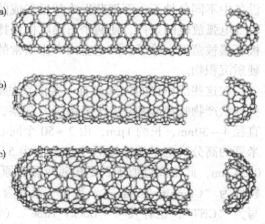

图 9-7　碳纳米管的分类

a）扶手椅型　b）锯齿型　c）螺旋型

管轴向的夹角分别为30°和0°，不产生螺旋，没有手性，所以也称非手性型（对称）单壁碳纳米管。扶手椅和锯齿形象地反映了每种类型碳纳米管的横截碳环的形状。而螺旋型单壁碳纳米管其碳六边形网格与轴向的夹角在0°～30°之间，其网格有螺旋，具有手性，因此也称为手性型单壁碳纳米管。图9-8是碳纳米管几何参数简图，表征单壁碳纳米管的参数主要有直径、螺旋角以及螺旋矢量 $\vec{ch} = n\vec{a}_1 + m\vec{a}_2$，$n$、$m$ 为整数，a_1、a_2 是二维石墨烯片六边形晶格矢量。可用 (n, m) 两个参数表示一个单壁碳纳米管，如扶手椅型碳纳米管 (n, n)、锯齿型碳纳米管 (n, o)、螺旋型碳纳米管 (n, m)，$n \neq m$。

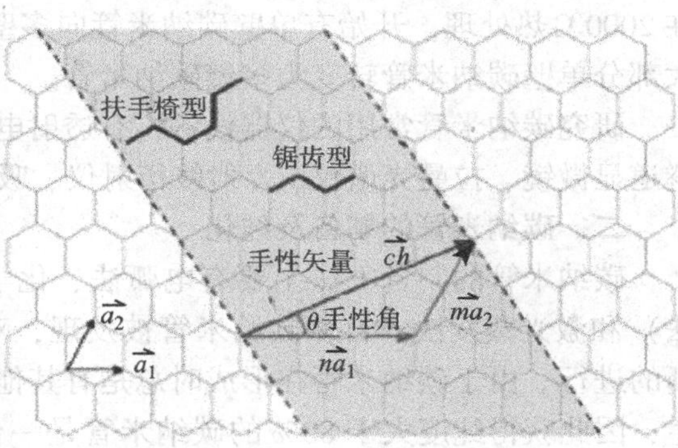

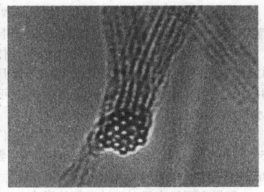

图9-8　碳纳米管几何参数简图

碳纳米管形态有多种，碳六边形网格中如果出现五边形或七边形时，就会产生不规则形状，如 Y 形、L 形或 T 形碳纳米管。碳五边形产生正弯曲，七边形引起负弯曲。实际制备的碳纳米管，由于制备方法与工艺的不同会出现许多形态，如普通封口型、竹节型、变径型、海胆型、螺旋型、洋葱型等。

单壁碳纳米管除了单独存在外，还可以成束存在，图9-9是管束的高分辨率电子显微镜照片。由于单壁碳

图9-9　管束的高分辨率电子显微镜照片

纳米管间存在较强的分子间作用力，使之易聚集成束。束的直径从约5nm到几十纳米不等。

碳纳米管可以是开口，也可以是封口的，其端帽部分相对于管身部分结构要复杂。大多数碳纳米管分子结构模型均认为端帽是半球形的或是圆滑的，但实际的封口形式多种多样。正曲率的端帽一定包含有五边形碳环；而负曲率的端帽则包含七边形碳环。C_{60}、C_{70} 半球可以作为单壁碳纳米管的端帽。巴基葱可以作为多壁碳纳米管的封口。

多壁碳纳米管结构较复杂，需要更多的参数表征，如外径、内径、螺旋角、

层数等，其层结构一般认为是同心圆柱，各层的螺旋角可以相同也可能不同。

高温热处理可以引起单壁碳纳米管结构的变化，在 1000～2000℃ 之间的真空中保温 5h，随温度升高单壁碳纳米管的直径变大，并伴随有管壁起皱等现象。在 2000℃ 热处理，开始有单壁碳纳米管向多壁碳纳米管转化；在 2400℃ 热处理，大部分单壁碳纳米管转变为多壁碳纳米管。

研究碳纳米管常用的仪器设备，有透射电子显微镜、扫描电子显微镜、扫描隧道显微镜、拉曼光谱仪、X 射线衍射仪、吸附仪、热重分析仪等。

二、碳纳米管的制备及纯化

碳纳米管的制备方法主要有电弧法、化学气相沉积法（也称气相催化热解法）和激光蒸发法。自从碳纳米管被发现，对其制备技术的研究探索一直在不断的进行。由于碳纳米管在形成时总是有其他碳产物如无定形碳、石墨等相伴产生，因此获得纯度大于 80% 的碳纳米管是一件很困难的事情。目前，制备单壁碳纳米管的能力只能达到克量级，而采用催化热解法生产多壁碳纳米管，已具备日产吨级的能力。

1. 电弧法

电弧放电法可用于制备克量级的单壁碳纳米管和多壁碳纳米管。电弧放电装置与制备 C_{60} 时传统的石墨电弧设备基本相同（图 9-5），但工艺条件不同。

电弧放电室抽真空后通常充入惰性气体（He，Ar）或氢气，也可充入 N_2、C_2H_2、CH_4 等气体，不同气体对碳纳米管形成的影响不同，其中 He 和 H_2 是使用比较多的两种气体。另外，电弧放电还可以在各种液体介质中进行，如液氮、水及水溶液。

电弧法多采用直流电弧，电弧放电条件一般为：电极电压 20～30V；电流 50～150A；气体压力 10～80kPa。在氢气气氛中，当压力小于 13.3kPa 时不能形成碳纳米管，只能形成无定形碳和 C_{60}/C_{70}。

阳极和阴极直径对碳纳米管的形成也有影响，通常阴极直径大于阳极，阴极直径 10～20mm，阳极直径 3～10mm，多为 6mm。阳极除用纯石墨做成，还可以添加各种金属催化剂如 Fe、Co、Ni、Y 等，催化剂的总含量一般质量分数小于 10%，通常为 3%～5%。

电弧放电时，阳极石墨不断蒸发消耗，在阴极端部以 0.2～1.5mm/min 的速度形成沉积物，放电过程中手工或自动调整阴极与阳极之间的距离（1～4mm）以保持稳定的电弧放电。石墨蒸发后一般在放电室内可形成以下几种产物：① 在放电室内壁上获得黑色碳灰生成物（Soot）；② 阴极端部的圆柱状灰色沉积物；③ 阴极沉积物周围的"衣领"状产物；④ 悬挂在放电室内壁和电极间的网状物（一定放电条件下形成）。其中前两种产物通常都可形成，所占比例大于 80%，后两种产物仅在一定的条件下才可形成。这四种产物根据电弧放电条件不同可能是不同形态的碳，如单壁碳纳米管、多壁碳纳米管、无定形碳、碳纳米颗粒、石墨、C_{60}等。

石墨蒸发后，在高温下以 C_1、C_2、C_3、C_4 等不同形式存在，在非平衡凝聚过程中，因条件不同可以形成各种各样的碳产物。为了获得高纯度、高产率的多壁或单壁碳纳米管，研究人员采取了许多手段，比如，采取不同的放电介质，尝试各种各样的催化剂，阴极石墨棒与阳极石墨棒成一定角度等。

2. 激光蒸发法

激光蒸发法制备碳纳米管的装置如图9-10所示，在加热炉中的石英玻璃管内放一根石墨靶（含或不含金属催化剂），将炉温控制在850～1200℃，激光束蒸发石墨靶，被蒸发的碳在凝聚时形成单壁或多壁碳纳米管，同时伴随有其他碳产物的形成。石英管内通常充入氦气或氩气，也可以是流动的惰性气体。图9-11是激光蒸发法制备的单壁碳纳米管束的 TEM 照片。

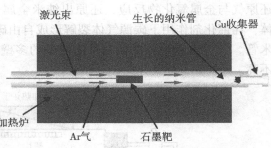

图9-10　激光蒸发法制备碳纳米管的装置

3. 化学气相沉积法 CVD（催化热解法）

气相生长碳纳米管的方法与气相生长碳纤维类似。用化学气相沉积法（CVD 法）制备碳纳米管具有成本低、产量大、简单易行等特点，适合于大批量生产。

CVD 法是采用含碳气体作为碳源，在 500～1200℃ 的高温下，含碳气体在催化剂颗粒上经过分解、扩散和析出，生长出碳纳米管。碳源气体有很多种，甲烷、乙烯、乙炔、丙烯、苯、正己烷以及 CO 等，其中乙

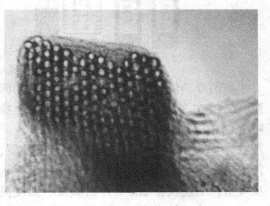

图9-11　激光蒸发法制备的
单壁碳纳米管束的 TEM 照片

炔和甲烷使用较多。不同的气体活性差异较大，制得的碳纳米管的结构和性能也有所不同。此外，不同的碳源气体在不同的催化剂上表现不同。在催化合成碳纳米管时，选择合适的催化剂非常关键，碳纳米管的直径与催化剂的颗粒大小密切相关。一般来讲，催化剂颗粒的尺寸必须是纳米级的，如果催化剂颗粒尺寸过大，就不能形成碳纳米管，而只能生长出碳纤维。

采用较多的金属催化剂有 Fe、Co、Ni、La、Mg 等。CVD 法制备碳纳米管根据催化剂引入方式不同主要分为三种：基种法、喷淋法和浮动催化法。喷淋法是将催化剂溶解于液体碳源中，在反应炉温度达到生长温度时，利用泵将溶有催化剂的碳源直接喷洒到反应炉内。

基种法制备碳纳米管的装置简图如图 9-12 所示。把催化剂放于石英玻璃管内的瓷舟或石英舟中，首先通入 N_2 或 Ar 气，在适当温度下通入氢气，氢气作为还原气与金属氧化物反应，还原出纳米金属催化剂，在合成温度下通入碳源气体，在催化剂作用下碳源气体裂解形成自由碳原子，并沉积在催化剂上形成碳纳米管。图 9-13 是典型的的基种法制备的多壁碳纳米管。此法操作简单，但效率不高。

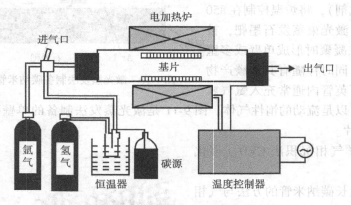

图 9-12　基种法制备碳纳米管的装置简图

所谓浮动催化法，是以苯或正己烷为碳源，二茂铁（Fe（C_5H_5）$_2$）为催化剂，噻吩（C_4H_4S）作助剂，将反应溶液（苯＋二茂铁＋噻吩）通入反应室前端的蒸发器，使溶液蒸发，并随载气（氢气）一起引入反应室，二茂铁在 200℃ 开始蒸发，温度高于 400℃ 时开始分解，反应入口处温度较低，反应室中合成温度为 1000 ~ 1200℃，二茂铁随载气逐渐被加热分解出铁原子并聚集成纳米铁颗粒浮游在反应空间，碳原子在催化剂上生长出碳纳米管。

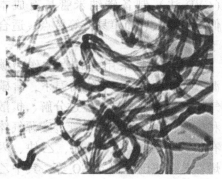

图 9-13　基种法制备的多壁碳纳米管
（700℃，C_2H_2，LaCo 合金催化剂）

用 CVD 法，通过控制工艺参数及催化剂既可制备出多壁碳纳米管，也可制备出单壁碳纳米管。此外，采用 CVD 法能够实现碳纳米管的定向生长（图 9-14），并且可以按照人们的意愿形成一维、二维及三维空间的规则排列。目前已制备出各种各样的碳纳米管，例如，长度达2mm 的定向多壁碳纳米管（图 9-14a），直径仅有 0.4nm 极细的单壁碳纳米管；由长度微米量级的单壁碳纳米管构成的头发丝粗细的长绳（图 9-15）；单壁碳纳米管编织成的布等。

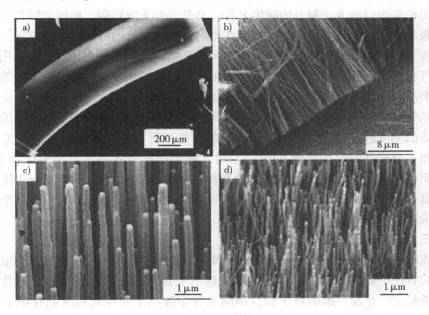

图 9-14　定向多壁碳纳米管

a）2mm 长定向 MWCNTs　b）PECVD 生长的 MWCNTs

c）200～300nm 定向碳纳米管　d）40～50nm 定向碳纳米管

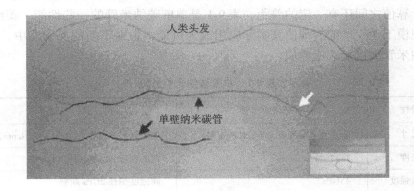

图 9-15　由长度微米量级的单壁碳纳米管构成的头发丝粗细的长绳

除上述三种主要制备碳纳米管的方法外，还有其他几种方法，如电解法、球磨法、火焰法、离子束法（电子束）辐射法等，但用这些方法制备的碳纳米管的产量和质量都很低。

4. 碳纳米管的纯化

无论采用何种方法制备的碳纳米管，总是含有无定形碳、碳纳米颗粒及催化剂颗粒等杂质，这些非碳纳米管的存在影响到碳纳米管的性能研究和应用。因此有必要对碳纳米管进行纯化。提纯碳纳米管有物理法和化学法，研究和使用较多的是气相氧化法和液相氧化法。氧化法主要利用碳纳米管和无定形碳、碳纳米颗粒等杂质的氧化速率的差异，以达到纯化的目的。用不同方法制备的多壁或单壁碳纳米管，其抗氧化能力差异较大，所含的杂质也不同，因此需选择合适的方法及合适的温度进行处理。将电弧法制备的碳纳米管样品直接在 800～900℃ 空气中加热，当样品的损失率达 99% 以上时，残留的样品才基本上全是碳纳米管。其主要原因是碳纳米颗粒与碳纳米管交织在一起，它们与空气反应的选择性较差。鉴于各种纯化方法并不能完全达到理想的纯化目的，研究人员一直在努力研究直接制备出高纯度的碳纳米管的方法。

三、碳纳米管的性能与应用

碳纳米管的独特结构使其具有许多特异的物理、化学及力学性能。单壁碳纳米管的直径一般分布在 0.6～2nm，多壁碳纳米管的直径不超过 50nm，且具有很大的长径比，是准一维的量子线。碳纳米管中碳原子在径向被限制在纳米尺度内，其 π 电子将形成离散的量子化能级和束缚态波函数，因此产生量子物理效应，对系统的物理和化学性能产生一系列的影响。同时，封闭的拓扑构形及不同的螺旋结构等因素导致的一系列独特特征，使碳纳米管具有大量极为特殊的性质。但是，由于受在纳米尺度上操作的限制，碳纳米管的许多性能的实验数据与理论计算值之间还有一定的差距，表 9-1 是单壁碳纳米管的一些性能。碳纳米管的大规模工业生产的实现使其实际应用成为可能，正在不断的探索之中。表 9-2 是碳纳米管的可能应用领域。

表 9-1　单壁碳纳米管特性

特性	单壁碳纳米管	比　　较
尺寸	直径通常分布在 0.6～1.8nm 间	电子束刻蚀可产生 50nm 宽、几 nm 厚的线
密度	$1.33～1.40g/cm^3$	铝的密度为 $2.9g/cm^3$
抗拉强度	45GPa	高强度钢在 2GPa 断裂
抗弯性能	可以大角度弯曲不变形，回复原状	金属和碳纤维在晶界处破裂
载流容量	估计 $1GA/cm^2$	铜线在 $1000kA/cm^2$ 时即烧毁

（续）

特性	单壁碳纳米管	比　　较
场发射	电极间隔1μm时，在1～3V可以激发荧光	钼尖端发光需要50～100V/μm，且发光时间有限
热导率	室温下有望达到6000W/（m·K）	金刚石为6000W/（m·K）
温度稳定性	真空中可稳定至2800℃ 空气中可稳定至750℃	微芯片上的金属导线在600～1000℃时熔化

表9-2　碳纳米管的可能应用领域

尺度范围	领　域	应　　用
纳米技术	纳米制造技术	扫描探针显微镜的探针，纳米类材料的模板，纳米泵，纳米管道，纳米钳，纳米齿轮和纳米机械的部件等
	电子材料和器件	纳米晶体管，纳米导线，分子级开关，存储器，微电池电极，微波增幅器等
	生物技术	注射器，生物传感器
	医药	胶囊（药物包在其中并在有机体内输运及放出）
	化学	纳米化学，纳米反应器，化学传感器等
宏观材料	复合材料	增强树脂、金属、陶瓷和炭的复合材料，导电性复合材料，电磁屏蔽材料，吸波材料等
	电极材料	电双层电容（超级电容），锂离子电池电极等
	电子源	场发射型电子源，平板显示器，高压荧光灯
	能源	气态或电化学储氢的材料
	化学	催化剂及其载体，有机化学原料

1. 力学性能

由于石墨中的 C＝C 键是自然界最强的价键，而碳纳米管可看作是由石墨烯片卷曲而成，因此碳纳米管具有极高的轴向强度，可能高于已知的任何一种材料。可以采用各种理论来计算碳纳米管的弹性模量与强度，还可通过一些模拟方法如分子动力学过程模拟碳纳米管的变形与断裂过程。不同理论计算的结果尽管有差异，但结果均表明碳纳米管的弹性模量在1TPa左右，约为钢的5倍，与金刚石的弹性模量几乎相同。碳纳米管的弹性应变约为5%，其断裂过程不是脆性断裂，具有一定的塑性，能承受大于40%的应变，理论计算的泊松比在0.15～0.28之间。

直接准确的测量碳纳米管的力学性能还有一定的难度，但越来越多的实验结果说明碳纳米管具有极高的弹性模量与强度。对单根碳纳米管力学性能的测量估算，通常是在电子显微镜下进行，例如，利用原子力显微镜探针测量碳纳米管的弹性模量（悬臂梁模型或简支梁模型）或设法使碳纳米管在透射电子显微镜中发生振动，测量振动频率，从而估算碳纳米管的弯曲模量。图9-16是在扫描电子显微镜下拉伸单根多壁碳纳米管的过程，首先要将碳纳米管粘在原子力显微镜的探针尖端，接着在扫描电镜内进行加载。对于成束生长的碳纳米管，其尺寸已达宏观长度，能方便地进行宏观手工操作，可直接测量其力学性能。不同碳纳米管和不同试验方法得出的实验结果差异较大，抗拉强度的实验数据在几个GPa到几十GPa之间。碳纳米管是人类发现的强度最高的纤维，它的强度是碳纤维的数倍以上，将是一种很有潜力的复合材料增强体。但是迄今为止，碳纳米管复合材料的研究结果并不令人满意，没有达到比较理想的增强效果。碳纳米管比较可行的应用是作为原子力显微镜和扫描隧道显微镜的探针。使用碳纳米管作探针可提高电子显微镜的分辨率，延长探针的使用寿命。置单根碳纳米管于探针尖端是一项比较困难的工作，可用化学气相沉积直接在硅尖端生长碳纳米管，如图9-17所示。

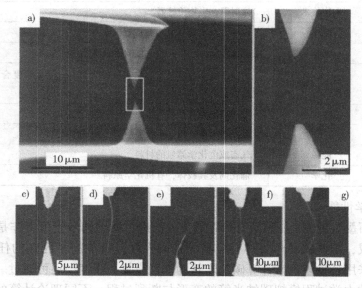

图9-16　扫描电子显微镜下拉伸单根多壁碳纳米管的过程

a）多壁碳纳米管粘在原子力显微镜探针尖端　b）为a）的局部放大图

c）拉伸前　d）断裂后上部　e）断裂后下部

f）开始加载　g）最外层发生拔出而弯曲

2. 电学性能

石墨烯层片的碳原子之间是sp^{2}杂化，每个碳原子有一个未成对电子位于垂直于层片的π轨道上，相邻原子的电子π轨道相互重叠形成大π键，因此电子

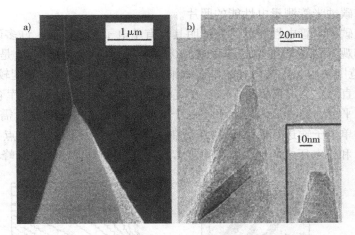

图 9-17 单壁碳纳米管作为原子力显微镜的探针

a) SEM b) TEM

主要在石墨片层中运动，高定向石墨层片的电阻率在室温下为 $0.44\mu\Omega \cdot m$，而在层间电阻很大。碳纳米管的导电性与其结构密切相关，可能是导体，也可能是半导体，取决于管的直径（d）和螺旋角（θ）。通过对单壁碳纳米管电子能带结构的计算表明，当单壁碳纳米管（n, m）满足（$2n + m$）/3 为整数时，单壁碳纳米管表现为金属性，否则为半导体性。（n, n）扶手椅型单壁碳纳米管总是金属性的，而（$n, 0$）锯齿型单壁碳纳米管仅当 n 是 3 的整数倍时是金属性的。随螺旋矢量（n, m）不同，单壁碳纳米管的能隙宽度可以从接近零（金属）连续变化至 1eV（半导体）。目前尚无任何物质像碳纳米管这样可以容易地调节其导电性能。由于单壁碳纳米管的直径只有 1nm 左右，电子在其中的传输过程存在量子效应，直径较小的多壁碳纳米管也表现出量子传输特性。碳纳米管由于其纳米尺寸，互相缠绕难于分散及其导电性与结构相关，要分离出单根的碳纳米管进行测试比较困难，通常是在电子显微镜下设法进行测试。实验测量的不同碳纳米管的电阻差异很大，而且与温度有关。碳纳米管中的缺陷同样对导电性有影响，管壁上存在的缺陷会急剧降低碳纳米管的导电能力，完美碳纳米管的电阻要比有缺陷的碳纳米管的电阻小一个数量级甚至更多。图 9-18 是在原子力显微镜

图 9-18 在原子力显微镜下连结单壁
碳纳米管测量电性能的照片

下连结单壁碳纳米管测量电性能的照片。

对单壁碳纳米管电性能的研究证明其具有单电子输送特征，许多研究者在各种条件下都观察到不同类型的单壁碳纳米管的这种现象。图 9-19 是在 290K ~ 1.3K 温度范围采用 4 点法得到的单壁碳纳米管束的 I-U 关系。温度较高时，I-U 关系近似成直线；当温度低于 10K，在直流偏压 U = 0 附近，由于库仑阻塞效应曲线出现一平台，当直流偏压低于使一个电子增加到碳纳米管中所需的电压时，管束将发生单电子输送现象。图 9-20 是在 1.3K 时，图 9-19 中接触点 2 和 3 间管束的电导 G 和栅电压之间的关系。电导 G 随栅电压变化而出现振荡峰。

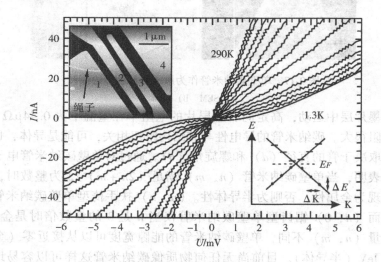

图 9-19　2 和 3 接触点间不同温度下单壁碳纳米管束的 I-U 关系

左上图为原子力显微镜照片，管束直径 12nm，包含约 60 根直径 1.4nm 的单壁碳纳米管。

3. 场发射性能

评价材料场发射性能的主要指标有：开启电压、阈值、场发射电流密度与稳定性、场发射电子的能量分布、场发射图像的均匀性和使用寿命等。开启电压是指当场发射电流密度达到 $10\mu A/cm^2$ 时的电场强度。当场发射电流密度达到 $10mA/cm^2$ 时的电场强度定义为阈值电压，平板显示器需达到场发射电流密度 $10mA/cm^2$ 才有应用价值。碳纳米管的独特结构和性能以及良好的化学稳定性使其成为比较理想的

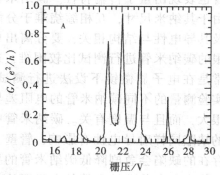

图 9-20　图 9-19 中接触点 2、3 间管束的电导 G 与栅电压之间的关系（T = 1.3K）

场发射材料。CNT 阈值电压远低于金刚石薄膜的阈值电压。目前已对各种各样的碳纳米管的场发射性能进行了研究，例如，单根或数根 SWCNT 或 MWCNT、薄膜状碳纳米管、束状碳纳米管以及定向生长碳纳米管等。表9-3 是不同研究者得到的碳纳米管的场致发射性能。影响碳纳米管场发射性能的因素很多，如管的几何结构等。一般讲，多壁管的场发射性能优于单壁管，相同电场下开口多壁碳纳米管的场致发射电流高于闭口的。碳纳米管排列密集时，会出现对电场的屏蔽现象，因此定向生长时需设法控制碳纳米管之间的距离使其达到最佳条件。环境气氛对碳纳米管的电子发射也有影响，真空度越高，碳纳米管场发射电流的稳定性越高。O_2 等气体分子的存在不利于场发射稳定性。碳纳米管平板显示器样品已在数家实验室中制成，但实现商品化尚有许多问题需要解决。

表9-3　多壁碳纳米管的场发射性能

碳纳米管场发射材料的类型和特性				开启电场 $E_{to}/(\text{V} \cdot \mu\text{m}^{-1})$	阈值 $E_{thr}/(\text{V} \cdot \mu\text{m}^{-1})$
碳纳米管类型	阴极制备方法	阳极形式	间距/μm		
单根多壁碳纳米管	电弧法	法拉第环	1000	4.0	6.5
数根多壁碳纳米管		φ3mm 圆柱形	1000	—	—
纤维状多壁碳纳米管	流动催化剂法、定向	ITO 透明阳极	约3000	0.16	0.20
片状多壁碳纳米管	流动催化剂法、定向	ITO 透明阳极	约1500	0.19	0.25
多壁碳纳米管薄膜	电弧法、闭口	φ3mm 圆柱形	—	2.6	4.6
	电弧法、开口		—	4.5	30
	催化分解法		—	5.6	14
定向多壁碳纳米管	催化分解法、开口	铜电极	450~600	0.6~1	2~2.7
	化学气相沉积法	ITO 导电玻璃	约200	—	—
碳纳米管陈列	定位化学气相沉积	φ100μm 钨尖		4.8	6.5
	催化分解法	镀铝硅片	200	—	4.8~6.1
碳纳米管复合材料	多壁纳米管与环氧树脂1:1 混合固体	ITO 导电玻璃	100	1.5~4.5	

第四节 纳米金刚石膜

大多数金刚石膜是采用化学气相沉积法合成，这种金刚石膜是由微米级多晶组成，膜面粗糙，韧性较差，由于其高硬度及极高的电阻率，使得后续加工难度很大。纳米金刚石膜除了具有微米金刚石膜的性能外，还表现出一些新的优异性能，如较高的韧性、细的表面粗糙度、低场发射开启电压等，应用前景非常广阔。

一、微米金刚石薄膜

20 世纪 50 年代就开始了人工合成金刚石的研究，金刚石薄膜的研究也有 30多年的历史。随着化学气相沉积技术的发展，制备出了高质量的金刚石薄膜。目前用 CVD 法以氢气作为主要反应气体合成金刚石膜的方法有：微波等离子增强CVD（MPECVD）、热丝 CVD（HFCVD）、直流电弧等离子体 CVD、电子回旋共振 CVD（ECRCVD）法等。以氢气和另一种碳源（甲烷、丙酮等）为主要反应气体生成的金刚石膜是微米级的多晶，如图 9-21a 所示。

1. 微波等离子体增强 CVD

该方法的典型情况是以一定直径的石英玻璃管为沉积室，以氢气与甲烷的混合气体为反应源气通入反应室内。微波通过波导管输入反应室，使氢气与甲烷气体在反应室发生辉光放电，从而在基片上沉积出金刚石薄膜。通常工作条件为：基片温度 600~1000℃，微波功率 300~700W，微波频率 2.45GHz，反应室压力 $4.6 \times 10^3 Pa$，气体流量 10~200ml/min，甲烷的体积分数为 0.5%~5.0%。

微波等离子体 CVD 法的特点是用微波功率馈入激励辉光放电，能够在很宽的气压范围内产生稳定的等离子体，电子密度高，激活的原子氢的浓度大，因此所沉积的金刚石薄膜质量好。

2. 热丝 CVD 法

该方法是把氢气与甲烷的混合气输入到被加热的反应室内，用直流电源加热位于基片上方的钨丝到 2000℃。甲烷输送到热钨丝附近被分解，在基片上沉积出金刚石薄膜。反应室温度为 700~900℃、压力为 $10^3 ~ 10^5 Pa$，甲烷浓度和基片温度对金刚石薄膜的结构、质量和生长速率影响较大。

金刚石薄膜具有优异的物理性质和较低的制备成本，并且能够致密地沉积在较大面积的基片上。用 CVD 法制备的微米级金刚石膜，其力学、热学、光学等物理性质已接近天然金刚石，在许多领域都有应用。由于金刚石薄膜的极高硬度，可用于作工具和工件的涂层，大幅提高其使用寿命。金刚石薄膜的高热导率和绝缘性使其成为理想的绝缘散热材料，可应用于集成电路、功率电子器件和功率光电子器件的芯片散热，良好的散热性使各种光电子器件的输出功率显著增加。金刚石薄膜作为光学材料，可用于各种元件的镀层和 X 射线探测器的超薄窗口。金刚石薄膜化学惰性极高，并从紫外光（UV）到远红外（FIR）光均可透过。这使它非常适合于作为光学保护涂层，甚至可以用作 IR 窗口，微米金刚石膜表面粗糙会引起光散射，因此必须解决微米金刚石膜表面粗糙的问题。金刚石薄膜经过掺杂可以从绝缘体到半导体，在电子器件上具有许多潜在的用途，应用的主要障碍是微米金刚石薄膜的粗糙度和缺陷。

二、纳米金刚石膜的合成

沉积金刚石膜的形貌、性能取决于反应气体、气体混合比率和基片温度。当 CH_4 分压较低时，可获得主要以 sp^3 杂化的晶体金刚石膜；随 CH_4 分压增加，晶体的形貌消失，形成低质量、更无序的膜，这种膜的结构由无定形碳、无序石墨以及金刚石纳米颗粒组成。最近几年发现，在一定条件下可以生长出具有更光滑表面及更优良电性能的纳米金刚石膜。

微波等离子体增强 CVD 在有氢气或无氢气的条件下以氩气或氮气为主要气体，用甲烷或 C_{60} 为碳源，当氩气或氮气浓度超过大约 90% 时可以生长出纳米金刚石膜，氩气或氮气浓度低于 90% 时只能形成微米级的膜。在纳米金刚石生长中，C_2 原子团起着重要的作用。C_2 是碳氢化合物在等离子体中通过非平衡过程形成，活性极高。在不同条件下，C_2 可以转变为金刚石也可形成其他碳产物如石墨等。图 9-21b 是用 MPECVD 法生长的纳米金刚石膜的照片。膜的质量随着氢原子浓度变化，但薄膜通常有较多缺陷，主要是孪晶和层错。薄膜主要是 sp^3 杂化，在晶界有 1% ~2% sp^2 杂化。纳米金刚石膜的最基本条件是其晶粒尺寸在几个到几百纳米之间；膜厚应在 $3\mu m$ 以上。用 CVD 法生长金刚石时，膜厚小于 $1\mu m$ 时晶粒尚未长大，当然是纳米级的；当膜的厚度超过 $1\mu m$，只有生长过程中仍然保持很高的形核速率才能保证纳米金刚石均匀稳定生长。此外，非金刚石成分要小于 5%，这是纳米金刚石膜与其他类型碳膜的重要区别，只有确定了金刚石所占比例，才能判定是否生长出了纳米金刚石膜。

除微波等离子体增强 CVD 法外，其他 CVD 法如热丝 CVD、直流电弧等离子体 CVD 等在一定的条件下也可制备出纳米金刚石膜。

三、纳米金刚石膜的性能与应用

与微米 CVD 金刚石膜相比，纳米金刚石膜具有更优良的性能。纳米金刚石膜的晶粒尺寸一般在几到几十纳米，表面粗糙度很细，硬度高，摩擦因数低，耐磨性好。

金刚石具有高的化学惰性并且光学透明，对于在恶劣环境下的红外光学，金刚石是理想的镀层。金刚石光学镀层最重要的品质是表面光滑，表面粗糙会引起光散射，降低分辨率和透明度。可通过两种途径获得光滑金刚石膜：一是抛光粗糙的表面；二是直接生长出光滑的表面。$1\mu m$ 厚的纳米金刚石其表面粗糙度为

$R_a 8 \sim 40nm$，在此粗糙度范围内可见光仅有极少量透射损耗，而在红外光范围则无损失。

纳米金刚石膜具有更好电子发射性能，场发射开启电压较低。纳米金刚石膜场发射性能优于微米薄膜的原因是其不完整的晶体结构和含有更多的缺陷。以富勒烯碳源生长的薄膜的阈值电压介于 $2 \sim 60V/\mu m$。阈值取决于薄膜生长时等离子体中氢的浓度，氢的浓度影响薄膜的形貌和导电性。具有很低的阈值电压的金刚石薄膜，通常其结构极不完整。氮掺杂纳米金刚石膜也显示出极佳的场发射性能，开启电压只有 $3V/\mu m$，氮原子的 n 型掺杂引入电子能隙促进了膜表面电子发射。

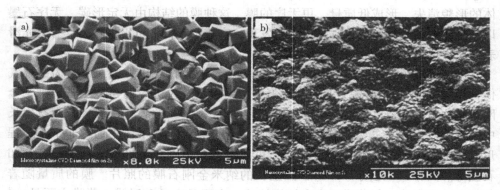

图 9-21　微米金刚石膜和纳米金刚石膜
a）微米金刚石膜　b）纳米金刚石膜

思 考 题

1. 从碳同素异形体的结构、杂化、键合出发，分析其性能差异。
2. 分析碳纳米管的结构与形态对其性能的影响。
3. 分析比较石墨、金刚石、碳纳米管、无定形碳、富勒烯的稳定性。
4. 比较多壁碳纳米管与单壁碳纳米管制备方法的异同。
5. 试述纳米金刚石膜的形成条件及鉴别方法。

参 考 文 献

1　H Gleiter. Nanostructured Materials：Basic Concepts and Microstructure. Acta Mater.，2001（48）：1～29

2　ZhongLin Wang, et al. Handbook of Nanophase and Nanostructured Materials—Characterization. synfhesis. Beijing：Tsinghua University Press & Kluwer Academic/Plenum Publishers，2002

3　朱静 等编．纳米材料和器件．北京：清华大学出版社，2003

4　S Ranganathan et al. Interface Structures in Nanocrystalline Materials. Scripta Mater.，2001（44）：1169～1174

5　B Fultz, H N Frase. Grain Boundaries of Nanocrystalline Materials-their Widths, Compositions, and Internal Structures. Hyperfine Interactions, 2000（130）：81～108

6　张立德 主编．纳米材料和纳米结构．北京：科学出版社，2001

7　H Gleiter. Nanocrystalline Materials：a Way to Solids with Tunable Electronic Structures and Properties. Acta Mater.，2001（49）：737～745

8　T G G Muffe：s et al. Nano-crystalline SnO_2 Gas Sensor Response to O_2 and CH_4 at Elevated Temperature Investigated by XPS. Surface Science, 2002（520）：29～34

9　麦振洪 等．微乳液技术制备纳米材料．物理，2001，30（2）：106～110

10　B Lee, et al. Preparation, Structure Evolution and Dielectric Properties of $BaTiO_3$ Thin Films and Powders by an Aqueous Sol-Gel Process. Thin Solid Films, 2001（388）：107～113

11　R Z Valiev, N A Krasilnikov, N K Tsenev. Plastic Deformation of Alloys with Submicron-grained Structure. Mater. Sci. Eng. A, 1991（137）：35～40

12　L Lu, et al. Superplastic Extensibility of Nanocrystalline Copper at Room Temperature. Science, 2000（287）：1463～1466

13　Wang Wei. Modeling and Simulation of the Dynamic Progress in High Energy Ball Milling of Metal Powders. The University of Waikato Te Whare Wananga o Waikato, 2000

14　容建华等．聚合物有序孔凝胶模板制备三维有序二氧化钛材料．科学通报，2002，47（18）：1385～1389

15　S Y Chou, et al. Sub-10 nm Imprint Lithography and Applications. Journal of Vacuum Science and Technology B, 1997, 15（6）：2897～2904

16　王中林．单个纳米结构的性能测量．自然科学进展，2000，10（7）：586～597

17　K Lu. Nanocrystalline Metals Crystallized from Amorphous Solids：Nanocrystallization, Structure, and Properties. Master. Sci. Eng. R, 1996（16）：161～221

18　W P Tong, et al. Nitriding Iron at Lower Temperatures. Science, 2003（299）：686～688

19 P G Sanders, Youngdahl C J, et al. The Strength of Nanocrystalline Metals with and without Flaws. Mater. Sci. and Eng. A, 1997 (234-236): 77 ~ 82

20 C Koch ed. Nanostructured Materials. Noyes Publication, 2001

21 X. J Wu et al. Synthesis and Tensile Property of Nanocrystalline Metal Copper. Nanostructured Materials, 1999 (12): 221 ~ 224

22 卢柯, 卢磊. 金属纳米材料力学性能的研究进展. 金属学报, 2000, 36 (8): 785 ~ 789

23 沈阳材料科学国家 (联合) 实验室 2001 年度报告.

24 李戈扬 等. W/Mo 纳米多层膜的界面结构与超硬效应. 稀有金属材料与工程, 2003, 32 (1): 1 ~ 4

25 A Inoue, et al. High-strength Aluminium Alloys Containing Nanoquasicrystalline Particles. Mater. Sci. and Eng. A, 2000 (286): 1 ~ 10

26 Y-H Kim, et al. Ultrahigh Mechanical Strength of $Al_{88}Y_2Ni_{10-x}M_x$ (M = Mn, Fe or Co) Amorphous Alloys Containing Nanoscale fcc-Al Particles. Mater. Trans., JIM, 1991, 32 (7): 599 ~ 608

27 Y Kawamura, H Mano, et al. Nanocrystalline Aluminium Bulk Alloys with a High Strength of 1420MPa Produced by the Consolidation of Amorphous Powders. Scripta Mater., 2001 (44): 1599 ~ 1604

28 N Wang, Z Wang, et al. Room Temperature Creep Behavior of Nanocrystalline Nickel Produced by an Electrodeposition Technique. Mater. Sci. and Eng. A, 1997 (237): 150 ~ 158

29 F A Mohamed, et al. Creep and Superplasticity in Nanocrystalline Materials: Current Understanding and Future Prospects. Mater. Sci. and Eng. A, 2001 (298): 1 ~ 15

30 B Cai, et al. Low Temperature Creep of Nanocrystalline Pure Copper. Mater. Sci. and Eng. A, 2000 (286): 188 ~ 192

31 B Cai, Q P Kong, et al. Creep Behavior of Cold-rolled Nanocrystalline Pure Copper. Scripta Mater., 2001 (45): 1407 ~ 1413

32 S X M Fadden, et al. Low-temperature Superplasticity in Nanostructured Nickel and Metal Alloys. Nature, 1999 (398): 684 ~ 686

33 H Tanimoto, S Sakai, et al. Mechanical Property of High Density Nanocrystalline Gold Prepared by Gas Deposition Method. Nanostructured Materials, 1999 (12): 751 ~ 756

34 Y Liu, et al. Negative Temperature Coefficient of Resistivity in Bulk Nanostructured Ag. Journal of Mater. Sci. Technol., 2000, 16 (5): 521 ~ 524

35 I P Batra. From Uncertainty to Certainty in Quantum Conductance of Nanowires. Solid State Communications, 2002 (124): 463 ~ 467

36 N. Agraït, et al. Quantum Roperties of Atomic-sized Conductors. Physics Reports, 2003 (377): 81 ~ 279

37 V Rodrigues, et al. Signature of Atomic Structure in the Quantum Conductance of Gold Nanowires. Physical Review Letters, 2000, 85 (19): 4124 ~ 4127

38 V Rodrigues, D Ugarte. Quantum Conductance Properties of Metal Nanowires. Mater. Sci. and Eng. B, 2002 (96): 188 ~ 192

39　M Shimizu, et al. Conductance Quantization in Ferromagnetic Ni Nano-constriction. Journal of Magnetism and Magnetic Materials, 2002 (239): 243~245

40　J L Coata-Krämer, et al. Conductance Quantization in Nanowires Formed Between Mirco and Macroscope Metallic Electrode. Physical Review B, 1997, 55 (8): 5416~5424

41　N Garcia, et al. Giant Conductance Response to Light Pulses in Metallic Nanowires. Surface Science, 1998 (407): L665~670

42　江鹏 等. 单电子隧穿器件的研究进展. 真空科学与技术, 2001, 21 (4): 303~310

43　夏建白. 单电子效应与单电子晶体管. 物理, 1995, 24 (7): 391~395

44　郭维廉. 固体纳米电子器件和分子器件. 微纳电子技术, 2002, (4): 1~7

45　宗福拜 等. 材料物理基础, 上海: 复旦大学出版社, 2001

46　B Lee, et al. Structure Evolution and Dielectric Properties of BaTiO$_3$ Thin Films and Powders by an Aqueous Sol—Gel Process. Thin Solid Films, 2001 (388): 107~113

47　徐润 等. 溶胶-凝胶法制备 BaTiO$_3$/SrTiO$_3$ 多层膜的介电增强效应. 物理学报, 2002, 51 (5): 1135~1142

48　Zhonglin Wang, et al. Handbook of Nanophase and Nanostructured Materials——Materials System amd Application (Ⅰ)、(Ⅱ). Beijing: Tsinghua University Press & Kluwer Academic/Plenum Publishers, 2002.

49　冯端等. 金属物理学. 第四卷超导电性和磁性. 北京: 科学出版社, 1998

50　方道来 等. NiFe$_2$O$_4$ 纳米晶的制备及表面效应对其比饱和磁化强度的影响. 材料科学与工程, 2001, 19 (1): 86~89

51　田民波 编著. 磁性材料. 北京: 清华大学出版社, 2001

52　高汝伟 等. 纳米复合永磁材料的有效各向异性与矫顽力. 物理学报, 2003, 52 (3): 703~707

53　高汝伟等. 纳米晶复合永磁材料的交换耦合相互作用和磁性能. 物理学进展, 2001, 21 (3): 131~155

54　王正良, 陈善飞. 磁性液体在磁场中产生光的双折射的效应机理. 光学技术, 2003, 29 (1): 119~124

55　腾荣厚. 浅谈磁性液体. 粉末冶金工业, 2001, 11 (5): 48~49

56　刘思林. 金属磁性液体的制备. 功能材料, 2003, 31 (4): 369~376

57　Kaigui Zhu, et al. Preparation and Optical Absorption of InSb Microcrystallite Embedded In SiO$_2$ Thin Films. Solid State Communication, 2 (1998): 79~84

58　S Nakamura. Int. Symp. On Blue LD and LED. China univ., Japan, March5~7, 1996

59　阎守胜, 甘子钊. 介观物理. 北京: 北京大学出版社, 1995

60　B Damilano, N Grandjean, J Massies, F Semond. GaN and GaInN Quantum Dots: an Efficient Way to Get Luminescence in the Visible Spectrum Range. Applied Surface Science, 2000 (164): 241~245

61　钱士雄, 王恭明. 非线性光学——原理与进展. 上海: 复旦大学出版社, 2001

62　L J Brillson, S T Bradley, S H Goss, et al. Low-energy Electron-excited Nanoluminescence Studies of GaN and Related Materials. Applied Surface Science, 2002 (190): 498~507

63 关柏欧 等. 半导体纳米材料的光学性能及研究进展. 光电子·激光3, 1998

64 吴锦雷. 纳米材料的电学、光学和光电性能及应用前景. 真空电子技术, 2002, 27 (4)

65 李旦振 等. 纳米二氧化钛的光致发光. 材料研究学报, 2000, 14 (6): 639~642

66 尹荔松 等. 纳米 TiO_2 粉晶的光学特性研究. 电子学报, 2002, 30 (6): 808~810

67 F R Ding, et al. Zn Channeled Implantation in GaN: Damages Investigated by Using High Resolution XTEM and Channeling RBS. Materials Science and Engineering B, 2003 (98): 70~73

68 颜严. 室温紫外纳米线纳米激光器. 激光与光电子进展, 2002, 39 (6): 37~39

69 蒋治良 等. 金纳米粒子的非线性共振散射及光强度函数研究. 无机化学学报, 2001, 17 (3): 355~360

70 Jun Zhang, Feihong Jiang. Catalytic Growth of Ga_2O_3 Nanowires by Physical Evaporation and their Photoluminescence Properties. Chemical Physics, 2003 (289): 243~249

71 G Dewar. Candidates for $\mu < 0$, $\varepsilon < 0$ Nanostructures. International Jounal of Modern Physics B, 2001, 24 (5): 3258~3265

72 Garcia 1, M Nieto-Vesperinas. Left-Handed Materials Do Not Make a Perfect Lens. Physical Review Letters, 2002, 88 (20): 207403-1~207403-4

73 S O'Brien, J B Pendry. Magnetic Activity at Infrared Frequencies in Structured Metallic Photonic Crystals. J. Phys.: Condens. Matter., 2002 (14): 6383~6394

74 Viktora Podolskiy. Plasmon Modes and Negative Refraction in Metal Nanowire Composites. Optics Express, 2003, 11 (7): 735~745

75 Linfang Shen, Sailing He. Studies of Imaging Characteristics for a Slab of a Lossy Left-handed Material. Physics Letters A, 2003 (309): 298~305

76 沈学础. 半导体光谱和光学性质. 北京: 科学出版社, 2002

77 方容川. 固体光谱学. 北京: 中国科学技术大学出版社, 2001

78 L Zhang, et al. Superheating of Confined Pb Thin Films. Physical Review Letters, 2000 (85): 1484

79 K Lu, et al. Melting and Superheating of Low-dimensional Materials. Current Opinion in Solid and Materials Science, 2001 (5): 39~44

80 刘静 编著. 微米/纳米尺度传热学. 北京: 科学出版社, 2001

81 L H Qian, et al. Microstrain Effect on Thermal Properties of Nanocrystalline Cu. Acta Materalia, 2002 (50): 3425~3434

82 L Lu, et al. Comparison of the Thermal Stability between Electro-deposited and Cold-rolled Nanocrystalline Copper Samples. Mater. Sci. Eng. A, 2000 (286): 125

83 Y H Zhao, et al. Microstructural Evolution and Thermal Properties in Nanocrystalline Fe during Mechanical Attrition. Acta materialia, 2001 (49): 365~375

84 K Lu, et al. Experimental Evidences of Lattice Distortion in Nanocrystalline Materials. Nanostructured Materials, 1999 (12): 559~562

85 K Lu. Nanocrystalline Metals Crystallized from Amorphous Solids: Nanocrystalline, Structure, and Properties. Mater. Sci. Eng. R, 1996 (16): 161~221

86 高濂 等编著. 纳米氧化钛光催化材料及应用. 北京: 化学工业出版社, 2002

87　S Anandan, et al. Photocatalytic Activities of the Nano-sized TiO₂-supported Y-zeolites. Journal of Photochemistry and Photobiology C: Photochemistry Reviews, 2003 (4): 5~18

88　代富平 等. 非晶态 WO₃ 薄膜电致变色特性的研究. 物理学报, 2003, 52 (4): 1003~1008

89　C G Granqvist. Electrochromic Tungsten Oxide Films: Review of Progress 1993~1998. Solar Energy Materials & Solar Cells, 2000 (60): 201~262

90　A Antonaia, et al. Improvement in Electrochromic Response for an Amorphous: Crystalline WO₃ Double Layer. Electrochimica Acta, 2001 (46): 2221~2227

91　L Meda, et al. Investigation of Electrochromic Properties of Nanocrystalline Tungsten Oxide Thin Film. Thin Solid Films, 2002 (402): 126~130

92　孟莉莉 等. 光电变色器件用 TiO₂ 薄膜研究. 电子器件, 2003, 26 (1): 39~45

93　S Ampuero, et al. The Electronic Nose Applied to Dairy Products: a Review. Sensors and Actuators B, 2003 (94): 1~12

94　S G Ansari, et al. Grain Size Effects on H₂ Gas Sensitivity of Thick Film Resistor Using SnO₂ Nanoparticles. Thin Solid Films, 1997 (295): 271~276

95　R Dolbec, et al. Influence of the Nanostructural Characteristics on the Gas Sensing Properties of Pulsed Laser Deposited Tin Oxide Thin Films. Sensors and Actuators B, 2003 (93): 566~571

96　T Hyodo, et al. Gas-sensing Properties of Ordered Mesoporous SnO₂ and Effects of Coatings Thereof. Sensors and Actuators B, 2003 (93): 590~600

97　G li, et al. MCM-41 modified SnO₂ Gas Sensors: Sensitivity and Selectivity Properties. Sensors and Actuators B, 1999 (59): 1~8

98　M W Ackley, et al. Application of natural zeolites in the purification and separation of gases. Mircoporous and Mesoporous Materials, 2003 (61): 25~42

99　R S Boeman. Applications of Surfactant-modified Zeolites to Environmental Remediation. Mircoporous and Mesoporous Materials, 2003 (61): 43~56

100　韩宇 等. 由沸石纳米粒子自组装制备具有高催化活性中心和水热稳定的新型介孔分子筛材料. 催化学报, 2003, 24 (2): 143~158

101　M Jaroniec, et al. Comprehensive Characterization of Highly Ordered MCM-41 Silicas using Nitrogen Adsorption, Thermogravimetry, X-ray Diffraction and Transmission Electron Microscopy. Mircoporous and Mesoporous Materials, 2001 (48): 127~134

102　朱宏伟 等著. 碳纳米管. 北京: 机械工业出版社, 2003

103　成会明 编著. 纳米碳管. 北京: 化学工业出版社, 2002

104　王季陶 著. 非平衡定态相图. 北京: 科学出版社, 2000

105　M Yudasaka, et al. Structure Changes of Single-Wall Carbon Nanotubes and Single-Wall Carbon Nanohorns Caused by Heat Treatment. Carbon, 2003 (41): 1273~1280

107　E T Thostenson, et al. Advances in the Science and Technology of Carbon Nanotubes and their Composites: a Review. Composites Sci. and Technol., 2001 (61): 1899~1912

107　Hongjie Dai. Carbon Nanotubes: Opportunities and Challenges. Surface Science, 2002 (500): 218~241

108　Min-Feng Yu, et al. Strength and Breaking Mechanism of Multiwalled Carbon Nanotubes Under Tensile Load. Science, 2000 (287): 637~640

109　Zhu H W, et al. Direct Synthesis of Long Single-Walled Carbon Nanotube Strands. Science, 2002 (296): 884~886

110　Peter R Buseck. Geological Fullerenes: Review and Analysis. Earth and Planetary Science Letters, 2002 (203): 781~792